食品理化检验检测技术

主 编　崔惠玲　余健霞

北京理工大学出版社
BEIJING INSTITUTE OF TECHNOLOGY PRESS

内 容 简 介

本书围绕样品的采集与预处理、食品的物理检验、一般成分检测、添加剂的检测、矿物质及有毒有害物质的检测等内容展开，以真实的任务为载体，全面系统地介绍了样品采集的方法与预处理的方法，食品中不同成分检验和检测的方法原理、仪器和试剂、操作步骤、注意事项等。本书有配套的实训任务单和评分标准，内容丰富，实践性强。

本书既可作为食品类专业职业教育的教材，也可作为食品检验检测岗位从业人员的学习参考书。

版权专有　侵权必究

图书在版编目（CIP）数据

食品理化检验检测技术 / 崔惠玲，余健霞主编.

北京 ：北京理工大学出版社，2024.7.

ISBN 978 - 7 - 5763 - 4187 - 4

Ⅰ. TS207.3

中国国家版本馆 CIP 数据核字第 2024NY4419 号

责任编辑：封　雪　　**文案编辑**：封　雪
责任校对：周瑞红　　**责任印制**：施胜娟

出版发行 / 北京理工大学出版社有限责任公司

社　　址 / 北京市丰台区四合庄路 6 号

邮　　编 / 100070

电　　话 / (010) 68914026（教材售后服务热线）

　　　　　　 (010) 68944437（课件资源服务热线）

网　　址 / http://www.bitpress.com.cn

版 印 次 / 2024 年 7 月第 1 版第 1 次印刷

印　　刷 / 涿州市新华印刷有限公司

开　　本 / 787 mm×1092 mm　1/16

印　　张 / 16

字　　数 / 367 千字

定　　价 / 98.00 元

本书编写人员名单

主　编　崔惠玲　余健霞

副主编　杨雯雯　杨玉红　刘凯

主　审　汤高奇

编写人员（按姓名汉语拼音排列）

崔惠玲　华向美　李　轲　李艳秋　李媛媛

刘　凯　马川兰　汤高奇　杨会会　杨雯雯

杨玉红　余健霞　张宝勇

前　言

　　《食品理化检验检测技术》是根据我国职业院校的发展需要和食品类专业人才的培养目标，结合食品检验检测岗位的能力要求，按照"以学生为中心、学习成果为导向，促进自主学习"的思路进行开发设计的教材。本书与真实的工作任务相结合，与 1＋X 食品合规管理、农产品食品检验员（四级）技能等级证书考核要求相结合，与全国食品安全与质量检测大赛相结合，真正实现了"以岗定课、以课对证、以证促教、以赛促学"。

　　本书内容的编排和组织是以企业需求、学生的认知规律为依据而确定的，内容设置由易到难，逐步提升学生的实践技能。党的二十大召开以来，本书编写团队深入学习党的二十大报告，结合课程特色挖掘思政元素，将"依标准检验、安全第一"的观念融入教材，以实事求是、科学严谨的工作态度，将良好的职业规范、职业操守作为主线，充分发挥教材的育人功能。书中的实训操作任务，有机地融入了规范意识和安全意识，有助于激发学生的爱国情怀，树立学生对食品安全、人民安全、国家安全负责的责任意识。在知识的学习中，实现了课程与思政交融，教书与育人并举。

　　本书按照"以项目为核心，以任务为载体"的编写模式，将全部内容分为六个项目25 个任务。六个项目包括：样品的采集与预处理、食品的物理检验、食品的一般成分检测、食品添加剂的检测、食品中矿物质的检测、食品中有毒有害物质的检测。每个项目开始有知识目标、技能目标和素质目标，提出学生应达到的基本要求。在实训任务中有实训的能力要求，有详细的工作过程、实训任务单和评分标准，注重学生的技能训练。项目后有练习题，帮助学生自我测试学习效果。

　　本书融入教学视频和操作视频的二维码，有配套的在线开放课程，打破时间空间的限制；设置详细的实训任务单和评分标准，有助于规范操作，提高技能；岗课赛证融通，突出全面育人。

　　本书由漯河职业技术学院崔惠玲、余健霞担任主编；漯河职业技术学院杨雯雯、鹤壁职业技术学院杨玉红、许昌职业技术学院刘凯担任副主编，河南农业职业学院的汤高奇担任主审。漯河职业技术学院的李轲、马川兰、李艳秋，河南三剑客农业股份有限公司的李媛媛，漯河海关技术中心的华向美，河南农业职业学院杨会会，重庆医药高等专科学校张宝勇参与编写。具体分工如下：杨雯雯编写项目一；马川兰编写项目二、项目六的任务一和任务二；李艳秋编写项目三；余健霞编写项目四、项目六的任务四；李轲编写项目五、项目六的任务三；崔惠玲编写附录；李媛媛、华向美提供了本书编写的整体框架和工作任务；杨会会、张宝勇负责编写练习题；杨玉红、刘凯负责 PPT 的制作；全书由余健霞统稿。

本书中的视频资源由漯河职业技术学院食品理化检测技术教学团队的杨雯雯、李轲、余健霞、傅航、侯鹏飞、王润博、郭志芳老师提供，且在编写的过程得到了漯河职业技术学院王林山的大力帮助，在此深表谢意！

本书涉及内容广泛，但由于编者水平有限，书中疏漏和不当之处在所难免，敬请读者批评指正。同时感谢同人们提供的材料和帮助。

目 录

项目一 样品的采集与预处理

项目导入

民以食为天，食以安为先。食品安全关系到人们的身体健康，关系到社会经济的发展。我国对食品安全监管越来越重视，食品抽检作为重要的监管手段，其机制在不断地完善，监管力度在不断地加大。

2020年年初，隆林康健食品厂与隆林各族自治县食品药品监督管理局、隆林各族自治县人民政府收到食品药品安全行政管理（食品、药品）一审行政判决书。法院认为：食品检测必须由食品检测机构指定的检测人独立进行，检查封样作为食品检测工作的重要组成部分，应当由检测人独立进行。本案中，检测报告显示，抽样及检查封样人员均为被告隆林食药监局的行政执法人员。对样品封样的检查是承检机构的职责和义务，由检测人独立完成的目的是防止检验人在检验过程中受他人干预，以确保食品检测的独立性、客观性和公正性。本案承检机构将该职责和义务转移给了抽样人员，违反了法律规定和检测规范，可能导致其做出的检测结论不具有真实性和公正性。

【分析】正确的样品采集、制备和处理方法对于保证食品检测结果的可靠性至关重要，每一份不合格报告，对于行政机关都是一个行政处罚案件，对于企业都是一次严峻的考验、一次不可知的风险、一次危机的公关。所以应做好食品的采集、制备、处理、保存等程序，确保食品检测的准确性，从而为食品安全保驾护航。

一、概述

在食品卫生监督管理和科研工作中，为了掌握卫生质量或查明在生产经营过程中的卫生问题，须结合采样检验与感官检查，才能做出综合评价或找出规律，从而作为指导工作的依据。样品是获得检验数据的基础，而采样是分析检测过程的关键环节，如果采样不合理，就不能获得有用的数据，还会导致错误的结论，给工作带来损失。

食品种类繁多、成分复杂、来源不一，进行理化检测的目的、项目、要求也不尽相同。尽管如此，无论什么食品，只要进行理化检测，就必须按照一个共同的程序进行。食品理化检测的基本程序大致如下：样品的采集、制备和保存→样品的预处理→成分分析→数据分析处理→撰写检测报告。

二、食品检验的一般程序

1. 样品的采集、制备和保存

样品的采集简称采样，整个操作过程有较大难度，要求操作者非常谨慎。采集的样品要求必须具有代表性，能够反映整批食品的品质。采集的样品制备好后，一般分成三份，一份用于检测，其余两份保存备检。

2. 样品预处理

样品预处理，即前处理，是进行分析检测前的一道重要工序。由于食品种类繁多，组分复杂，且成分之间往往会相互干扰，因此测得不到正确的结果，所以检测前要先进行样品预处理。预处理过程要求完整保留被测成分。

3. 成分分析

所谓成分分析，是根据食品的物理、化学性质，使用物理分析法、化学分析法和仪器分析法测定食品待测组分的含量。这是食品理化检测的核心步骤。

4. 数据分析处理

数据分析处理是利用数学方法对分析检测出的数据进行处理分析，从而评判分析过程的合理性、重现性，分析数据的准确性、可靠性，由此得出科学的分析结果，

5. 撰写检测报告

在分析结果的基础上，参照有关标准，对被测食品的某方面品质做出科学合理的判断，撰写检测报告。

任务一 样品的采集、制备与保存

任务描述

某餐饮公司采购了100桶食用油（25 L/桶），检验员准备对其进行抽样检验，如何对桶装油取样，从而保证样品均匀、具有代表性？

样品的采集、制备与保存

相关知识

一、食品样品的采集

样品的采集是分析检验的第一步，从大量的分析对象中抽取有代表性的一部分作为分析材料（分析样品）就是样品的采集。

食品的组分复杂多样，且分布往往不均，如果所采样品不足以代表全部组分，无论后续的一系列检验工作做得如何准确，其检验结果也毫无价值。所以，正确采样是食品分析过程中具有重要意义的环节。确保从大量的被检测产品中采集到能代表整批被测物质质量的小量样品，必须遵守一定的规则，掌握适当的方法，并防止在采样过程中造成某种成分的损失或外来成分的污染。例如，被检物品的状态可能有不同形态，如固态、液态或固液混合态等。固态的可能因颗粒大小、堆放位置不同而带来差异；液态的可能因混合不均匀或分层而导致差异，采样时都应予以注意。

1. 样品采集的原则

采样过程中必须遵循的原则是：第一，采集的样品要均匀，有代表性；第二，采样过程中要设法保持样品原有的理化指标，防止带入杂质或成分逸散，即适时性。

2. 采样的一般程序

样品采集的过程通常包括以下五步，在这个采集过程中样品主要可分为检样、原始样品和平均样品。

（1）获得检样。从待检的组（批）或货（批）中所抽取的样品称为检样。检样的多少按该产品标准中检验规则所规定的抽样方法和数量执行。

（2）形成原始样品。将许多份检样综合在一起称为原始样品。原始样品的数量根据受检物品的特点、数量和满足检验的要求而定。

（3）得到平均样品。将原始样品按照规定方法经混合平均，均匀地分出一部分，称为平均样品。

（4）平均样品三分。从平均样品中分出三份，一份用于全部项目检验；一份在对检验结果有争议或分歧时作复检用，称作复检样品；另一份作为保留样品，需封存保留一段时间（通常1个月），以备有争议时再作验证，但易变质食品不作保留。

（5）填写采样记录。采样记录要求详细填写采样的单位、地址、日期、样品的批号、采样的条件、采样时的包装情况、采样的数量、要求检验的项目及采样人等资料。采样记录应尽可能详细。

二、采样的方式

1. 随机抽样

随机抽样是一种使总体中每个部分被抽取的概率都相等的抽样方法，适用于对被测样品不太了解、检验食品的合格率及其他类似的情况。

2. 系统抽样

系统抽样指已经了解样品随空间和时间的变化规律，并按此规律进行采样的方法。例如大型油脂储池中油脂的分层采样，不仅要随生产过程的各个环节进行采样，还要定期抽测货架陈列样品。

3. 指定代表性抽样

指定代表性抽样是一种适用于检测有某种特殊检测重点样品的采样方法，如对大批罐头中的个别变形罐头进行的采样；对有沉淀的啤酒进行的采样等。

三、样品的制备

按照上述采样要求采得的样品往往存在数量过多、颗粒太大等缺点，因此必须进行粉碎、混匀和缩分。

1. 样品制备的目的

要保证样品十分均匀，这样在做分析时，取其中的任何部分都具有代表性。样品的制备必须在不破坏待测成分的条件下进行。必须先去除不可食部分。

2. 样品制备的方法

为了得到具有代表性的均匀样品，必须根据水分含量、物理性质和不破坏待测组分等要求进行采集。采集的试样还须经过粉碎、过筛、磨匀、溶解等步骤，进行样品制备。水分多的新鲜食品要用研磨法混匀；水分少的食品一般用粉碎法混匀；液体食品要将其溶于水或适当溶剂，使其成为溶液后，以溶液作为试样。

用于食品分析的样品量一般不足几十克，可在现场进行样品的缩分。缩分干燥的颗粒状或粉末状样品，最好使用圆锥四分法。所谓圆锥四分法，就是把样品充分混合后，先堆砌成圆锥体，再把圆锥体压成扁平的圆形，从中心划两条垂直交叉的直线，得到对称的4等份；弃去对角的两个1/4圆之后进行混合，并反复用四分法进行缩分，直到留下合适的样品数量作为"检测样品"。

四、样品的保存

采得的样品应尽快进行检验，尽量缩短保存时间，以防止其中水分与挥发性物质的散失及其他待测成分的变化。

（1）目的：确保样品的适时性。

（2）原则：干燥、低温、避光、密封。

（3）注意事项：保存的环境要保持清洁干燥，存放样品要按照日期、批次、编号进行摆放。

实训任务　桶装油中样品的采集

一、实训目的

- ❖ 能根据样品选择合适的分析方法。
- ❖ 能按产品标准和采样要求制定合理的采样方案。
- ❖ 会对样品采样。
- ❖ 能按要求进行样品的制备，并能正确进行保存。
- ❖ 培养学生实事求是、科学严谨的工作态度，树立学生的社会责任感。

二、采用的标准方法

参照《动植物油脂　扦样》（GB/T 5524—2008）中桶装液态油脂的扦样。

三、原理

扦样和制备样品的目的是从一批样品（可以有多个检验批）中获得便于处理的油脂量。样品的特性应尽可能地接近其所代表的油脂的特性。

四、主要仪器（表1–1）

表1–1　主要仪器

名称	参考图片	使用方法
扦样管		适用于桶装油扦样。全304不锈钢，壁厚1.5 mm，外径25 mm，内径22 mm。将扦样管缓慢地自桶口斜插至桶底，然后堵压上口提出扦样管，将油样注入样品瓶内
样品瓶		磨口瓶，容量1~4 kg

五、操作步骤

1. 桶装油扦样法扦样量确定

参照《动植物油脂　扦样》（GB/T 5524—2008）中不同规格桶装食用油采样数的推荐值，确定扦样量为10桶。

2. 扦样

转动并翻转装满液态油脂的桶，采用手工或机械的方式将油脂搅匀。从桶的封塞孔或其他容器的方便开口插入扦样管，从被扦样的每一容器中采集一份检样，从尽可能多的内容物部位采样。按等同分量充分混合这些检样样品放入样品瓶中形成原始样品。

六、注意事项

（1）扦样员应洗净双手或戴手套（可以使用洁净的塑胶或棉制手套）来完成全部扦样过程。

（2）扦样器和样品容器在使用前应预先清洗并干燥。

（3）整个扦样过程都要避免样品、被扦样油脂、扦样仪器和扦样容器受到外来雨水、灰尘等的污染。

（4）扦样器排空之前，应去除其外表面的所有杂物。

（5）当需加热才能扦样时，要特别注意防止油脂过热。扦样过程中油脂的温度变化应符合相关规定。

请将实训过程中的原始数据填入表 1 – 2 的实训任务单。

表 1 – 2　实训任务单

＿＿＿＿＿样品的采集	实训任务单	班级	
		姓名	
		学号	

1. 样品信息

样品名称			
生产单位		采样依据	
生产日期及批号		采样日期	

2. 采样方法＿＿＿＿＿

3. 实训过程

4. 结论

采样标准		要求	
采样结果			
合格	□ 是	□ 否	

5. 实训总结
请根据表 1 – 3 的评分标准进行实训任务评价，并将相关评分填入其中，根据得分情况进行实训总结。

表 1-3 评分标准

_____样品的采集			实训日期:		
姓名:	班级:		学号:	导师签名:	
自评:（　　）分	互评:（　　）分		师评:（　　）分		
日期:	日期:		日期:		

桶装油样品采集的评分细则

序号	评分项	得分条件	分值/分	评分要求	自评（30%）	互评（30%）	师评（40%）
1	扦样量确定	□ 1. 能正确设计采样方案 □ 2. 能正确选择采样量	20	失误一项扣10分	得分:（　　） 扣分项:	得分:（　　） 扣分项:	得分:（　　） 扣分项:
2	扦样	□ 1. 戴手套 □ 2. 取样前样品混合均匀 □ 3. 能正确使用扦样管 □ 4. 在操作过程无样品污染现象 □ 5. 能正确选择采样的部位 □ 6. 能按同等分量充分混合检样	48	失误一项扣8分	得分:（　　） 扣分项:	得分:（　　） 扣分项:	得分:（　　） 扣分项:
3	表单填写与撰写报告的能力	□ 1. 语句通顺、字迹清楚 □ 2. 前后关系正确 □ 3. 无涂改 □ 4. 无抄袭	20	失误一项扣5分	得分:（　　） 扣分项:	得分:（　　） 扣分项:	得分:（　　） 扣分项:
4	其他	□ 1. 清洁操作台面，器材清洁干净并摆放整齐 □ 2. 遵守实验室规定，操作文明、安全	12	失误一项扣6分	得分:（　　） 扣分项:	得分:（　　） 扣分项:	得分:（　　） 扣分项:

| 总分: | |

◎ 相关拓展

一、不同类型样品的采样

1. 粮食、油料类物品的采样

对于粮食、油料类物品，一般可以参考《粮食、油料检验　扦样、分样法》（GB/T 5491—1985）所规定的方法执行。

先将原始样品充分混合均匀，进而分取平均样品或试样的过程，称为分样。粮食及固体食品应自每批食品上、中、下三层中的不同部位分别采取部分样品，混合后得到有代表性的样品。分样常用的方法有四分法（图 1-1）和自动机械式分样器（图 1-2）分样。

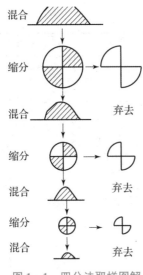

图 1-1 四分法取样图解

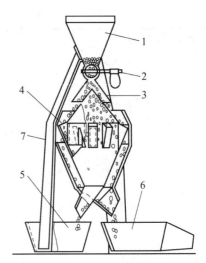

图 1-2 自动机械式分样器

1—漏斗；2—漏斗开关；3—圆锥体；
4—分样格；5，6—接样斗；7—支架

四分法是将样品倒在光滑平坦的桌面上或玻璃板上，用两块分样板将样品摊成正方形，然后从样品左右两边铲起样品约 10 cm 高，对准中心同时倒落，再换一个方向同样操作（中心点不动），如此反复混合四五次，将样品摊成等厚的正方形，用分样板在样品上划两条对角线，分成 4 个三角形，取出其中两个对角三角形的样品，剩下的样品再按上述方法反复分取，直至最后剩下的两个对角三角形的样品量接近所需试样质量为止。

机械分样器适用于中、小粒原粮和油料分样。分样器由漏斗、分样格和接样斗等部件组成，样品通过分样格被分成两部分。分样时，将清洁的分样器放稳，关闭漏斗开关，放好接样斗，将样品从高于漏斗口约 5 cm 处倒入漏斗内，刮平样品，打开漏斗开关，待样品流尽后，轻拍分样器外壳，关闭漏斗开关，再将两个接样斗内的样品同时倒入漏斗内，继续按照上述方法重复混合两次。以后每次用一个接样斗内的样品按上述方法继续分样，直至一个接样斗内的样品量接近需要试样量为止。

2. 肉类、水产品的采样

肉类、水产等食品应按分析项目要求分别采取不同部位的样品或混合后采样。其方法主要有两种：一种是针对不同的部分进行分别采样，另一种是先将分析对象混合后再采样。通常情况下，采样方法主要取决于分析的目的和分析对象，假如分析对象不同部位的样品单独采集的难度很大，与此同时，先混合再采样的方法也能满足分析的目的和要求，则一般采用后者。后者相对于前者来说，工作量通常会少很多。但是如果要检测某个具体部位，就只能单独对该部位进行采样，如对脂肪进行成分分析时，就只能采集脂肪部分。

3. 水果、蔬菜的采样

对于水果的采样，首先随机采集若干个单独个体，然后按照一定的方法对所采集的个体进行处理。体积较小的（如山楂、葡萄等），随机取若干个整体，切碎混匀，缩分到所需数量。体积较大的（如西瓜、苹果、萝卜等）采取纵分缩剖的原则，即按照成熟程度及个体大小的组成比例，选取若干个体，对每个个体按生长轴纵剖成 4 份或者 8 份，取对角线 2 份，切碎混匀，缩分到所需数量。对于体积蓬松的叶菜类（如菠菜、小白菜等），由多个包装（一筐、一捆）分别抽取一定数量，混合后捣碎、混匀、分取，缩减到所需数量。

4. 罐头类食品的采样

罐头类食品通常都采取随机采样方法，采样数量为检测对象数量的平方根。生产在线采样时，按生产班次进行，采样量为 1/3 000，尾数超过 1 000 罐，增加 1 罐，每班每个品种采样的基数不得少于 3 罐。罐头、瓶装食品或其他小包装食品，应根据批号随机取样，同一批号取样件数，250 g 以上的包装不得少于 6 个，250 g 以下的包装不得少于 10 个。

二、采样要求与注意事项

为保证采样的公正性和严肃性，确保分析数据的可靠，《食品卫生检验方法　理化部分　总则》（GB/T 5009.1—2003）对采样过程提出了以下要求，非商品检测场合也可将此作为参考。

（1）采样工具（如采样器、容器、包装纸等）都应保持清洁、干燥、无异味，不应将任何杂质带入样品。采样容器根据检测项目，选用硬质玻璃瓶或聚乙烯制品。容器不能是新的污染源，容器壁不能吸附待检测成分或者与待检测成分发生反应。用于微生物检测样品的容器要求经过灭菌。

（2）液体、半流体食品，如植物油、鲜乳、酒或其他饮料，当用大桶或大罐盛装时，应先充分混匀后再采样。样品分别盛放在 3 个干净的容器中，检查液体是否均一、有无杂质和异味，然后将这些液体搅拌混合均匀，进行理化指标的检测。

（3）样品采集完后，应在 4 h 之内迅速送往检测室进行分析检测，以免发生变化。

（4）掺伪食品和食品中毒的样品采集，要具有典型性。

（5）采样必须注意生产日期、批号、代表性和均匀性（掺伪食品和食物中毒样品除外）。采集的数量应能反映该食品的卫生质量和满足检测项目对样品量的需要，一式 3 份，供检测、复检、备查或仲裁用，一般散装样品每份不少于 0.5 kg。

（6）检测后样品的保存：一般样品在检验结束后，应保留一个月以备需要时复检。易变质食品不予保留。

（7）感官性质极不相同的样品，切不可混在一起，应分开包装，并注明性质。感官不合格产品不必进行理化检验，直接判为不合格产品。

样品的采集

任务二　样品的预处理

🎯 **任务描述**

某乳品企业采购了一批原料乳，不确定该乳的蛋白质含量是否符合验收标准，在对其蛋白质含量进行检测前需要对样品进行预处理。

样品的预处理

·9·

食品的组成很复杂,在分析过程中,各成分之间通常会产生干扰;或者被测物质含量甚微,难以检出。因此,在测定前需要对样品进行预处理,以消除干扰成分或对被测组分进行分离、浓缩。

样品在预处理过程中,既要求排除干扰因素,又要求不能损失被测物质,并浓缩被测物质,以满足分析化验的要求,保证获得理想的测定结果。因此,样品预处理在食品检测工作中的地位十分重要。

一、定义

样品的预处理,是指利用物理或化学方法对样品进行分解、提取、浓缩等操作,以保证检测得到可靠结果的过程。

二、样品预处理的目的

样品经过预处理,使被测成分转化为便于测定的状态;消除共存成分在测定过程中的影响和干扰;浓缩富集被测成分。

实训任务　生乳蛋白质测定前样品的预处理

一、实训目的

❖ 了解样品预处理的方法。
❖ 熟悉样品预处理的目的。
❖ 掌握各种样品预处理方法的原理。
❖ 会对不同状态样品选择合适的预处理方法。
❖ 培养学生实事求是、科学严谨的工作态度,树立学生的社会责任感。

二、采用的标准方法

参照《食品安全国家标准　食品中蛋白质的测定》(GB 5009.5—2016)第一法——凯氏定氮法中样品预处理所采用的方法,即有机物破坏法中的湿法消化法。

三、原理

湿法消化法又称消解法,在强酸、强氧化剂或强碱并加热的条件下,有机物被分解,其中的C、H、O等元素以二氧化碳、水等形式挥发逸出,无机盐和金属离子则留在溶液中。

四、试剂（表1-4）

表1-4 试剂

名称	浓度/%	要求
硫酸铜	99	分析纯
硫酸钾	99	分析纯
浓硫酸	98	分析纯

五、主要仪器（表1-5）

表1-5 主要仪器

名称	参考图片	使用方法
电子分析天平		先调平，使仪器的水平泡位于中间位置；开机预热20 min，用校正砝码校准仪器；称量
电炉		放上石棉网，将装有样品的烧瓶置于电炉上方，先小火加热，待没有气泡时，改大火加热
凯氏烧瓶		装入试样后，轻摇后于瓶口放一小漏斗，将瓶以45°角斜支于有小孔的石棉网上

六、操作步骤

1. 称量样品

称取充分混匀的生乳10~25 g（30~40 mg氮），精确至0.001 g，移入干燥的250 mL凯氏烧瓶中，加入0.4 g硫酸铜、6 g硫酸钾及20 mL硫酸、几粒玻璃珠轻摇后于瓶口放一小漏斗，将瓶以45°角斜支于有小孔的石棉网上。

2. 样品的消化

小火加热，待内容物全部炭化、泡沫完全停止后，加大火力，并保持瓶内液体微沸，至液体呈蓝绿色并澄清透明后，再继续加热0.5~1 h。取下放冷，小心加入20 mL水，放冷后，移入100 mL容量瓶中，并用少量水洗凯氏烧瓶，洗液并入容量瓶中，再加水至刻度，混匀备用。同时做试剂空白试验。

七、注意事项

（1）消化会产生大量有毒气体，需在通风橱中进行。

（2）加入的样品不要黏附在凯氏烧瓶瓶颈。

（3）消化开始时不要用大火，要控制好热源，并注意不时转动凯氏烧瓶，以便利用冷凝酸液将附在瓶壁上的固体残渣洗下并促进其消化完全。

（4）样品中若含脂肪或糖较多，在消化前应加入少量辛醇或液体石蜡或硅油作消泡剂，以防消化过程中产生大量泡沫。

（5）消化完全后要冷至室温才能稀释或定容。所用试剂溶液应以无氨蒸馏水配制。

（6）试剂用量较大，空白值高，必须做空白试验。

请将实训过程中的原始数据填入表1−6的实训任务单。

表1−6　实训任务单

＿＿＿＿＿中蛋白质测定时样品的预处理	实训任务单	班级	
		姓名	
		学号	

1. 样品信息

样品名称		检测项目	
生产单位		检测依据	
生产日期及批号		检测日期	

2. 检测方法：＿＿＿＿＿＿＿

3. 实训过程

4. 检测过程中数据记录

样品的质量/g	
样品处理液的定容后总体积/mL	

5. 结论

样品处理后的质量标准		要求	
实训结果			
合格	□是	□否	

6. 实训总结

请根据表1−7的评分标准进行实训任务评价，并将相关评分填入其中，根据得分情况进行实训总结

表 1 - 7　评分标准

_____中蛋白质测定时样品的预处理		实训日期：	
姓名：	班级：	学号：	导师签名：
自评：（　）分	互评：（　）分	师评：（　）分	
日期：	日期：	日期：	

蛋白质测定时样品预处理的评分细则（凯氏定氮法）

序号	评分项	得分条件	分值/分	评分要求	自评（30%）	互评（30%）	师评（40%）
1	样品的称取	□ 1. 能正确称量样品 □ 2. 能正确称取硫酸铜 □ 3. 能正确称取硫酸钾 □ 4. 能正确量取浓硫酸 □ 5. 能按要求放入玻璃珠 □ 6. 样品不要黏附在凯氏烧瓶瓶颈	24	失误一项扣4分	得分：（　） 扣分项：	得分：（　） 扣分项：	得分：（　） 扣分项：
2	样品的消化	□ 1. 凯氏烧瓶口放上小漏斗 □ 2. 电炉上方铺上石棉网 □ 3. 凯氏烧瓶以45°角斜支于石棉网上 □ 4. 消化过程中控制好热源温度 □ 5. 消化过程中控制好加热时间 □ 6. 消化液是透明的蓝绿色液体 □ 7. 冷却后正确定容 □ 8. 做空白试验 □ 9. 消化过程在通风橱内完成	45	失误一项扣5分	得分：（　） 扣分项：	得分：（　） 扣分项：	得分：（　） 扣分项：
3	数据记录与结果分析	□ 1. 能如实记录检测数据 □ 2. 能正确进行消化后质量判断	10	失误一项扣5分	得分：（　） 扣分项：	得分：（　） 扣分项：	得分：（　） 扣分项：
4	表单填写与撰写报告的能力	□ 1. 语句通顺、字迹清楚 □ 2. 前后关系正确 □ 3. 无涂改 □ 4. 无抄袭	12	失误一项扣3分	得分：（　） 扣分项：	得分：（　） 扣分项：	得分：（　） 扣分项：
5	其他	□ 1. 清洁操作台面，器材清洁干净并摆放整齐 □ 2. 废液、废弃物处理合理 □ 3. 遵守实验室规定，操作文明、安全	9	失误一项扣3分	得分：（　） 扣分项：	得分：（　） 扣分项：	得分：（　） 扣分项：
总分：							

样品预处理的方法，应根据项目测定的需要和样品的组成及性质而定。在各项目的分析检测方法标准中都有相应的规定和介绍。常用的方法有以下几种。

一、有机物破坏法

在测定食品或食品原料中金属元素和某些非金属元素如砷、硫、氮、磷等的含量时常用这种方法。这些元素有的是构成蛋白质等高分子有机化合物本身的成分，有的则是因受污染而引入的，并常常与蛋白质等有机物紧密结合在一起。在进行检验时，必须对样品进行处理，使有机物在高温或强氧化条件下被破坏，让被测元素以简单的无机化合物形式出现，从而易被分析测定。

有机物破坏法，可分为干法灰化法和湿法消化法两大类。

1. 干法灰化法

干法灰化法是将样品放在坩埚中，先小心炭化，然后再高温灼烧（500～600 ℃）将有机物分解，最后只剩下无机物（无机灰分）的方法。

为了缩短灰化时间，促进灰化完全，防止某些元素的挥发损失，常常向样品中加入硝酸、过氧化氢等灰化助剂。这些物质在灼烧后完全消失，不增加残灰的质量，可起到加速灰化的作用。有时也可添加氧化镁、碳酸盐、硝酸盐等助剂，它们与灰分混杂在一起，使炭粒不被覆盖，但应做空白试验。

干法灰化法的优点是有机物破坏彻底，操作简便，使用试剂少，适用于除砷、汞、铅等以外的金属元素的测定。上述几种金属会因为灼烧温度较高而导致挥发损失。

2. 湿法消化法

湿法消化法又称消解法，在强酸、强氧化剂或强碱并加热的条件下，有机物被分解，其中的 C、H、O 等元素以二氧化碳、H_2O 等形式挥发逸出，无机盐和金属离子则留在溶液中。湿法消化常用的酸解体系有：硝酸-硫酸、硝酸-高氯酸、氢氟酸、过氧化氢等；碱解多用苛性钠溶液。消解可在坩埚（镍制、聚四氟乙烯制）中进行，也可用高压消解罐。整个消化过程中都在液体状态下加热进行，故称为湿法消化。

湿法消化的特点是加热温度较干法低，减少了金属挥发逸散的损失。但在消化过程中，产生大量有毒气体，因此操作需在通风橱中进行。此外，在消化初期，易产生大量泡沫冲出瓶颈，造成损失，故需操作人员随时照管，操作中还应控制火力注意防爆。

湿法消化耗用试剂较多，在做样品消化的同时，必须做空白试验。

近年来，高压消解罐消化法得到广泛应用。此法是在聚四氟乙烯内罐中加入样品和消化剂，放入密封罐内，在120～150 ℃烘箱中保温数小时。此法克服了常压湿法消化的一些缺点，但要求密封程度高，高压消解罐的使用寿命有限。

3. 紫外光分解法

紫外光分解法是利用紫外光消解样品中的有机物，从而测定其中的无机离子的氧化分解法。紫外光由高压汞灯提供，在 85 ℃ ±5 ℃下进行光解。为了加速有机物的降解，在光解过程中通常加入双氧水。光解时间可根据样品的类型和有机物的量而改变。

4. 微波消解法

微波消解法是一种利用微波为能量对样品进行消解的新技术，包括溶解、干燥、灰化、浸取等。微波消解法分为常压消解法、高压消解法和连续流动微波消解法。该法适于处理大批量样品及萃取极性与热不稳定的化合物。微波消解法以其快速、溶解用量少、节省能源、易于实现自动化等优点而被广泛应用。已用于消解废水、废渣、淤泥、生物组织、流体、医药等多种试样，被认为是"理化分析实验室的一次技术革命"。美国公共卫生组织已将该法作为测定金属离子时消解植物样品的标准方法。

二、蒸馏法

蒸馏法是利用被测物质中各组分挥发性的不同来进行分离的方法。可以用于除去干扰成分，也可用于被测成分的抽提。例如，测定样品中挥发性酸含量时，可用水蒸气蒸馏样品，将馏出的蒸汽冷凝，测定冷凝液中酸的含量即为样品中挥发性酸含量。根据样品中待测成分性质的不同，可采用常压蒸馏、减压蒸馏、水蒸气蒸馏等蒸馏方式。

当被蒸馏物质受热后不分解或沸点不太高时，可采用常压蒸馏的方法（常压蒸馏装置见图 1 - 3），而当被蒸馏物易分解或沸点太高的时候，就可采用减压蒸馏。若直接蒸馏，被测物因受热不均可能导致局部炭化时，或当加热到沸点可能发生降解时，则可以采用水蒸气蒸馏（水蒸气蒸馏装置见图 1 - 4）。近年来，已有带微处理器的自动控制蒸馏系统，能让分析人员控制加热速度、蒸馏容器和蒸馏头的温度及系统中的冷凝器和回流阀门等，蒸馏法的安全性和效率得到很大提高。

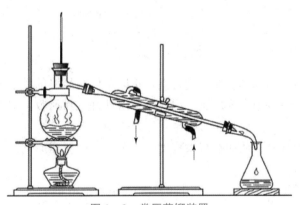

图 1 - 3　常压蒸馏装置

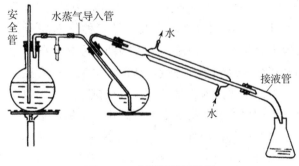

图 1 - 4　水蒸气蒸馏装置

三、溶剂抽提法

溶剂抽提法使用无机溶剂，如水、稀酸、稀碱溶液，或有机溶剂如乙醇、乙醚、石油醚、氯仿、丙酮等，从样品中抽提被测物质或除去干扰物质，是常用的处理食品样品的方法。

1. 索氏抽提法

索氏抽提法是经典的溶剂提取方法，应用广泛，是一种公认的溶剂萃取方法。与普通的液-固萃取不同，它可以利用溶剂的回流和虹吸原理来重新获得纯溶剂，从而达到对固体混合物中所需成分进行连续提取的目的，既可节约溶剂，又能提高萃取效率。索氏抽提器见图1-5。

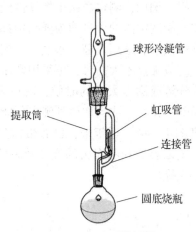

图1-5 索氏抽提器

索氏抽提法中溶剂的选择、原料的特性及萃取条件对最终的萃取效果起关键作用。在植物油萃取中，正己烷应用最为广泛，因为其油溶性好且易回收，但具有挥发性和环境毒性；其他溶剂如异丙醇、乙醇甚至水等也常用来作为萃取溶剂。原料的特性和粒径主要影响萃取过程中内部的传质，从而在很大程度上决定着萃取所需时间。萃取条件如温度常常影响最终产品的品质。

索氏抽提法的不足在于萃取所需时间长和需要大量溶剂，对于一些对温度敏感的物质，长时间的高温抽提也可能导致目标产物的热降解。

2. 超声辅助萃取法（Sonication-assisted Extraction，SAE）

超声波是指频率高于可听声频范围的声波，是一种频率高于20 kHz［在 $2 \times (10^4 \sim 10^9)$ Hz之间］和人的听觉阈以外的声波。超声辅助萃取技术的基本原理是利用超声波的空化作用来增大物质分子的运动频率和速度，从而增加溶剂的穿透力，提高被提取成分的溶出速度。此外，超声波的次级效应，如热效应、机械效应等，也能加速被提取成分的扩散并充分与溶剂混合，因而也有利于提取。利用超声波辅助萃取时，液体介质中不断产生无数内部压力达上千个大气压的微小气泡，气泡"爆破"产生微观上的强冲击波，这种被称作"空化"的效应连续不断地作用于物料，形成对其表面细微局部的撞击，迅速击碎物料使其分解。

与传统萃取方法相比，超声辅助萃取是一种简单、有效而又低成本的萃取方法，其主要优点是可提高效率和缩短萃取时间。同时，降低萃取温度，从而可以萃取温敏性物质。另外，该方法对溶剂和物料的选择没有要求，因此具有广泛适用性。

3. 加压溶剂萃取（Pressurized Liquid Extraction，PLE）

加压溶剂萃取又称加速溶剂提取（Accelerated Solvent Extraction，ASE），是一种新的食品样品前处理方法。该法在较高的温度（50~200 ℃）和压力（10.3~20.6 MPa）下用有机溶剂对固体和半固体样品进行萃取。温度是溶剂萃取过程中的重要参数，提高萃取温度可以提高溶剂对目标分析物的溶解能力和传质效率等，从而提高萃取效率，为了达到这个目的，提高温度的同时需要提高压力来维持溶剂在高温下的液体状态。它的突出优点是有机溶剂用量少（1 g样品仅需1.5 mL溶剂）、快速（约15 min）和回收率高，已成为样品前处理的最佳方式之一，广泛用于药物、食品和高聚物等样品的前处理，特别是农药残留物的分析。

4. 超临界流体萃取（Supercritical Fluid Extraction，SFE）

超临界流体萃取是以超临界状态下的流体作为溶剂，利用该状态下流体具有的高渗透能力和高溶解能力来萃取分离混合物质的一项技术。该技术具有高扩散性、可控性强、操作温度低、溶剂低毒且价廉的优点。二氧化碳是食品工业中是最常用的超临界流体萃取剂，可用于食品中风味物质、色素、油脂等的分离提取，是食品工业中天然有效成分分离提取的一种具有广泛应用前景的技术。已有人将其用于色谱分析样品处理中，也可以与色谱仪实现在线联用，如SFE－GC、SFE－HPLC和SFE－MS等。

5. 微波辅助萃取（Microwave－assisted Extraction，MAE）

微波辅助萃取是一种新的样品制备技术，其基本原理是利用萃取体系中组分吸收微波能力的差异性。各组分被选择性加热，从而使被萃取成分从体系中被分离出来，进入微波吸收能力较差的萃取剂中，达到萃取分离的目的。相比于传统的索氏抽提法，微波辅助萃取具有速度快（40 s对6 h）、试剂用量少（5 mL对100 mL）的优点。相比于新的萃取技术，如超临界流体萃取，则具有操作更简单和成本更低的优势。不足之处在于：当用于非极性或挥发性物料或溶剂时，其萃取效率不高。

四、色层分离法

色层分离法又称色谱分离法，是一种在载体上进行物质分离的一系列方法的总称。其基本原理是利用混合物中各组分在某一物质中的吸附或溶解性能（即分配）的不同或其他亲和作用性能的差异，使混合物的溶液流经该种物质，进行反复的吸附或分配等作用，从而将组分分开。流动的物质称为流动相，固定的物质称为固定相。根据固定相材料和使用形式的不同，可分为柱色谱、纸色谱、薄层色谱、气相色谱和液相色谱等。

根据分离原理的不同，可分为吸附色谱分离、分配色谱分离和离子交换色谱分离等。

1. 吸附色谱分离

利用聚酰胺、硅胶、硅藻土、氧化铝等吸附剂经活化处理后所具有的适当的吸附能力，对被测成分或干扰成分进行选择性吸附而进行的分离称吸附色谱分离。例如，聚酰胺对色素有强大的吸附力，而其他成分则难以被其吸附。因此，在测定食品中色素含量时，常用聚酰胺吸附色素，经过过滤洗涤，再用适当溶剂解吸可以得到较纯净的色素溶液供测试用。

2. 分配色谱分离

分配色谱分离法是以分配作用为主的色谱分离法，根据不同物质在两相间的分配比不同进行分离。两相中的一相是流动的（称流动相），另一相是固定的（称固定相）。被分离的成分在流动相中沿着固定相移动的过程中，由于不同物质在两相中具有不同的分配比，因此当溶剂渗透在固定相中并向上渗透时，这些物质在两相中的分配作用反复进行，从而达到分离的目的。例如，多糖类样品的纸层析。

3. 离子交换色谱分离

离子交换色谱分离法是利用离子交换剂与溶液中的离子之间所发生的交换反应来进行分离的方法，分为阳离子交换和阴离子交换两种。

五、化学分离法

1. 磺化法和皂化法

磺化法和皂化法是除去油脂的方法，常用于农药分析中样品的净化。

（1）硫酸磺化法：本法用浓硫酸处理样品提取液，能有效地除去脂肪、色素等干扰杂质。其原理是浓硫酸能使脂肪磺化，并与脂肪和色素中的不饱和键起加成作用，形成可溶于硫酸和水的强极性化合物，不再被弱极性的有机溶剂所溶解，从而达到分离净化的目的。此法简单、快速、净化效果好，但仅适用于对强酸稳定的被测成分的分离。如用于农药分析时，仅限于在强酸介质中稳定的农药（如有机氯农药六六六、DDT）提取液的净化，其回收率在80%以上。

（2）皂化法：本法是用热碱溶液处理样品提取液，以除去脂肪等干扰杂质。其原理是利用氢氧化钾－乙醇溶液将脂肪等杂质皂化除去，以达到净化目的。此法仅适用于对碱稳定的成分，如维生素 A、维生素 D 等提取液的净化。

2. 沉淀分离法

沉淀分离法是利用沉淀反应进行分离的方法。在试样中加入适当的沉淀剂，使被测成分沉淀下来，或将干扰成分沉淀下来，经过过滤或离心将沉淀与母液分开，从而达到分离目的。例如，测定冷饮中糖精钠含量时，可在试剂中加入碱性硫酸铜，将蛋白质等干扰杂质沉淀下来，而糖精钠仍留在试液中，经过滤除去沉淀后，取滤液进行分析。

3. 掩蔽法

掩蔽法利用掩蔽剂与样液中干扰成分作用，使干扰成分转变为不干扰测定状态，即被掩蔽起来。运用这种方法可以不经过分离干扰成分的操作而消除其干扰作用，简化分析步骤，因而在食品分析中应用十分广泛，常用于金属元素的测定。如用双硫腙比色法测定铅时，在测定条件（pH 为 9）下，Cu^{2+}/Cd^{2+} 等对测定有干扰，可加入氰化钾和柠檬酸铵掩蔽，消除它们的干扰。

六、浓缩法

食品样品经提取、净化后，有时净化液的体积较大，在测定前需进行浓缩，以提高被测成分的浓度。常用的浓缩方法有常压浓缩法和减压浓缩法两种。

1. 常压浓缩法

常压浓缩法主要用于待测成分为非挥发性样品的浓缩，通常采用蒸发皿直接挥发；若要回收溶剂，可用一般蒸馏装置或旋转蒸发器。该法简便、快速，是常用的方法。

2. 减压浓缩法

减压浓缩法主要用于待测成分为热不稳定性或易挥发的样品的浓缩，通常采用 K – D 浓缩器。浓缩时，水浴加热并抽气减压。此法浓缩温度低、速度快、被测成分损失少，特别适用于农药残留量分析中样品净化液的浓缩。

样品的预处理

有机物破坏法

练习题

项目一　练习题

项目二 食品的物理检验

知识目标

掌握食品相对密度、折射率、比体积和膨胀率、旋光度的测定方法及测定原理。

技能目标

掌握密度计、折光仪、膨胀率测定仪、旋光仪的使用方法；能正确使用密度计、折光仪、膨胀率测定仪、旋光仪测定食品的相对密度、折射率、膨胀率、旋光度；会选用合适的检测器具对食品相对密度、折射率、比体积和膨胀率、旋光度进行测定；能够对相对密度、折射率、旋光度的结果进行校正；能计算食品的比体积和膨胀率。

素质目标

让学生认识到检验岗位的重要性，树立学生规范操作的责任意识，培养爱岗敬业、工作认真、细致严谨的工匠精神，养成有效沟通、团队协作的良好习惯。

项目导入

2004 年 5 月 20 日重庆晨报报道：市质量技术监督局对近郊几个区由奶农直接销售给消费者的生鲜牛乳质量进行抽查，发现掺水问题严重。本次共抽查牛乳 23 批次，其中合格 14 批次，合格率为 60.87%。

【分析】如何快速检测牛乳是否掺水呢？这就需要在提高食品检测员专业技能的同时，加大食品安全的宣传力度，使生产者遵守职业道德，从而保障消费者的合法权益。

相关知识

一、定义

物理分析法是通过对被测食品的某些物理性质，如温度、密度、旋光度、折射率等的测定，间接求出食品中某种成分的含量，并进而判断被检食品纯度和品质的一类方法。

物理分析法具有简便、实用的特点，是食品分析和食品工业生产中常用的检测方法。

二、物理检验的意义

相对密度、折射率和旋光度与物质的熔点和沸点一样，也是物理特性。由于这些物理特性的测定比较便捷，因此是食品生产中常用的工艺控制指标，也是防止假冒伪劣食品进入市场的监控手段。

测定液态食品的这些特性，还可以指导生产过程、保证产品质量，以及鉴别食品组成、确定食品浓度、判断食品的纯度及品质，是生产管理和市场管理不可缺少的方便而快捷的监测手段。

三、物理检验的内容和方法

物理检验的内容主要包括：食品相对密度、折射率、比体积和膨胀率、旋光度、黏度等，常用的仪器有密度计、折光仪、旋光仪等。

任务一 食品相对密度的检验

◉ 任务描述

有乳品企业的原料采购员到养殖场采购原料乳，不清楚生乳是否掺水，需要对其进行检验。

◉ 相关知识

食品相对密度
的检验

一、密度与相对密度

1. 定义

密度是指物质在一定温度下单位体积的质量，以符号 ρ 表示，其单位为 g/cm³。相对密度是指某一温度下物质的质量与同体积某一温度下水的质量之比，以符号 d 表示，定义式如式（2-1）。

$$d_{t_2}^{t_1} = \frac{\rho_{t_1}}{\rho_{t_2}} \qquad (2-1)$$

式中，ρ_{t_1}——t_1 温度下物质的密度；

ρ_{t_2}——t_2 温度下水的密度。

2. 二者的区别

（1）有无单位的区别：密度不能漏掉单位，相对密度不能添加单位。

（2）密度的数值在某一温度下只有一个，ρ_t；相对密度（比重）的数值在某一温度下不止一个，可以是 $d_1^{t_1}$、$d_2^{t_1}$、$d_3^{t_1}$、$d_4^{t_1}$ 等。

$d_4^{t_1}$ 指物质在 t_1 时的密度对 4 ℃水的密度，称为真比重，其值与 ρ_{t_1} 相同。（水在 4 ℃时的密度为1.000 g/cm³）。工业上为方便起见，常用 d_4^{20}，即物质在 20 ℃时的质量与同体积4 ℃水的质量之比来表示物质的相对密度。

3. 明确相对密度的含义

d_{20}^{20}——指物质在 20 ℃时对 20 ℃水的相对密度；

d_{20}^{4}——指物质在 4 ℃时对 20 ℃水的相对密度；

d_{4}^{20}——指物质在 20 ℃时对 4 ℃水的相对密度。

二、测定相对密度的意义

（1）通过相对密度的测定，可以检验某些食品的纯度、浓度，进而判断食品的质量。

（2）在制糖工业，可以用溶液的密度近似地表示溶液中可溶性固形物的含量。

（3）对于番茄制品，从密度－固形物关系表中，可以查出固形物的含量。

（4）对于白酒、啤酒等含乙醇制品，可从密度－乙醇含量关系表中，查出乙醇的含量。

（5）密度还是某些食品的质量指标，如生牛乳；根据 GB 19301—2010 对生乳的理化指标要求，相对密度需要大于或等于 1.027 才符合质量标准。

三、液态食品相对密度的测定方法

液态食品相对密度的测定方法包括密度瓶法、天平法、比重计法和 U 型震荡管数字密度计法。

实训任务　牛乳相对密度的检验

一、实训目的

❖ 会使用密度瓶测定牛乳的相对密度。

❖ 能对相对密度的测定结果进行正确计算。

❖ 掌握密度瓶使用的操作规范。

❖ 能根据产品质量标准来判断牛乳的相对密度是否符合要求。

❖ 培养学生团结协作的精神以及发现问题、分析问题、解决问题的能力。

❖ 培养学生实事求是、科学严谨的工作态度，树立学生的社会责任感。

二、采用的标准方法

参照《食品安全国家标准　食品相对密度的测定》（GB 5009.2—2024）第一法——密度瓶法。

相对密度的测定

三、原理

在 20 ℃时分别测定充满同一密度瓶的水及试样的质量，由水的质量可确定密度瓶的容积，即试样的体积，根据试样的质量及体积可计算试样的密度，试样密度与水密度比值为试样相对密度。

四、主要仪器（表 2 - 1）

表 2 - 1　主要仪器

名称	参考图片	使用方法
密度瓶	说明： 1—密度瓶； 2—支管标线； 3—支管上小帽； 4—附温度计的瓶盖	—
电子分析天平		先调平，使仪器的水平泡位于中间位置；打开电源预热 20 min，然后用校正砝码校准仪器；归零后，放入待测物进行称量
恒温水浴锅	数显恒温水浴锅	放在固定平台上，先将排水口的胶管夹紧，再将清水注入水浴锅箱体内；接通电源，显示"OFF"的红色指示灯亮，调节温度至设定的温度，水开始被加热，指示灯"ON"亮；当温度上升到设定温度时，指示灯"OFF"亮，水开始被恒温；水浴恒温后，将密度瓶放于水浴中开始恒温

五、操作步骤

1. 密度瓶的恒重

先把密度瓶洗干净，再依次用乙醇、乙醚洗涤，置于 101 ~ 105 ℃ 干燥箱中，加热 1.0 h，取出，置干燥器内冷却 0.5 h，称量，并重复干燥至前后两次质量差不超过 2 mg，所得质量即为恒重。

2. 称量牛乳

取洁净、干燥、恒重、准确称量的密度瓶，装满生牛乳后，置 20 ℃ 水浴中浸 0.5 h，使内容物的温度达到 20 ℃ ± 1 ℃，盖上瓶盖，并用细滤纸条吸去支管标线上的牛乳，盖好小帽后取出，用滤纸将密度瓶外壁擦干，置电子分析天平室内 0.5 h，称量并准确记录数据。

3. 称量蒸馏水

将试样倾出，洗净密度瓶，装满水，置 20 ℃ 水浴中浸 0.5 h，使内容物的温度达到 20 ℃ ± 1 ℃，盖上瓶盖，并用细滤纸条吸去支管标线上的试样，盖好小帽后取出，用滤纸将密度瓶外壁擦干，置电子分析天平室内 0.5 h，称量并准确记录数据。

4. 结果计算

牛乳在 20 ℃ 时的相对密度按式（2 - 2）进行计算：

$$d = \frac{m_2 - m_0}{m_1 - m_0} \qquad\qquad (2-2)$$

式中，d——试样在 20 ℃时的相对密度；

m_0——密度瓶的质量，g；

m_1——密度瓶加水的质量，g；

m_2——密度瓶加牛乳的质量，g。

计算结果保留到小数后三位（精确到 0.001）。

六、注意事项

（1）密度瓶使用前应恒重；应检查瓶盖与瓶是否配套。

（2）恒温水浴时要注意及时用小滤纸条吸去溢出的液体，不能让液体溢出到瓶壁上。

（3）密度瓶内不应有气泡，天平室内保持 20 ℃恒温条件，否则不应使用此方法。

（4）要小心将密度瓶从水浴中取出，不能用手握瓶体，以免人体温度使液体溢出。应戴隔热手套取拿瓶颈或用工具夹取。

（5）擦干时小心吸干，不能用力擦，以免温度上升。环境温度要低于 20 ℃。

（6）水浴中的水必须清洁无油污，防止瓶外壁被污染。

（7）实训中需要使用同一密度瓶盛装牛乳和蒸馏水，以减少试验误差。

（8）在重复性条件下获得的两次独立测定结果的绝对差值不得超过算术平均值的 5%。

请将实训过程中的原始数据填入表 2-2 的实训任务单。

表 2-2　实训任务单

_____相对密度的检验		实训任务单	班级	
			姓名	
			学号	

1. 样品信息

样品名称		检验项目	
生产单位		检验依据	
生产日期及批号		检验日期	

2. 检验方法 _____

3. 实训过程

4. 检验过程中数据记录

测定次数	1	2	3	4	
密度瓶的质量/g					

密度瓶加水的质量/g					
密度瓶加牛乳的质量/g					

5. 计算

计算公式:	计算过程:

6. 结论

产品质量标准		要求	
实训结果			
合格	□ 是	□ 否	

7. 实训总结

请根据表 2-3 的评分标准进行实训任务评价，并将相关评分填入其中，根据得分情况进行实训总结

表 2-3 评分标准

_____ 相对密度的检验		实训日期:	
姓名:	班级:	学号:	导师签名:
自评:（　　）分	互评:（　　）分	师评:（　　）分	
日期:	日期:	日期:	

相对密度检验的评分细则（密度瓶法）

序号	评分项	得分条件	分值/分	评分要求	自评（30%）	互评（30%）	师评（40%）
1	密度瓶的恒重	□ 1. 能正确清洗密度瓶 □ 2. 能正确使用干燥箱 □ 3. 能正确使用干燥器 □ 4. 能正确使用电子分析天平 □ 5. 能对称量结果是否恒重进行判断	10	失误一项扣 2 分	得分:（　　） 扣分项:	得分:（　　） 扣分项:	得分:（　　） 扣分项:

序号	评分项	得分条件	分值/分	评分要求	自评(30%)	互评(30%)	师评(40%)
2	称量牛乳	□ 1. 能正确使用恒温水浴锅 □ 2. 装满液体无气泡 □ 3. 能正确进行吸干 □ 4. 能正确进行称量	24	失误一项扣6分	得分：（　） 扣分项：	得分：（　） 扣分项：	得分：（　） 扣分项：
3	称量蒸馏水	□ 1. 能清洗干净密度瓶 □ 2. 装满液体无气泡 □ 3. 能正确进行吸干 □ 4. 能正确进行称量	24	失误一项扣6分	得分：（　） 扣分项：	得分：（　） 扣分项：	得分：（　） 扣分项：
4	数据记录与结果分析	□ 1. 能如实记录检测数据 □ 2. 能正确进行可疑数据的取舍 □ 3. 能正确进行结果计算 □ 4. 平行测定结果的精密度符合标准要求 □ 5. 能正确进行产品质量判断	15	失误一项扣3分	得分：（　） 扣分项：	得分：（　） 扣分项：	得分：（　） 扣分项：
5	表单填写与撰写报告的能力	□ 1. 语句通顺、字迹清楚 □ 2. 前后关系正确 □ 3. 无涂改 □ 4. 无抄袭	16	失误一项扣4分	得分：（　） 扣分项：	得分：（　） 扣分项：	得分：（　） 扣分项：
6	其他	□ 1. 清洁操作台面，器材清洁干净并摆放整齐（4） □ 2. 废液、废弃物处理合理（4） □ 3. 遵守实验室规定，操作文明、安全（3）	11	失误一项扣除相应分数	得分：（　） 扣分项：	得分：（　） 扣分项：	得分：（　） 扣分项：
总分：							

知识拓展

一、比重计法测定液体样品相对密度的原理

比重计利用了阿基米德原理，将待测液体倒入一个较高的容器，再将比重计放入液体中。比重计下沉到一定高度后呈漂浮状态。此时液面的位置在玻璃管上所对应的刻度就是该液体的密度。测得试样的密度和水密度的比值即为相对密度。

二、比重计的种类

普通比重计是直接以20 ℃时的密度值为刻度的。一套通常由几支组成，每支的刻度范围不同，刻度值小于1的（0.700~1.000）称为轻表，用于测量比水轻的液体；刻度值大于1的（1.000~2.000）称为重表，用来测量比水密度大的液体。如图2-1所示。

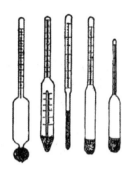

图 2 - 1　各种比重计

说明：上部细管中有刻度标签，表示密度读数

三、比重计法测定液体样品相对密度的步骤

将比重计洗净擦干，缓缓放入盛有待测液体试样的适当量筒中，勿使其碰及容器四周及底部，保持试样温度在 20 ℃。待其静置后，再轻轻按下少许，然后待其自然上升，静置至无气泡冒出后，从水平位置观察与液面相交处的刻度，即为试样的密度。分别测试试样和水的密度，两者比值即为试样相对密度。

四、精密度

乳稠计的使用

在重复性条件下获得的两次独立测定结果的绝对差值不得超过算术平均值的 5%。

任务二　食品折射率的检验

◎ 任务描述

食品折射率
的检验

2022 年 12 月，网络上掀起了"黄桃罐头对治疗新型冠状病毒感染是否有效"的讨论热潮，黄桃罐头多次登上微博热搜以及各大电商平台的热卖榜单。市场监督部门需要对黄桃罐头的开罐糖度进行快速检验。

◎ 相关知识

一、基本概念

1. 光的反射现象与反射定律

一束光线照射在两种介质的分界面上时，其传播方向会改变，但仍在原介质上传播，这种现象叫光的反射。光的反射遵守以下定律：入射线、反射线和法线总是在同一平面内，入射线和反射线分居于法线的两侧；入射角等于反射角。

2. 光的折射现象与折射定律

光的折射：光线从一种介质（如空气）射到另一种介质（如水）时，除了一部分光线反射回第一种介质外，另一部分进入第二种介质中并改变它的传播方向。

光的折射定律：入射线、法线和折射线在同一平面内，入射线和折射线分居法线的两侧。

折射率：某种介质的折射率，等于光在真空中的传播速度 c 跟光在这种介质中的传播速度 v 之比，即 $n=c/v$。

当光从折射率为 n 的物质进入折射率为 N 的另一物质时，入射角为 i，折射角为 r，则：

$$\frac{\sin i}{\sin r} = \frac{N}{n} \tag{2-3}$$

3. 全反射与临界角

两种介质相比较，光在其中传播速度较大的叫光疏介质，其折射率较小；反之叫光密介质，其折射率较大。

当光线从光疏介质（n_1）进入光密介质（n_2）（如光从空气进入水中，或从样液射入棱镜中）时，因 n_1 小于 n_2，由折射定律可知折射角 α_2 恒小于入射角 α_1，即折射线靠近法线；反之，当光线从光密介质（n_1）进入光疏介质（n_2）（如从棱镜射入样液）时，因 n_1 大于 n_2，折射角 α_2 恒大于入射角 α_1，即折射线偏离法线。在后一种情况下，如果逐渐增大入射角，折射线会进一步偏离法线，当入射角增大到某一角度，如图 2-2 中的位置时，其折射线恰好与 OM 重合，此时折射线不再进入光疏介质而是沿两介质的接触面 OM 平行射出，这种现象称为全反射。发生全反射的入射角称为临界角。因为发生全反射时折射角等于 90°，所以：$n_{样液} = n_{棱镜} \sin \alpha_{临}$。

由于折射率与温度和入射光的波长有关，所以在测量时要在两棱的周围夹套内通入恒温水，保持恒温，折射率以符号 n 表示，在其右上角表示温度，其右下角表示测量时所用的单色光的波长。如 n_D^{25}，表示 25 ℃时对钠黄光的折射率。但阿贝折射仪使用的光源为白光，白光为波长为 400~700 nm 的各种不同波长的混合光。由于波长不同的光在相同介质的传播速度不同而产生色散现象，因此目镜有不清楚的明暗交界线。为此，

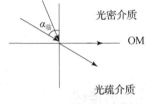

图 2-2 光的全反射与临界角

在仪器上装有可调的消色补偿器，通过它可消除色散，得到清楚的明暗分界线。这时所测得的液体折射率和应用钠光 D 线所得的液体折射率相同。

二、折射率与液态食品的组成及浓度的关系

溶液的折射率随着可溶性固形物浓度的增大而递增。折射率的大小取决于物质的性质，即不同的物质有不同的折射率；对于同一种物质，其折射率的大小取决于该物质溶液的浓度大小。

三、测定折射率的意义

折射率是物质的一种物理性质。它是食品生产中常用的工艺控制指标，通过测定液态食品的折射率可以鉴别食品的组成、确定食品的浓度、判断食品的纯净程度及品质。

1. 相关糖工业

蔗糖溶液的折射率随浓度增大而升高。通过测定折射率可以确定糖液的浓度及饮料、糖水罐头等食品的糖度，还可以测定以糖为主要成分的果汁、蜂蜜等食品的可溶性固形物的含量。

必须指出的是，折光法测得的只是可溶性固形物含量，对于番茄酱、果酱等个别食品，已有通过实验编制的总固形物与可溶性固形物关系表。先用折光法测定可溶性固形物含量，即可查出总固形物的含量。

2. 油脂工业

折射率可以鉴别油脂的组成和品质。每一种油脂都是由一定的脂肪酸构成的，且每种脂肪酸均有其特定的折射率。含碳原子数目相同时，不饱和脂肪酸的折射率比饱和脂肪酸的折射率大得多；不饱和脂肪酸分子量越大，折射率也越大；酸度高的油脂折射率低。

3. 牛乳是否掺水检测

正常情况下，某些液态食品的折射率有一定的范围，如正常牛乳乳清的折射率为 $1.341\,99 \sim 1.342\,75$，当这些液态食品因掺杂、浓度改变或品质改变等而发生品质变化时，折射率常常会随之发生变化，所以，测定折射率可以初步判断某些食品是否正常。如牛乳掺水，其乳清折射率降低，故测定牛乳乳清的折射率即可了解乳糖的含量，判断牛乳是否掺水。

四、食品折射率的测定仪器

食品折射率的测定仪器包括阿贝折射仪和手持折光计。

实训任务　黄桃罐头开罐糖度的检验

一、实训目的

❖ 会使用手持折光计测定黄桃罐头的开罐糖度。
❖ 掌握手持折光计使用的操作规范。
❖ 能根据产品质量标准来判断黄桃罐头的开罐糖度是否符合要求。
❖ 培养学生团结协作的精神及发现问题、分析问题、解决问题的能力。
❖ 培养学生实事求是、科学严谨的工作态度，树立学生的社会责任感。

二、采用的标准方法

参照《罐头食品的检验方法》（GB/T 10786—2022）中可溶性性固形物含量测定的折光方法。

三、原理

在 20 ℃时，用折光计测量实验溶液的折光率，并用折光率与可溶性固形物含量的换算表计算或在折光计上直接读出可溶性固形物的含量。在规定的制备条件和温度下，水溶液中蔗糖的浓度和所分析的样品有相同的折光率，此浓度以质量分数表示。

四、主要仪器（表2-4）

表 2-4　主要仪器

名称	参考图片	使用方法
手持折光计	说明： OK—目镜视度圈； P—棱镜； D—棱镜盖板头	手持折光计的使用
组织捣碎器		正确安装捣碎匀浆棒，放置捣碎匀浆杯；将样品放入捣碎匀浆杯；接通外电源，合上开关电位器，指示灯亮；缓慢调节调速旋钮，升至所需转速；工作完毕，将调速旋钮置于最小位置；关开关电位器，切断电源；擦拭清洗或烘干匀浆杯和匀浆棒，其上不允许有水滴污物残留

五、操作步骤

1. 测试溶液的制备

按样品本身固液相的比例，将样品用组织捣碎器捣碎后，用四层纱布挤出滤液用于测定。

2. 测定

（1）手持折光计在测量前应先校正。校正方法参考使用说明书。

（2）测定样品浓度。打开手持折光计盖板，以擦镜纸擦净检测棱镜。取待测溶液数滴，置于检测棱镜上，轻轻合上盖板，避免气泡产生，使溶液遍布棱镜表面，将仪器进光板对准光源或明亮处，由目镜观察，转动目镜调节手轮，使视场的分界线清晰，读取读数，即为溶液含糖浓度（百分含量）。或依据手持折光计使用说明书进行操作，读取读数。

（3）测定温度。

（4）按可溶性固形物对温度校正表（表2-5和表2-6）换算成20 ℃时标准的可溶性固形物百分率。

表 2 – 5 可溶性固形物对温度校正表（减校正值）

温度/℃	可溶性固形物含量读数/%										
	0	5	10	15	20	25	30	40	50	60	70
10	0.50	0.54	0.58	0.61	0.64	0.66	0.68	0.72	0.74	0.76	0.79
11	0.46	0.49	0.53	0.55	0.58	0.60	0.62	0.65	0.67	0.69	0.71
12	0.42	0.45	0.48	0.50	0.52	0.54	0.56	0.58	0.60	0.61	0.63
13	0.37	0.40	0.42	0.44	0.46	0.48	0.49	0.51	0.53	0.54	0.55
14	0.33	0.35	0.37	0.39	0.40	0.41	0.42	0.44	0.45	0.46	0.48
15	0.27	0.29	0.31	0.33	0.34	0.34	0.35	0.37	0.38	0.39	0.40
16	0.22	0.24	0.25	0.26	0.27	0.28	0.28	0.30	0.30	0.31	0.32
17	0.17	0.18	0.19	0.20	0.21	0.21	0.21	0.22	0.23	0.23	0.24
18	0.12	0.13	0.13	0.14	0.14	0.14	0.14	0.15	0.15	0.16	0.16
19	0.06	0.06	0.06	0.07	0.07	0.07	0.07	0.08	0.08	0.08	0.08

表 2 – 6 可溶性固形物对温度校正表（加校正值）

温度/℃	可溶性固形物含量读数/%										
	0	5	10	15	20	25	30	40	50	60	70
21	0.06	0.07	0.07	0.07	0.07	0.08	0.08	0.08	0.08	0.08	0.08
22	0.13	0.13	0.14	0.14	0.15	0.15	0.15	0.15	0.16	0.16	0.16
23	0.19	0.20	0.21	0.22	0.22	0.23	0.23	0.23	0.24	0.24	0.24
24	0.26	0.27	0.28	0.29	0.30	0.30	0.31	0.31	0.31	0.32	0.32
25	0.33	0.35	0.36	0.37	0.38	0.38	0.39	0.40	0.40	0.40	0.40
26	0.40	0.42	0.43	0.44	0.45	0.46	0.47	0.48	0.48	0.48	0.48

注：参考 GB/T 12143—2008 的附录 B 的表 B.1。

六、注意事项

（1）仪器分为 0~50% 和 50%~80% 两挡。当被测糖液浓度低于 50% 时，将换挡旋钮向左旋转至不动，使目镜半圆视场中的 0~50 可见，即可观测读数。若被测糖液浓度高于 50% 时，则应将换挡旋钮向右旋至不动，使目镜半圆视场中的 50~80 可见，即可观测读数。

（2）测量时若温度不是 20 ℃，应进行数值校正。校正的情况分为两种。

①仪器在 20 ℃ 调零，而在其他温度下进行测量时，则应进行校正，校正的方法是：温度高于 20 ℃ 时，加上查表 2 – 6 得出的相应校正值，即为糖液的准确浓度数值。温度低于 20 ℃ 时，减去查表 2 – 5 得出的相应校正值，即为糖液的准确浓度数值。

②仪器在测定温度下调零的，则不需要校正。方法是：测试纯蒸馏水的折光率，看视场中的明暗分界线是否正对刻线 0%，若偏离，则可用小螺丝刀旋动校正螺钉，使分界线正确指示 0% 处，然后对糖液进行测定，读取的数值即为正确数值。

（3）测量前将棱镜盖板、折光棱镜清洗干净并拭干。

（4）滴在折光棱镜面上的液体要均匀分布在棱镜面上，并保持水平状态合上盖板。

（5）使用换挡旋钮对应旋到位，避免影响读数。

（6）测定时温度最好控制在 20 ℃左右，尽可能地缩小校正范围。

（7）在重复性条件下由同一个分析者获得的两次独立测定结果的绝对差值不得超过算术平均值 0.5%。

请将实训过程中的原始数据填入表 2－7 的实训任务单。

表 2－7　实训任务单

＿＿＿＿＿＿＿的检验		实训任务单	班级	
			姓名	
			学号	
1. 样品信息				
样品名称		检验项目		
生产单位		检验依据		
生产日期及批号		检验日期		
2. 检验方法＿＿＿＿＿＿				
3. 实训过程				
4. 检验过程中数据记录				
测定次数	1	2	3	4
开罐糖度/%				
温度/℃				
校正后开罐糖度/%				
5. 结论				
产品质量标准			要求	
实训结果				
合格	□是		□否	
6. 实训总结　请根据表 2－8 的评分标准进行实训任务评价，并将相关评分填入其中，根据得分情况进行实训总结				

表 2-8 评分标准

_____的检验			实训日期：		
姓名：		班级：	学号：		导师签名：
自评：（　）分		互评：（　）分	师评：（　）分		
日期：		日期：	日期：		

折射率检验的评分细则

序号	评分项	得分条件	分值/分	评分要求	自评（30%）	互评（30%）	师评（40%）
1	测试溶液的制备	□1. 能正确计算固液相比例 □2. 能正确计算并称量合适的固相和液相样品 □3. 能正确使用组织捣碎机 □4. 能正确过滤出滤液	16	失误一项扣4分	得分：（　） 扣分项：	得分：（　） 扣分项：	得分：（　） 扣分项：
2	测定	□1. 能正确使用手持折光计 □2. 能进行正确读数 □3. 能正确使用温度计 □4. 能正确进行数值校正	40	失误一项扣10分	得分：（　） 扣分项：	得分：（　） 扣分项：	得分：（　） 扣分项：
3	数据记录与结果分析	□1. 能如实记录检验数据 □2. 能正确进行可疑数据的取舍 □3. 能正确进行结果计算 □4. 平行测定结果的精密度符合标准要求 □5. 能正确进行产品质量判断	20	失误一项扣4分	得分：（　） 扣分项：	得分：（　） 扣分项：	得分：（　） 扣分项：
5	表单填写与撰写报告的能力	□1. 语句通顺、字迹清楚（4） □2. 前后关系正确（4） □3. 无涂改（4） □4. 无抄袭（3）	15	失误一项除相应分数	得分：（　） 扣分项：	得分：（　） 扣分项：	得分：（　） 扣分项：
6	其他	□1. 清洁操作台面，器材清洁干净并摆放整齐 □2. 废液、废弃物处理合理 □3. 遵守实验室规定，操作文明、安全	9	失误一项扣3分	得分：（　） 扣分项：	得分：（　） 扣分项：	得分：（　） 扣分项：

总分：

一、阿贝折射仪

（1）阿贝折射仪应符合 JJG 625—2001 的规定，如图 2-3 所示。

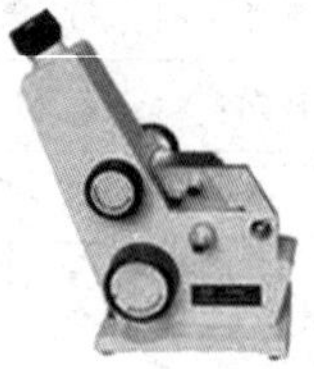

（2）恒温水浴及循环泵应能向棱镜提供温度为 20.0 ℃ ±0.1 ℃的循环水。

（3）自动数字显示折射仪应有自动温度控制功能，精度为 ±0.000 1；控温准确度为 ±0.05 ℃。

图 2-3　阿贝折射仪

二、阿贝折射仪分析步骤

（1）将恒温水浴与棱镜连接，调节恒温水浴温度，使棱镜温度保持在 20.0 ℃ ±0.1 ℃。

（2）用二级水或工作样块校准阿贝折射仪。二级水的折光率 n 为 1.333 0，工作样块的折光率及仪器校准方法见说明书。

（3）测定前应清洗棱镜表面，可用乙醇、乙醚或乙醇和乙醚的混合液清洗，再用镜头纸或医药棉将溶剂吸干。

（4）用滴管向棱镜表面滴加数滴 20 ℃左右的样品，立即闭合棱镜并旋紧，应使样品均匀、无气泡并充满视场，待棱镜温度计读数恢复到 20.0 ℃ ±0.1 ℃。

（5）调节反光镜使视场明亮，旋转读数手轮，使视场中出现明暗界线，同时旋转色散棱镜（阿米西棱镜）手轮，使界线外所呈彩色完全消失，再旋转手轮，使明暗界线在十字线中心。观察读数镜视场右边所指示的刻度值，即为所测折光率值。

（6）读出折光率值，估读至小数点后第四位。

三、自动数字显示折射仪分析步骤

（1）按仪器说明书的要求设置仪器。

（2）仪器测量池棱镜表面可用水、乙醇、乙醚或乙醇和乙醚的混合液清洗，再用镜头纸或医药棉将溶剂吸干。

（3）用滴管向仪器测量池棱镜表面滴加数滴二级水，需没过棱镜，盖上测量盖，待温度达到 20.0 ℃ ±0.05 ℃，仪器自动检测，显示折光率值，二级水的折光率应为 1.333 0 ±0.000 1，此时可直接按照（4）进行样品测试。否则需按照仪器标准操作规程，使用标准折射液进行校准操作。

（4）用样品代替二级水重复步骤（3）的操作，记录仪器显示的折光率值，结果保留至小数点后四位。

按上述步骤重复测定，两次测定结果的绝对差值不应大于 0.000 2，以两次测定的算术平均值作为测定结果。

任务三 食品比体积、膨胀率的检验

◉ 任务描述

有冷冻饮品企业送来几种软质冰淇淋，由于不清楚该冰淇淋的膨胀率是否符合质量标准，因此需要对其膨胀率进行检验。

食品比体积、
膨胀率的检验

◉ 相关知识

一、基本概念

比体积是指单位质量的固态食品所具有的体积（mL/100 g 或 mL/g）。

冰淇淋的膨胀率是指混合料在凝冻操作时，空气以极微小的气泡混合于混合料中，使料液体积膨胀，其体积增加的百分率就是冰淇淋的膨胀率。

还有一些与此相关的类似指标，如固体饮料的颗粒度（%）、饼干的块数（块/kg）等。这些指标都将直接影响产品的感官质量，也是生产工艺过程中质量控制的重要参数。

二、测定比体积和膨胀率的意义

麦乳精的比体积反映了其颗粒的密度，同时也影响其溶解度。比体积过小，密度大，体积达不到要求；比体积过大，密度小，质量达不到要求，严重影响其外观质量。

面包比体积过小，内部组织不均匀，风味不好；比体积过大，体积膨胀过分，内部组织粗糙、面包质量降低。

冰淇淋的膨胀率，是在生产过程中的冷冻阶段形成的，混合物料在强烈搅拌下迅速冷却，水分成为微细的冰结晶，而大量混入的空气以极微小的气泡均匀分布于物料中，使之体积增大，从而赋予冰淇淋良好的组织状态及口感。冰淇淋的膨胀率过大，则内部空气较多，质量较少；膨胀率过小，内部气泡过少，口感比较坚硬，不够松软。膨胀率是衡量冰淇淋质量的一项非常重要的指标，能客观地反映冰淇淋的配方、工艺等综合条件对产品品质的影响，并直接影响冰淇淋的抗融性、适口性和经济效益。

三、食品比体积、膨胀率的测定仪器

食品比体积的测定仪器有面包比体积测定仪，冰淇淋膨胀率的测定仪器有冰淇淋膨胀率测定仪。

实训任务　冰淇淋膨胀率的检验

一、实训目的

❖ 会使用冰淇淋膨胀率测定仪测定冰淇淋的膨胀率。
❖ 掌握冰淇淋膨胀率测定仪使用的操作规范。
❖ 能根据产品质量标准来判断冰淇淋的膨胀率是否符合要求。
❖ 培养学生团结协作的精神及发现问题、分析问题、解决问题的能力。
❖ 培养学生实事求是、科学严谨的工作态度，树立学生的社会责任感。

二、采用的标准方法

参照《冷冻饮品检验方法》（GB/T 31321—2014）中的膨胀率的测定方法——浮力法。

三、原理

根据阿基米德原理，当水的密度为 1 g/cm³ 时，冰淇淋试样克服浮力浸没于水中的体积在数值上等于其排开同体积水的质量，同时称取该冰淇淋试样的质量并测定冰淇淋混合原料（融化后的冰淇淋）的密度，由 3 个参数计算冰淇淋的膨胀率。

四、主要仪器（表 2–9）

表 2–9　主要仪器

名称	参考图片	使用方法
冰淇淋膨胀率测定仪		—
电冰箱		冷冻温度能达到 −18 ℃以下

名称	参考图片	使用方法
恒温水浴锅		同表 2 – 1
比重计		量程在 1.000 ~ 1.100 同任务一 知识拓展

五、操作步骤

1. 测试准备及试样的制备

（1）将膨胀率测定仪的附件、不锈钢叉、薄刀放于 – 18 ℃电冰箱中预冷。

（2）检验用水应符合 GB 6682—2008 的要求，放在电冰箱中预冷到 0 ~ 4 ℃，或用冰块调节水温。

（3）测定密度的试样：取融化后冰淇淋，倒入 250 mL 烧杯于 45 ℃ ±1 ℃恒温水浴锅中保温、消泡，待测密度。

（4）测定膨胀率的试样：用预冷薄刀迅速切取块状冰淇淋 20 ~ 30 g 置于瓷盘中，放入 – 18 ℃的电冰箱，再冻 4 h。

（5）将膨胀率测定仪接通电源，预热并校验。

2. 密度测定

取待测密度的冰淇淋试样移入量筒中，然后将密度计缓缓放入量筒，不要碰及量筒四周及底部，保持样品温度在 20 ℃，待密度计静止后再轻轻按下少许，随后待其自然上升，静置至无气泡冒出后，从水平位置观察与液面相交处的刻度，即为样品的密度 ρ。

3. 冰淇淋膨胀率测定

（1）取 0 ~ 4 ℃的实验用水约 300 mL，放入 500 mL 烧杯并迅速轻置于冰淇淋膨胀率测定仪的托盘中，按仪器"0"键，调零。

（2）用经预冷的不锈钢叉插入预冷的测定膨胀率试样块中，不要使冰淇淋落下，快速平稳地将其完全浸没于烧杯水面下 1 ~ 3 mm，立刻按仪器"Wf"键，记录读数（V）。

（3）取下不锈钢叉使冰淇淋试样浮在水面，待显示数值稳定后，按仪器"Wi"键，记录读数（m）。

（4）按仪器"X%"键，记录读数（X）。

4. 结果计算

膨胀率以体积百分数表示，按式（2 – 4）进行计算：

$$X = \frac{V - V_1}{V_1} \times 100\% = \left(\frac{V}{m/\rho} - 1 \right) \times 100\% = \left(\frac{V \times \rho}{m} - 1 \right) \times 100\% \qquad (2-4)$$

式中，X——冰淇淋试样的膨胀率，%；

V——冰淇淋试样的体积，cm^3；

V_1——冰淇淋试样的混合原料体积，cm^3；

m——冰淇淋试样的混合原料质量，g；

ρ——冰淇淋试样的混合原料密度，g/cm^3。

计算结果精确至小数点后一位。

六、注意事项

（1）需严格按照要求准备试样及器具。

（2）测定密度时需要将气泡消除后再进行测量。

（3）在重复性条件下获得的两次独立测定结果的绝对差值不得超过算术平均值的 5% 。

请将实训过程中的原始数据填入表 2 - 10 的实训任务单

表 2 - 10　实训任务单

_____的检验		实训任务单	班级	
			姓名	
			学号	
1. 样品信息				
样品名称		检验项目		
生产单位		检验依据		
生产日期及批号		检验日期		
2. 检验方法：_____				
3. 实训过程				
4. 检验过程中数据记录				

测定次数	1	2	3	4	
冰淇淋体积/cm^3					
混合试样密度/$(g \cdot cm^{-3})$					
冰淇淋质量/g					
膨胀率/%					

5. 计算	
计算公式:	计算过程:

6. 结论			
产品质量标准		要求	
实训结果			
合格	☐ 是	☐ 否	

7. 实训总结

请根据表 2-11 的评分标准进行实训任务评价，并将相关评分填入其中，根据得分情况进行实训总结

表 2-11 评分标准

_____的检验		实训日期:		
姓名:	班级:	学号:	导师签名:	
自评: ( ) 分	互评: ( ) 分	师评: ( ) 分		
日期:	日期:	日期:		
膨胀率检验的评分细则				

序号	评分项	得分条件	分值/分	评分要求	自评 (30%)	互评 (30%)	师评 (40%)
1	测试准备及试样的制备	☐ 1. 能正确预热仪器 ☐ 2. 能正确称量合适的样品 ☐ 3. 能正确制备两种样品 ☐ 4. 能正确准备实验用水	10	失误一项扣2.5分	得分: ( ) 扣分项:	得分: ( ) 扣分项:	得分: ( ) 扣分项:
2	密度测定	☐ 1. 能正确使用密度计 ☐ 2. 能正确能进行读数 ☐ 3. 能正确使用恒温水浴锅	18	失误一项扣6分	得分: ( ) 扣分项:	得分: ( ) 扣分项:	得分: ( ) 扣分项:

序号	评分项	得分条件	分值/分	评分要求	自评(30%)		互评(30%)		师评(40%)	
3	冰淇淋膨胀率测定	□ 1. 能正确量取检验用水 □ 2. 能正确取样 □ 3. 能正确使用冰淇淋膨胀率测定仪	30	失误一项扣10分	得分:( ) 扣分项:		得分:( ) 扣分项:		得分:( ) 扣分项:	
4	数据记录与结果分析	□ 1. 能如实记录检验数据 □ 2. 能正确进行可疑数据的取舍 □ 3. 能正确进行结果计算 □ 4. 平行测定结果的精密度符合标准要求 □ 5. 能正确进行产品质量判断	20	失误一项扣4分	得分:( ) 扣分项:		得分:( ) 扣分项:		得分:( ) 扣分项:	
5	表单填写与撰写报告的能力	□ 1. 语句通顺、字迹清楚 □ 2. 前后关系正确 □ 3. 无涂改 □ 4. 无抄袭	12	失误一项扣3分	得分:( ) 扣分项:		得分:( ) 扣分项:		得分:( ) 扣分项:	
6	其他	□ 1. 清洁操作台面,器材清洁干净并摆放整齐(3) □ 2. 废液、废弃物处理合理(3) □ 3. 遵守实验室规定,操作文明、安全(4)	10	失误一项扣除相应分数	得分:( ) 扣分项:		得分:( ) 扣分项:		得分:( ) 扣分项:	

总分:

◎ 知识拓展

一、蒸馏水定容法测定冰淇淋膨胀率的测定原理

取一定体积的冰淇淋融化,加乙醚消泡后滴加蒸馏水定容,根据滴加蒸馏水的体积计算冰淇淋体积增加的百分率。

二、试剂

乙醚(GB/T 12591—2002)。

三、分析步骤

(1)试样的制备:将冰淇淋置于电冰箱中,温度降至 -18 ℃以下。

(2)试样量取:先将量器及薄刀放在电冰箱中预冷至 -18 ℃,然后将预冷的量器迅速平稳地按入冰淇淋试样的中央部位,使冰淇淋充满量器,用薄刀切平两头,并除去取样

器外粘附的冰淇淋。

（3）测定：将试样放入插在 250 mL 容量瓶中的玻璃漏斗中，另外用 200 mL 容量瓶准确量取 200 mL 蒸馏水，分数次缓慢地加入漏斗中，使试样全部移入容量瓶，然后将容量瓶放在 45 ℃ ±5 ℃ 的电热恒温水浴器中保温，待泡沫基本消除后，冷却至与加入的蒸馏水相同的温度。用单标移液管吸取 2 mL 乙醚，迅速注入容量瓶内，去除溶液中剩余的泡沫，用滴定管滴加蒸馏水，至容量瓶刻度为止，记录滴加蒸馏水的体积。

（4）分析结果的表述。

膨胀率以体积分数表示，按式（2-5）进行计算：

$$X = \frac{V_1 + V_2}{V - (V_1 + V_2)} \times 100\% \qquad (2-5)$$

式中，X——冰淇淋试样的膨胀率，%；

$\quad\quad V$——取样器的体积，mL；

$\quad\quad V_1$——加入乙醚的体积，mL；

$\quad\quad V_2$——加入蒸馏水的体积，mL。

计算结果精确至小数点后第一位。

任务四　食品旋光度的检验

◎ 任务描述

作为一名味精企业的检验员，需要对成品味精中谷氨酸钠的含量进行快速检验，以确定是否符合国家标准。

食品旋光率的检验

◎ 相关知识

一、旋光度和比旋光度的定义

手性碳原子，是指和四个不同的原子或基团连接的碳原子，常用"＊"号予以标注。若有机化合物的结构中含有手性碳原子，则该化合物就具有旋光现象。当平面偏振光通过含有某些光学活性的化合物（含有手性碳原子的化合物）液体或溶液时，能引起旋光现象，使偏振光的平面向左或向右旋转，旋转的度数称为旋光度（用 a 表示）。物质使偏振光的振动方向发生旋转的性质称为旋光性。

比旋光度是指在一定温度下，测定管长度为 1 dm，样品浓度为 1 g/mL，以钠光灯作为灯源测得的旋光度（用 $[a]_D^t$ 表示），可以用来区别物质或检查物质的纯杂程度，也可用来测定含量。

利用测定食品的旋光度进行定性、杂质检查和定量的分析方法，称为旋光度测定法。

二、影响旋光度测定的因素

旋光度不仅与化学结构有关，还和测定时溶液的浓度、液层的厚度、温度、光的波长以及溶剂有关。

1. 物质的化学结构

物质的化学结构不同，旋光性也不同，相同条件下，有的旋转角度大，有的旋转角度小；有的呈左旋（"−"表示），有的呈右旋（"+"表示）；有些物质无手性碳原子，无旋光性。

2. 溶液的浓度

溶液的浓度越大，其旋光度也越大。在一定的浓度范围内，溶液的浓度和旋光度呈线性关系。

3. 溶剂

溶剂对旋光度的影响比较复杂，随溶剂与食品而有所不同：有些溶剂对食品无影响；有的溶剂影响旋光的方向及旋光度的大小。测定食品的旋光度，应注明溶剂的名称。

4. 光线通过液层的厚度

光线通过液层的厚度越大，旋光度越大。除另有规定外，一般采用 1 dm 长的测定管。

5. 光的波长

波长越短，旋光度越大。《中华人民共和国药典》（2005 年版）采用钠光谱的 D 线（589.3 nm）测定旋光度。

6. 温度

一般情况下，温度的影响不是很大，对于大多数物质，在黄色钠光的情况下，温度每升高 1 ℃，比旋光度约减少千分之一。

三、食品旋光度的测定方法

食品旋光度的测定方法主要为旋光仪法。

实训任务　味精中谷氨酸钠含量的检验

一、实训目的

❖ 了解旋光仪测定旋光度的基本原理。
❖ 掌握用旋光仪测定味精中谷氨酸钠含量的方法。
❖ 能对旋光度的测定结果进行正确计算。
❖ 掌握旋光仪使用的操作规范。
❖ 能根据产品质量标准来判断味精中谷氨酸钠含量是否符合要求。
❖ 培养学生团结协作的精神及发现问题、分析问题、解决问题的能力。
❖ 培养学生实事求是、科学严谨的工作态度，树立学生的社会责任感。

二、采用的标准方法

参照《食品安全国家标准 味精中谷氨酸钠的测定》（GB 5009.43—2023）第二法——旋光法。

三、原理

谷氨酸钠分子结构中含有一个不对称碳原子，具有光学活性，能使偏振光面旋转一定角度，用旋光仪测定旋光度，根据旋光度换算谷氨酸钠的含量。

四、主要仪器（表 2 - 12）

表 2 - 12 主要仪器

名称	参考图片	使用方法
旋光仪		—
电子分析天平		先调平，使仪器的水平泡位于中间位置；然后用校正砝码校准仪器；称量
粉碎机		—

五、操作步骤

1. 试样制备

取 100 g 的味精样品用粉碎机磨碎均匀。

2. 试样前处理

称取试样 10 g（精确至 0.000 1 g），加少量水溶解并转移至 100 mL 容量瓶中，加盐酸 20 mL，混匀并冷却至 20 ℃，用水定容并摇匀。

3. 试样溶液的测定

在 20 ℃ ±0.5 ℃下，用标准旋光角校正仪器将试液置于旋光管中（不得有气泡），观测其旋光度，同时记录旋光管中试液的温度。

4. 结果计算

样品中谷氨酸钠的含量按式（2-6）进行计算：

$$X = \frac{\dfrac{\alpha}{L \times c}}{25.16 + 0.047 \times (20 - t)} \times 100 \qquad (2-6)$$

式中，X——样品中谷氨酸钠的含量（含1分子结晶水），%；

α——实测试液的旋光度，(°)；

L——旋光管长度（液层厚度），dm；

c——1 mL试液中味精的质量，g/mL；

25.16——谷氨酸钠的比旋光度，(°)；

0.047——温度校正系数；

20——试液的设定温度，℃；

t——试液的实测温度，℃；

100——换算系数。

计算结果以重复性条件下获得的两次独立测定结果的算术平均值表示，结果保留3位有效数字。

六、注意事项

（1）测定前应将仪器及试样置于20 ℃±0.5 ℃恒温室中，也可用温水浴保持样品室或样品测试管恒温1 h以上。

（2）通电开机之前应取出仪器样品室内的物品，各示数开关置于规定位置。先用交流供电使钠光灯预热启辉，启辉后光源稳定约20 min后再进行测定，读数时应转换至直流供电。连续使用时，仪器不宜经常开关。

（3）测定前仪器调零时，必须重复按动复测开关，使检偏镜分别向左或向右偏离光学零位，通过观察左右复测的停点可以检查仪器的重复性和稳定性。

（4）同一旋光性物质，用不同溶剂或者溶剂pH不同，其缔合、溶剂化和解离的情况会不同，从而使比旋度产生变化，甚至可能改变旋光方向。

（5）测定空白和供试品时，均应读取读数3次，取平均值；测定后再次测定空白，观察零点是否漂移。

（6）测定应使用规定的溶剂。供试液如不澄清，应滤清后再用；加入测定管时，应先用供试液冲洗数次；如有气泡，应使其浮于测定管凸颈处；旋紧测试管螺帽时，用力不要过大，以免产生应力，造成误差；两端的玻璃窗用滤纸与镜头纸擦干净。

（7）测定管不可置于干燥箱中加热，因为玻璃管与两端金属螺帽的线膨胀系数不同，加热易造成损坏，用后可晾干或用乙醇等有机溶剂处理后晾干。注意，使用酸碱溶剂或有机溶剂后，必须立刻洗涤晾干，以免造成金属腐蚀或使螺帽内的橡胶垫圈老化、变黏。仪器不用时，应在样品室内放置硅胶保持干燥。

（8）按规定或根据读数精度配制浓度适当的供试品溶液，读数误差小于±1.0%。如供试品溶解度小，应尽量使用2 dm的长测定管，以提高旋光度，减小测定误差。供试液配制完后应及时测定，对于已知易发生消旋或变旋的供试品，应注意严格控制操作与测定时间。

（9）在重复性条件下获得的两次独立测定结果的绝对差值不得超过其算术平均值的0.5%。

请将实训过程中的原始数据填入表2-13的实训任务单。

表2-13 实训任务单

＿＿＿＿＿的检验		实训任务单	班级	
			姓名	
			学号	

1. 样品信息

样品名称		检验项目	
生产单位		检验依据	
生产日期及批号		检验日期	

2. 检验方法 ＿＿＿＿＿

3. 实训过程

4. 检验过程中数据记录

测定次数	1	2	3	4	5	6
实测试液的旋光度/（°）						
旋光管长度/dm						
1 mL试液中味精的质量/（g·mL^{-1}）						
试液的实测温度/℃						

5. 计算

计算公式：	计算过程：

6. 结论

产品质量标准		要求	
实训结果			
合格	□是	□否	

7. 实训总结

请根据表2-14的评分标准进行实训任务评价，并将相关评分填入其中，根据得分情况进行实训总结

表2-14 评分标准

_____的检验		实训日期：	
姓名：	班级：	学号：	导师签名：
自评：（ ）分	互评：（ ）分	师评：（ ）分	
日期：	日期：	日期：	

<table>
<tr><td colspan="9" align="center">旋光度检验的评分细则</td></tr>
<tr>
<td>序号</td>
<td>评分项</td>
<td>得分条件</td>
<td>分值/分</td>
<td>评分要求</td>
<td>自评（30%）</td>
<td>互评（30%）</td>
<td>师评（40%）</td>
</tr>
<tr>
<td>1</td>
<td>试样制备</td>
<td>□ 1. 能正确取样
□ 2. 能正确使用粉碎机</td>
<td>10</td>
<td>失误一项扣5分</td>
<td>得分：（ ）
扣分项：</td>
<td>得分：（ ）
扣分项：</td>
<td>得分：（ ）
扣分项：</td>
</tr>
<tr>
<td>2</td>
<td>试样前处理</td>
<td>□ 1. 能正确使用电子分析天平
□ 2. 能准确进行容量瓶的定容
□ 3. 能正确量取盐酸</td>
<td>24</td>
<td>失误一项扣8分</td>
<td>得分：（ ）
扣分项：</td>
<td>得分：（ ）
扣分项：</td>
<td>得分：（ ）
扣分项：</td>
</tr>
<tr>
<td>3</td>
<td>试样溶液的测定</td>
<td>□ 1. 能清洗干净旋光管
□ 2. 装满液体无气泡
□ 3. 能正确进行仪器校正
□ 4. 能正确进行读数</td>
<td>24</td>
<td>失误一项扣6分</td>
<td>得分：（ ）
扣分项：</td>
<td>得分：（ ）
扣分项：</td>
<td>得分：（ ）
扣分项：</td>
</tr>
<tr>
<td>4</td>
<td>数据记录与结果分析</td>
<td>□ 1. 能如实记录检验数据
□ 2. 能正确进行可疑数据的取舍
□ 3. 能正确进行结果计算
□ 4. 平行测定结果的精密度符合标准要求
□ 5. 能正确进行产品质量判断</td>
<td>15</td>
<td>失误一项扣3分</td>
<td>得分：（ ）
扣分项：</td>
<td>得分：（ ）
扣分项：</td>
<td>得分：（ ）
扣分项：</td>
</tr>
<tr>
<td>5</td>
<td>表单填写与撰写报告的能力</td>
<td>□ 1. 语句通顺、字迹清楚
□ 2. 前后关系正确
□ 3. 无涂改
□ 4. 无抄袭</td>
<td>16</td>
<td>失误一项扣4分</td>
<td>得分：（ ）
扣分项：</td>
<td>得分：（ ）
扣分项：</td>
<td>得分：（ ）
扣分项：</td>
</tr>
<tr>
<td>6</td>
<td>其他</td>
<td>□ 1. 清洁操作台面，器材清洁干净并摆放整齐（3）
□ 2. 废液、废弃物处理合理（4）
□ 3. 遵守实验室规定，操作文明、安全（4）</td>
<td>11</td>
<td>失误一项扣除相应分数</td>
<td>得分：（ ）
扣分项：</td>
<td>得分：（ ）
扣分项：</td>
<td>得分：（ ）
扣分项：</td>
</tr>
<tr>
<td>总分</td>
<td colspan="8"></td>
</tr>
</table>

知识拓展

一、非电子型旋光仪的操作程序

（1）接通光源，等待 3~5 min 使灯光稳定。将光源对准旋光仪的中心轴，使由目镜观察时有清晰的视场。

（2）零点校正。洗净旋光管，装入蒸馏水，使液面刚刚凸出管口，取玻璃盖沿管口壁轻轻平推盖好，旋上螺丝帽盖，拭净外部，放入镜筒中（气泡赶至管颈凸出处）。寻找零点视场，记录读数，即为零点值。

（3）测量旋光度。润洗旋光管 3 次，将试样注入 1 dm 旋光管，将旋光管置于中心轴中的起偏振镜与检偏振镜间。调整目镜，使有清晰的视场。转动检偏振镜的螺旋，直至视场中明暗两部分的亮度相同，此时微向左或微向右转都会产生明暗度差别。读取刻度盘上的读数，再慢慢地转动检偏振镜的螺旋，用同样的方法再读取刻度盘上的度数两次，取三次读数的平均值，即得试样的旋光度。

二、味精的定义及理化指标

味精是指以碳水化合物（如淀粉、玉米、糖蜜等糖质）为原料，经微生物（谷氨酸棒杆菌等）发酵、提取、中和、结晶、分离、干燥而制成的具有特殊鲜味的白色结晶或粉末状调味品。

味精的理化指标主要是谷氨酸钠的含量。普通味精要求谷氨酸钠的含量大于或等于 99.0%，加盐味精要求大于或等于 80.0%，增鲜味精要求大于或等于 97.0%。

◢ **练习题**

项目二　练习题

项目三　食品的一般成分检测

项目导入

2018 年，某饮料公司的某款产品在包装上标示含有维生素 C 100 mg，但经检测后发现实际含量仅为 50 mg，存在虚标行为。相关部门对该公司进行了调查并依法进行处罚，要求该公司立即停止生产销售涉事产品。

【分析】产品包装上的营养成分标示和实际含量不符，既欺骗了消费者、违背了公平诚信的原则，又有可能对消费者的健康造成影响。因此，相关部门要加强对食品营养成分的检测，杜绝企业的虚假宣传，保障消费者的合法权益。

相关知识

一、概述

食品是人类生活的必需品，是人类生命活动能量的来源，因此食品问题向来都是人们重点关注的对象。食品检测技术是保证食品质量的重要工具。在食品检测的诸多项目中，一般成分的检测是必不可少的。

食品的一般成分指食品的营养成分，主要包含水分、灰分、酸、脂肪、碳水化合物、蛋白质与氨基酸、维生素等，这些物质是食品中固有的成分，并赋予了食品一定的组织结构、风味、口感以及营养价值，这些成分含量的高低是衡量食品品质的关键指标。

二、检测意义

不同食品所含的营养成分的种类和数量是各不相同的。在天然食品中，能够同时提供各种营养成分的品种较少，因此人们必须根据人体对营养的需求，进行合理搭配，以获得较全面的营养。为此，必须对各种食品的营养成分进行分析，以评价其营养价值，为人们选择食品提供帮助。此外，在食品工业生产中，对工艺配方的确定、工艺合理性的鉴定、生产过程的控制及成品质量的监测等，都离不开营养成分的分析。因而营养成分的分析是食品分析检测中的主要内容。

三、检测的内容和方法

食品一般成分的检测主要包括水分、灰分、酸度、脂肪、碳水化合物、蛋白质与氨基酸、维生素等的测定。

食品一般成分的检测主要采用化学分析法。化学分析法是以物质的化学反应为基础，使被测成分在溶液中与试剂作用，由生成物的量或消耗试剂的量来确定被测成分含量的方法。化学分析法包括定性分析和定量分析。定量分析又包括称量法和容量法，如食品中水分、灰分、脂肪、果胶、纤维等成分的测定，通常采取称量法。容量法包括酸碱滴定法、氧化还原定法、配位滴定法和沉淀滴定法，如酸度、蛋白质的测定常用到酸碱滴定法；还原糖、维生素 C 的测定常用到氧化还原滴定法。化学分析法是食品分析检测技术中最基础、最基本、最重要的分析方法。

任务一　食品中水分含量的测定

◉ 任务描述

有企业送来一批豆乳粉，由于不清楚豆乳粉中的水分含量是否超标，因此需要对其水分含量进行检测。

食品中水分
含量的测定

◉ 相关知识

一、水分含量测定的意义

水分含量的测定能保证食品的品质；在食品监督管理中，可用来评价食品的品质；在食品生产中，能给计算生产中的物料平衡提供数据，指导工艺控制。

1. 水分含量是一项重要的质量指标

首先，水分对保持食品的感官性状，维持食品中其他组分的平衡关系，保证食品具有一定的保存期起重要作用。

例：新鲜面包水分含量若低于28%～30%，其外观形态就会干瘪，失去光泽；硬糖水分含量控制在3.0%以内，可抑制微生物生长繁殖，延长保质期。

2. 水分含量是一项重要的技术指标

每种合格食品，其营养成分表都对水分含量规定了一定的范围，如饼干为2.5%～4.5%，蛋类为73%～75%，乳类为87%～89%，面粉为12%～14%等。

原料中水分含量的高低与原料的品质和保存是密切相关的。

3. 水分含量是一项重要的经济指标

水分含量有助于保证成本核算中的物料平衡，如酿酒、酱油的原料蒸煮后，水分应控制在多少为最佳；制曲（大曲、小曲）风干后，水分在多少易于保存等。这些都涉及耗能问题。

二、水分的存在状态

水分在不同食品中有不同的存在状态，主要状态有以下两种。

1. 结合水或束缚水

结合水：指在细胞内与其他物质结合在一起的水。结合水一般为结晶水和吸附水，在测定过程中此类水分较难从物料中逸出。

2. 非结合水或自由水

非结合水：指在生物体内或细胞内可以自由流动的水。非结合水又包括润湿水分、毛细管水和渗透水分，在测定过程中此类水分易与物料分离。在一般水分的测定中，主要测定对象是自由水的含量。

三、几种常见的水分含量的测定方法

水分含量测定法主要包括两大类。

1. 直接法

直接法是指利用水分本身的物理化学性质来测定水分含量的方法。

（1）重量法：如直接干燥法、减压干燥法、干燥剂法、红外线干燥法，即凡操作过程中包括有称量步骤的测定方法。

（2）蒸馏法：如蒸馏式水分测定仪。

2. 间接法

间接法是指利用食品的相对密度、折射率、电导、介电常数等物理性质测定水分含量的方法。

直接法的准确度高于间接法。

实训任务　豆乳粉中水分含量的测定

一、实训目的

❖ 能根据食品的性质选择合适的水分含量测定方法。
❖ 会使用电热恒温干燥箱、干燥器。
❖ 会使用常压干燥法测定食品中的水分含量并能对食品的品质进行判定。
❖ 培养学生实事求是、科学严谨的工作态度，树立学生的社会责任感。

二、采用的标准方法

参照《食品安全国家标准　食品中水分的测定》（GB 5009.3—2016）第一法——直接干燥法。

面粉中水分
的测定

三、原理

利用食品中水分的物理性质，在101.3 kPa（1 atm），温度101～105 ℃下采用挥发方法测定试样中干燥减失的质量，包括吸湿水、部分结晶水和该条件下能挥发的物质，再通过干燥前后的称量数值计算出水分的含量。

四、主要仪器（表3-1）

表3-1　主要仪器

名称	参考图片	使用方法
玻璃制称量瓶		使用前要按照烘样品的方法和要求烘干、冷却，再使用
电子分析天平		先调平，使仪器的水平泡位于中间位置；然后用校正砝码校准仪器；称量
电热恒温干燥箱		先接通电源开关，调节温度，将样品放入干燥箱进行干燥。结束时先关闭电源，待样品冷却至室温左右，开干燥箱门取出样品

名称	参考图片	使用方法
干燥器		用左手按住干燥器，右手小心地把盖子稍微推开，然后将干燥物品放入干燥器，最后盖上盖子

电子分析天平的使用　　　干燥器的使用

五、操作步骤

1. 设备准备

打开干燥箱并设置干燥箱温度，打开电子天平预热。

2. 仪器准备

清洗称量瓶，并恒重。

称量瓶恒重方法：取洁净铝制或玻璃制的扁形称量瓶，置于101~105 ℃干燥箱中，瓶盖斜支于瓶边，加热1.0 h，取出盖好，置干燥器内冷却0.5 h，称量，并重复干燥至前后两次质量差不超过2 mg，即为恒重。

3. 样品制备

将豆乳粉磨碎后过筛（20~40目筛），混匀，采用四分法取样，然后将制备好的样品存于干燥的磨口瓶中备用。

4. 试样与称量瓶恒重

称取2~10 g试样（精确至0.000 1 g），放入此称量瓶中，试样厚度不超过5 mm（如为疏松试样，厚度不超过10 mm），加盖，精密称量后，置于101~105 ℃的干燥箱中，瓶盖斜支于瓶边，干燥2~4 h后，盖好取出，放入干燥器内冷却0.5 h后称量。然后再放入101~105 ℃干燥箱中干燥1 h左右，取出，放入干燥器内冷却0.5 h后再称量。重复以上操作至前后两次质量差不超过2 mg，即为恒重。

5. 结果计算

结果按照式（3-1）进行计算：

$$X = \frac{(m_1 - m_2) \times 100}{m_1 - m_3} \tag{3-1}$$

式中，X——试样中水分的含量，g/100 g；

m_1——干燥前试样与称量瓶质量，g；

m_2——干燥后试样与称量瓶质量，g；

m_3——称量瓶质量，g；

100——单位换算系数。

水分含量大于或等于 1 g/100 g 时，计算结果保留三位有效数字；

水分含量小于 1 g/100 g 时，计算结果保留两位有效数字。

六、注意事项

（1）干燥器内一般用硅胶作为干燥剂，硅胶吸潮后会使干燥效能降低。当干燥器中硅胶蓝色减退或变红，说明硅胶已失去吸水作用，应及时更换，于 135 ℃ 左右烘 2～3 h，使其再生后再使用。

（2）水果、蔬菜样品，应先洗去泥沙后，再用蒸馏水冲洗一次，然后用洁净纱布吸干表面的水分。

（3）在测定过程中，称量瓶从烘箱中取出后，应迅速放入干燥器中进行冷却，否则，不易达到恒重。

（4）所装样品不宜超过瓶高的 1/3。

（5）对于固态食品，若水分含量大于或等于 16%，如面包，则须采用二步干燥法。在磨碎过程中，要注意防止样品水分含量变化。

（6）判断恒量的方法：反复干燥后各次的称量数值不断减小，当最后两次的称量数值之差不超过 2 mg，说明水分已蒸发完全，达到恒重，干燥恒重值为最后一次的称量数值。反复干燥后各次的称量数值不断减小，而最后一次的称量数值增大，说明水分已蒸发完全并发生了氧化，干燥恒重值为氧化前的称量数值。

（7）在重复性条件下获得的两次独立测定结果的绝对差值不得超过算术平均值的 10%。

请将实训过程中的原始数据填入表 3-2 的实训任务单。

表 3-2　实训任务单

_____中水分含量的测定	实训任务单	班级	
		姓名	
		学号	
1. 样品信息			
样品名称		检测项目	
生产单位		检测依据	
生产日期及批号		检测日期	
2. 检测方法 _____			
3. 实训过程			
4. 检测过程中数据记录			

测定次数	1	2	3
称量瓶的质量/g			
干燥前试样与称量瓶质量/g			
干燥后试样与称量瓶质量/g			

5. 计算

计算公式：	计算过程：

6. 结论

产品质量标准	要求	
实训结果		
合格	□是	□否

7. 实训总结

　　请根据表3-3的评分标准进行实训任务评价，并将相关评分填入其中，根据得分情况进行实训总结

表3-3　评分标准

_____ 中水分含量的测定		实训日期：	
姓名：	班级：	学号：	导师签名：
自评：（　　）分	互评：（　　）分	师评：（　　）分	
日期：	日期：	日期：	

水分含量测定的评分细则							
序号	评分项	得分条件	分值/分	评分要求	自评（30%）	互评（30%）	师评（40%）
1	设备准备	□1. 能正确打开电热恒温干燥箱 □2. 能正确设置电热恒温干燥箱温度 □3. 能检验电子分析天平是否水平 □4. 能正确将电子分析天平调水平 □5. 能对电子分析天平进行校准	10	失误一项扣2分	得分：（　　） 扣分项：	得分：（　　） 扣分项：	得分：（　　） 扣分项：

序号	评分项	得分条件	分值/分	评分要求	自评（30%）	互评（30%）	师评（40%）
2	仪器准备	□ 1. 能正确清洗称量瓶 □ 2. 能正确使用干燥器 □ 3. 能规范操作电热恒温干燥箱 □ 4. 能正确将称量瓶干燥至恒重	12	失误一项扣3分	得分：（ ） 扣分项：	得分：（ ） 扣分项：	得分：（ ） 扣分项：
3	样品的处理	□ 1. 能正确磨碎样品 □ 2. 能正确进行过筛操作 □ 3. 能正确取样	9	失误一项扣3分	得分：（ ） 扣分项：	得分：（ ） 扣分项：	得分：（ ） 扣分项：
4	样品的测定	□ 1. 能准确称量 □ 2. 能规范操作称量瓶 □ 3. 能规范操作电子分析天平 □ 4. 会判断是否达到恒重	28	失误一项扣7分	得分：（ ） 扣分项：	得分：（ ） 扣分项：	得分：（ ） 扣分项：
5	数据记录与结果分析	□ 1. 能如实记录检测数据 □ 2. 能正确进行可疑数据的取舍 □ 3. 能正确进行结果计算 □ 4. 能按照要求达到恒重 □ 5. 能正确进行产品质量判断	20	失误一项扣4分	得分：（ ） 扣分项：	得分：（ ） 扣分项：	得分：（ ） 扣分项：
6	表单填写与撰写报告的能力	□ 1. 语句通顺、字迹清楚 □ 2. 前后关系正确 □ 3. 无涂改 □ 4. 无抄袭	12	失误一项扣3分	得分：（ ） 扣分项：	得分：（ ） 扣分项：	得分：（ ） 扣分项：
7	其他	□ 1. 清洁操作台面，器材清洁干净并摆放整齐 □ 2. 废液、废弃物处理合理 □ 3. 遵守实训室规定，操作文明、安全	9	失误一项扣3分	得分：（ ） 扣分项：	得分：（ ） 扣分项：	得分：（ ） 扣分项：

总分：

知识拓展

一、减压干燥法

分析方法：参照《食品安全国家标准 食品中水分的测定》（GB 5009.3—2016）第二法——减压干燥法。

1. 原理

利用食品中水分的物理性质，在达到 40～53 kPa 压力后加热至 60 ℃ ±5 ℃，采用减压烘干方法去除试样中的水分，再通过烘干前后的称量数值计算出水分的含量。

2. 适用范围

适用于糖、味精等易分解的食品中水分的测定，不适用于添加了其他原料的糖果，如奶糖、软糖等试样的测定，也不适用于水分含量小于 0.5 g/100 g 的样品。

3. 仪器和设备

真空烘箱、电子分析天平（精确至 0.000 1 g）、称量瓶、干燥器等。

4. 操作步骤

精密称取 2～10 g（精确至 0.000 1 g）样品于已烘干至恒重的称量瓶中，放入真空烘箱内，连接好真空烘箱的全套装置后，打开真空泵抽出烘箱内空气至所需压力 40～53 kPa（300～400 mmHg），并同时加热至所需温度（60 ℃ ±5 ℃）。关闭真空泵上的活塞，停止抽气，使烘箱内保持一定的温度和压力，经 4 h 后，打开活塞，使空气经干燥瓶缓缓进入烘箱内，待压力恢复正常后，再打开烘箱取出称量瓶，放入干燥器中冷却 0.5 h 后称量。重复以上操作至前后两次质量不超过 2 mg，即为恒重。

5. 结果计算

同直接干燥法。

6. 注意事项

（1）第一次使用的铝质称量瓶要反复烘干两次，每次置于调节到规定温度的烘箱内烘 1～2 h，然后移至干燥器内冷却 45 min，称重（精确到 0.000 1 g），求出恒重。第二次以后使用时，通常采用前一次的恒重值。试样为谷粒时，如小心使用，可重复 20～30 次而恒重值不变。

（2）由于直读天平与被测量物之间的温度差会引起明显的误差，故在操作中应力求被称量物与天平的温度相同后再称重，一般冷却时间在 0.5～1 h。

（3）减压干燥时，自烘箱内部压力降至规定真空度时起计算烘干时间，一般每次烘干时间为 2 h，但有的样品需 5 h；恒重一般以减量不超过 0.5 mg 时为标准，但对受热后易分解的样品则可以不超过 1～3 mg 的减量值为恒重标准。

二、蒸馏法

分析方法：参照《食品安全国家标准 食品中水分的测定》（GB 5009.3—2016）第三法——蒸馏法。

1. 原理

利用食品中水分的物理化学性质，使用水分测定器将食品中的水分与甲苯或二甲苯共同蒸出，根据接收的水的体积计算出试样中水分的含量。

2. 特点及适用范围

现已广泛用于谷类、果蔬、油类香料等多种样品的水分测定，特别对于香料而言，此法是唯一公认的水分含量的标准分析法。

3. 仪器和试剂

（1）仪器：蒸馏式水分测定仪。

（2）试剂：甲苯（沸点111 ℃、相对密度0.866 9）、二甲苯（沸点140 ℃、相对密度0.864 2）、苯（沸点80.2 ℃、相对密度0.998 2）。

对热不稳定的食品，一般不采用二甲苯，因为它的沸点高，常选用低沸点的苯、甲苯或甲苯–二甲苯的混合液。对含糖分可分解放出水分的样品，如脱水洋葱、脱水大蒜，宜选用苯。

4. 操作步骤

准确称取适量样品（估计含水量2~5 mL），放入水分测定仪器的蒸馏瓶中，加入新蒸馏的甲苯（或二甲苯）75 mL使样品浸没，连接冷凝管及水分接收管，从冷凝管顶端注入甲苯（或二甲苯），装满水分接收管。

加热慢慢蒸馏，使每秒钟约蒸馏出2滴馏出液，待大部分水分蒸馏出后，加速蒸馏使每秒约蒸出4滴馏出液。当水分全部蒸出后（接收管内的体积不再增加时），从冷凝管顶端注入少许甲苯（或二甲苯）冲洗，如发现冷凝管壁或接收管上部附有水滴，可用附有小橡皮头的铜丝擦拭，再蒸馏片刻，直至接收管上部及冷凝管壁无水滴附着，接收管水平面保持10 min不变为蒸馏终点，读取接收管水层的容积。

5. 结果计算

结果按照式（3–2）进行计算：

$$X = \frac{(V - V_0) \times 100}{m} \qquad (3-2)$$

式中，X——试样中水分的含量，mL/100 g（或按水在20 ℃的相对密度0.998，20 g/mL计算质量）；

　　　V——接收管内水的体积，mL；

　　　V_0——做试剂空白时，接收管内水的体积，mL；

　　　m——试样的质量，g；

　　　100——单位换算系数。

6. 注意事项

（1）样品用量：一般谷类、豆类约20 g，鱼、肉、蛋、乳制品5~10 g，蔬菜、水果约5 g。

（2）有机溶剂一般用甲苯，其沸点为111 ℃。对于在高温易分解样品，则用苯作蒸馏溶剂（纯苯沸点为80.2 ℃，水苯共沸物共沸点则为69.5 ℃），但蒸馏的时间需延长。

任务二　食品中灰分含量的测定

⊚ 任务描述

有企业送来一批豆乳粉，由于不清楚豆乳粉中的灰分含量是否超标，因此需要对其灰分含量进行检测。

食品中灰分
含量的测定

一、灰分的概念

总灰分：样品中无机成分的总量。

灰分：是指食品经高温灼烧完全后残留下来的无机物，又称矿物质（氧化物或无机盐类）。

粗灰分：即灰分。食品的灰分与食品中原来存在的无机成分在数量和组成上并不完全相同。

样品在灰化时发生了一系列变化：

第一，水分和挥发元素如 Cl、I、Pb 等挥发散失，P、S 等以含氧酸的形式挥发散失，使无机成分减少。

第二，某些金属氧化物会吸收有机物分解产生的二氧化碳而形成碳酸盐，又使无机成分增多。

因此，将灼烧后的残留物称为粗灰分。

二、灰分的分类（按溶解性分）

1. 水溶性灰分

K、Na、Mg、Ca，反映的是可溶性的钾、钠、钙、镁等的氧化物和盐类的含量。

2. 水不溶性灰分

泥沙、Fe、Al 盐，反映的是污染的泥沙和铁、铝等氧化物及碱土金属的碱式磷酸盐含量。

3. 酸不溶性灰分

泥沙、二氧化硅，反映的是污染的泥沙和食品中原来存在的微量氧化硅含量。

三、测定灰分的意义

1. 评判食品品质

（1）矿物质是六大营养要素之一，是人类生命活动不可缺少的物质，要正确评价某食品的营养价值，其矿物质含量是一个重要评价指标。

例如，黄豆是营养价值较高的食物，除富含蛋白质外，它的灰分含量高达 5.0%。故测定灰分总含量，在评价食品品质方面有重要意义。

（2）生产果胶、明胶之类的胶质品时，灰分是这些制品的胶冻性能的标志。

果胶分为高甲氧基果胶（HM）和低甲氧基果胶（LM）两种，HM 只要有糖、酸存在即能形成凝胶，而 LM 除糖、酸以外，还需要有金属离子，如 Ca^{2+}、Al^{3+}。

2. 评判食品加工精度

在面粉加工中，常以总灰分含量评定面粉等级：富强粉为 0.3% ~ 0.5%；标准粉为 0.6% ~ 0.9%。

3. 判断食品受污染的程度

水溶性灰分和酸不溶性灰分可作为食品生产的一项控制指标。

水溶性灰分指果酱、果冻制品中的果汁含量。

酸不溶性灰分中的大部分来自原料本身，或是在加工过程中由于环境污染而混入产品中的泥沙等机械污染物；还含有一些是样品组织中的微量硅。

实训任务　豆乳粉中灰分含量的测定

一、实训目的

❖ 理解总灰分的测定原理。

❖ 熟悉样品炭化、灰化等基本操作方法。

❖ 熟悉测定食品中总灰分的测定方法。

❖ 能正确使用坩埚、高温炉。

❖ 能选择合适的灰分测定条件（温度、时间、取样量等）。

❖ 会测定食品中的总灰分含量并利用国标对食品的品质进行判定。

二、采用的标准方法

参照《食品安全国家标准　食品中灰分的测定》（GB 5009.4—2016）第一法——食品中总灰分的测定。

食品中灰分的
测定

三、原理

把一定量的样品经炭化后放入高温炉内灼烧，使有机物质被氧化分解，以二氧化碳、氮的氧化物及水等形式逸出，而无机物质以硫酸盐、磷酸盐、碳酸盐、氯化物等无机盐和金属氧化物的形式残留下来，这些残留物即为灰分。称量残留物的质量即可计算出样品中总灰分的含量。

四、主要仪器（表3-4）

表3-4　主要仪器

名称	参考图片	使用方法
素烧瓷坩埚		将其安装在一个铁三角上，坩埚盖通常倾斜放置在坩埚上，然后直接用火加热，坩埚加热后放在铁三角上自然冷却
电子分析天平		先调平，使仪器的水平泡位于中间位置；然后用校正砝码校准仪器；称量

名称	参考图片	使用方法
高温炉		打开高温炉电源开关，调节温度，然后将灰化后的样品置于高温炉中灰化。结束时先关闭电源，待样品冷却至室温左右，开高温炉门取出样品
电炉		在电炉上装一个铁三角，先接通电源开关，然后将装有样品的坩埚放在上面加热
干燥器		用左手按住干燥器，右手小心地把盖子稍微推开，然后将干燥物品放入干燥器，最后盖上盖子

五、操作步骤

1. 瓷坩埚的准备

将坩埚用盐酸（1:4）煮 1~2 h，洗净晾干；用三氯化铁与蓝墨水的混合液在坩埚外壁及盖上写上编号；置于规定温度（500~550 ℃）的高温炉中灼烧 1 h；移至炉口冷却到 200 ℃左右后，再移入干燥器中，冷却至室温后，准确称重；再放入高温炉内灼烧 30 min，取出冷却称重，直至恒重（两次称量之差不超过 0.5 mg）。

使用坩埚的注意事项：温度骤升或骤降常使坩埚破裂，最好将坩埚放入冷的（未加热的）炉膛中逐渐升高温度。灰化完毕后，应使炉温降到 200 ℃以下再打开炉门。坩埚钳在钳热坩埚时，要先在电炉上预热。

2. 仪器准备

打开高温炉电源开关，调节温度为 550 ℃ ± 25 ℃，进行预热；打开电子分析天平预热。

3. 样品预处理

将豆乳粉磨碎后过筛（20~40 目筛），混匀，采用四分法取样，然后将制备好的样品存于干燥的磨口瓶中备用。

4. 称样

准确称量 1~2 g（精确至 0.000 1 g）的豆乳粉于已处理过的坩埚中，将样品均匀分布在坩埚内，不要压紧。

5. 炭化

防止在灼烧试样时，试样因水分在高温下的急剧蒸发而飞扬；防止糖、蛋白质、淀粉等易发泡膨胀的物质在高温下发泡膨胀而溢出坩埚；不经炭化而直接灰化，炭粒易被包住，灰化不完全。

具体操作：坩埚→置于电炉，半盖坩埚盖→小心加热炭化→直至无黑烟产生。

6. 灰化

炭化后，把坩埚移入已设定温度为 500～550 ℃的高温炉炉口处，慢慢移入炉膛内，坩埚盖斜倚在坩埚口，关闭炉门；500～550 ℃灼烧一定时间至灰中无炭粒存在；冷却至 200 ℃左右，打开炉门，将坩埚移入干燥器中冷却至室温；准确称重，再灼烧、冷却、称重，直至达到前后两次称量相差不超过 0.5 mg 为恒重。

7. 结果计算

结果按照式（3－3）进行计算：

$$X = \frac{(m_1 - m_2) \times 100}{m_3 - m_2} \qquad (3-3)$$

式中，X——试样中灰分的含量，g/100 g；

m_1——残灰加空坩埚质量，g；

m_2——空坩埚质量，g；

m_3——试样加空坩埚质量，g；

100——单位换算系数。

试样中灰分含量大于或等于 10 g/100 g 时，保留三位有效数字；试样中灰分含量小于 10 g/100 g 时，保留两位有效数字。

六、注意事项

（1）干燥器内一般用硅胶作为干燥剂，硅胶吸潮后会使干燥效能降低。当干燥器中硅胶蓝色减退或变红，说明硅胶已失去吸水作用，应及时更换，于 135 ℃左右烘 2～3 h，使其再生后再使用。

（2）样品的预处理。

①含水分较少的样品，谷物、豆类：粉碎→过筛→称量。

②含水分较多的试样。

果蔬、动物组织等：制成均匀的试样→称量→烘干。

液体样品：果汁、牛乳等：称量→沸水浴蒸干。

③富含脂肪的样品：样品→制备成均匀试样→取样→抽提脂肪→残留物→瓷坩埚→炭化。目的：防止脂肪发生燃烧。

（3）取样量。

取样时应考虑称量误差，以燃烧后得到的灰分质量为 10～100 mg 来确定称样量。

通常，乳粉、麦乳精、大豆粉、调味料、鱼类及海产品等取 1～2 g；谷物及其制品、肉及其制品、糕点、牛乳等取 3～5 g；蔬菜及其制品、砂糖及其制品、淀粉及其制品、蜂蜜、奶油等取 5～10 g；水果及其制品取 20 g；油脂 50 g。

（4）灰化温度：

一般为 500～550 ℃。

例如，鱼类及海产品、谷类及其制品、乳制品的灰化温度小于或等于 550 ℃；

果蔬及其制品、砂糖及其制品、肉制品的灰化温度小于或等于 525 ℃；

个别样品（如谷类饲料）可以达到 600 ℃。

灰化的温度过高或过低对测定的影响：

①灰化温度过高，将引起钾、钠、氯等元素的挥发损失，而且磷酸盐、硅酸盐类也会熔融，将炭粒包藏起来，使炭粒无法氧化；

②灰化温度过低，则灰化速度慢、时间长，不易灰化完全，也不利于除去过剩的碱（碱性食品）吸收的二氧化碳。

因此，必须选择合适的灰化温度，在保证灰化完全的前提下，尽可能减少无机成分的挥发损失和缩短灰化时间。

（5）灰化时间。一般以灼烧至灰分呈白色或浅灰色，无炭粒存在并达到恒重为止。

通常，根据经验灰化一定时间后，观察一次残灰的颜色，以确定第一次取出的时间；取出后冷却、称重，再放入炉中灼烧，直至达恒重。灰化至达到恒重一般需 2～5 h。

注意：有些样品即使灰化完全，残灰也不一定呈白色或浅灰色。例如，铁含量高的食品，残灰呈褐色；锰、铜含量高的食品，残灰呈蓝绿色。有时即使残灰的表面呈白色，内部仍残留有炭块。

（6）加速灰化的方法。

①改变操作方法：样品经初步灼烧后，取出冷却，从灰化容器边缘慢慢加入（不可直接洒在残灰上，以防残灰飞扬）少量无离子水，使水溶性盐类溶解，被包住的炭粒暴露出来，在水浴上蒸发至干涸，置于 120～130 ℃烘箱中充分干燥（充分去除水分，以防再灰化时，因加热使残灰飞散），再灼烧到恒重。

②添加助灰化剂：硝酸、乙醇、过氧化氢、碳酸铵，这类助灰化物质在灼烧后完全消失，不致增加残留灰分的重量。

③添加过氧化镁、碳酸钙等惰性不熔物质：这类物质的作用是纯机械性的，它们和灰分混杂在一起，使炭微粒不受覆盖。此法应同时做空白试验。

（7）在测定过程中，称量皿从高温炉中取出后，应迅速放入干燥器中进行冷却，否则，不易达到恒重。

（8）在重复性条件下获得的两次独立测定结果的绝对差值不得超过算术平均值的 5%。

请将实训过程中的原始数据填入表 3-5 的实训任务单。

表 3-5 实训任务单

_____中灰分含量的测定	实训任务单	班级	
		姓名	
		学号	
1. 样品信息				
样品名称		检测项目	
生产单位		检测依据	
生产日期及批号		检测日期	
2. 检测方法_____				

3. 实训过程

4. 检测过程中数据记录

测定次数	1	2	3
空坩埚的质量/g			
灰化前试样与空坩埚的质量/g			
残灰与空坩埚的质量/g			

5. 计算

计算公式:	计算过程:

6. 结论

产品质量标准		要求	
实训结果			
合格	□ 是	□ 否	

7. 实训总结

请根据表 3 – 6 的评分标准进行实训任务评价, 并将相关评分填入其中, 根据得分情况进行实训总结

表 3-6　评分细则

_____中灰分含量的测定		实训日期：	
姓名：	班级：	学号：	导师签名：
自评：（　　）分	互评：（　　）分	师评：（　　）分	
日期：	日期：	日期：	

灰分含量测定的评分细则

序号	评分项	得分条件	分值/分	评分要求	自评（30%）	互评（30%）	师评（40%）
1	设备准备	□1. 能正确打开高温炉 □2. 能正确设置高温炉温度 □3. 能检查电子分析天平是否水平 □4. 能正确将电子分析天平调水平 □5. 能对电子分析天平进行校准	10	失误一项扣2分	得分：（　　） 扣分项：	得分：（　　） 扣分项：	得分：（　　） 扣分项：
2	仪器准备	□1. 能正确清洗坩埚并做标记 □2. 能正确使用干燥器 □3. 能正确将坩埚干燥至恒重	9	失误一项扣3分	得分：（　　） 扣分项：	得分：（　　） 扣分项：	得分：（　　） 扣分项：
3	样品的处理	□1. 能正确磨碎样品 □2. 能正确进行过筛操作 □3. 能正确取样	9	失误一项扣3分	得分：（　　） 扣分项：	得分：（　　） 扣分项：	得分：（　　） 扣分项：
4	样品的测定	□1. 能准确称量 □2. 能规范操作坩埚 □3. 能规范操作电炉 □4. 能规范操作高温炉 □5. 能规范操作电子分析天平 □6. 会判断是否达到恒重	36	失误一项扣6分	得分：（　　） 扣分项：	得分：（　　） 扣分项：	得分：（　　） 扣分项：
5	数据记录与结果分析	□1. 能如实记录检测数据 □2. 能正确进行可疑数据的取舍 □3. 能正确进行结果计算 □4. 能按照要求达到恒重 □5. 能正确进行产品质量判断	15	失误一项扣3分	得分：（　　） 扣分项：	得分：（　　） 扣分项：	得分：（　　） 扣分项：
6	表单填写与撰写报告的能力	□1. 语句通顺、字迹清楚 □2. 前后关系正确 □3. 无涂改 □4. 无抄袭	12	失误一项扣3分	得分：（　　） 扣分项：	得分：（　　） 扣分项：	得分：（　　） 扣分项：

序号	评分项	得分条件	分值/分	评分要求	自评（30%）	互评（30%）	师评（40%）
7	其他	□ 1. 清洁操作台面，器材清洁干净并摆放整齐 □ 2. 废液、废弃物处理合理 □ 3. 遵守实训室规定，操作文明、安全	9	失误一项扣 3 分	得分：（　） 扣分项：	得分：（　） 扣分项：	得分：（　） 扣分项：
总分：							

◉ 知识拓展

一、食品中水溶性灰分和水不溶性灰分的测定

分析方法：参照《食品安全国家标准　食品中灰分的测定》（GB 5009.4—2016）第二法——食品中水溶性灰分和水不溶性灰分的测定。

1. 原理

用热水提取总灰分，经无灰滤纸过滤、灼烧、称量残留物，测得水不溶性灰分，由总灰分和水不溶性灰分的质量之差计算水溶性灰分。

2. 仪器和设备

高温炉、分析天平、石英坩埚或瓷坩埚、干燥器（内有干燥剂）、无灰滤纸、漏斗、表面皿（直径 6 cm）、烧杯（100 mL）、恒温水浴锅。

3. 操作步骤

（1）坩埚预处理：见"豆乳粉中灰分含量的测定"中的"瓷坩埚的准备"。

（2）称样：见"豆乳粉中灰分含量的测定"中的"称样"。

（3）总灰分的制备：见"豆乳粉中灰分含量的测定"。

（4）测定：用约 25 mL 热蒸馏水分次将总灰分从坩埚中洗入 100 mL 烧杯中，盖上表面皿，用小火加热至微沸，防止溶液溅出。趁热用无灰滤纸过滤，并用热蒸馏水分次洗涤杯中残渣，直至滤液和洗涤体积约达 150 mL 为止，将滤纸连同残渣移入原坩埚内，放在沸水浴锅上小心地蒸去水分，然后将坩埚烘干并移入高温炉内，以 550 ℃ ±25 ℃灼烧至无炭粒（一般需 1 h）。待炉温降至 200 ℃时，放入干燥器内，冷却至室温，称重（准确至 0.000 1 g）。再放入高温炉内，以 550 ℃ ±25 ℃灼烧 30 min，如前冷却并称重。如此重复操作，直至连续两次称重之差不超过 0.5 mg 为止，记下最低质量。

（5）灰分含量的计算：

水不溶性灰分含量按照式（3-4）进行计算：

$$X_1 = \frac{(m_1 - m_2) \times 100}{m_3 - m_2} \tag{3-4}$$

式中，X_1——水不溶性灰分的含量，g/100 g；

m_1——水不溶性灰分加空坩埚质量，g；

m_2——空坩埚质量，g；

m_3——试样加空坩埚质量，g；

100——单位换算系数。

水溶性灰分含量按照式（3-5）进行计算：

$$X_2 = \frac{(m_4 - m_5) \times 100}{m_0} \qquad (3-5)$$

式中，X_2——水溶性灰分的含量，g/100 g；

m_4——总灰分的质量，g；

m_5——水不溶性灰分的质量，g；

m_0——试样质量，g；

100——单位换算系数。

试样中灰分含量大于或等于 10 g/100 g 时，保留三位有效数字；试样中灰分含量小于 10 g/100 g 时，保留两位有效数字。

二、食品中酸不溶性灰分的测定

参照《食品安全国家标准　食品中灰分的测定》（GB 5009.4—2016）第三法——食品中酸不溶性灰分的测定。

1. 原理

用盐酸溶液处理总灰分，过滤、灼烧、称量残留物。

2. 试剂

10% 盐酸溶液：用量筒量取 24 mL 浓盐酸，然后用蒸馏水稀释至 100 mL。

3. 仪器

高温炉、分析天平、石英坩埚或瓷坩埚、干燥器（内有干燥剂）、无灰滤纸、漏斗、表面皿（直径 6 cm）、烧杯（100 mL）、恒温水浴锅。

4. 操作步骤

（1）坩埚预处理：方法见"第一法坩埚的准备"。

（2）称样：方法见"第一法称样"。

（3）总灰分的制备：方法见"第一法样品总灰分的测定"。

（4）测定：用 25 mL 10% 盐酸溶液将总灰分分次洗入 100 mL 烧杯中，盖上表面皿，在沸水浴上小心加热，至溶液由浑浊变为透明时，继续加热 5 min，趁热用无灰滤纸过滤，用沸蒸馏水少量反复洗涤烧杯和滤纸上的残留物，直至中性（约 150 mL）。将滤纸连同残渣移入原坩埚内，在沸水浴上小心蒸去水分，移入高温炉内，以 550 ℃ ± 25 ℃ 灼烧至无炭粒（一般需 1 h）。待炉温降至 200 ℃ 时，取出坩埚，放入干燥器内，冷却至室温，称重（准确至 0.000 1 g）。再放入高温炉内，以 550 ℃ ± 25 ℃ 灼烧 30 min，如前冷却并称重。如此重复操作，直至连续两次称重之差不超过 0.5 mg 为止，记下最低质量。

（5）灰分含量的计算：

酸不溶性灰分含量按照式（3-6）进行计算：

$$X_1 = \frac{(m_1 - m_2) \times 100}{m_3 - m_2} \qquad (3-6)$$

式中，X_1——酸不溶性灰分的含量，g/100 g；

　　m_1——酸不溶性灰分加空坩埚质量，g；

　　m_2——空坩埚质量，g；

　　m_3——试样加空坩埚质量，g；

　　100——单位换算系数。

试样中灰分含量大于或等于 10 g/100 g 时，保留三位有效数字；试样中灰分含量小于 10 g/100 g 时，保留两位有效数字。

任务三　食品酸度的测定

◎ 任务描述

有企业送来一批纯牛乳，因不清楚纯牛乳中的酸度是否达标，故需要对其酸度进行检测。

食品酸度的测定

◎ 相关知识

一、酸度的概念

1. 总酸度

总酸度是指食品中所有酸性成分的总量，包括未离解的酸的浓度和已离解的酸的浓度，其大小可借助碱滴定来测定，故总酸度又可称为"可滴定酸度"。

2. 有效酸度

有效酸度是指被测液中 H^+ 的浓度，准确地说应是溶液中 H^+ 的活度，所反映的是已离解的那部分酸的浓度，常用 pH 表示。其大小可借助酸度计（即 pH 计）来测定。

3. 挥发酸

挥发酸是指食品中易挥发的有机酸，如甲酸、醋酸及丁酸等低碳链的直链脂肪酸。其大小可通过蒸馏法分离后，再借助标准碱滴定来测定。

4. 牛乳的酸度

（1）外表酸度：又叫固有酸度，是指刚挤出来的新鲜牛乳本身所具有的酸度，主要来源于鲜牛乳中的酪蛋白、白蛋白、柠檬酸盐及磷酸盐等酸性成分。外表酸度在酸牛乳中占 0.15% ~ 0.18%（以乳酸计）。

（2）真实酸度：又叫发酵酸度，是指牛乳放置过程中在乳酸菌作用下乳糖发酵产生了乳酸而升高的那部分酸度。若牛乳的含酸量超过 0.15% ~ 0.20%，即认为有乳酸存在。习惯上不把含酸量在 0.20% 以上的牛乳列为鲜牛乳。

（3）牛乳总酸度：外表酸度与真实酸度之和（新鲜牛乳总酸度即为外表酸度），一般通过标准碱滴定来测定。

牛乳酸度的表示法有以下两种。

乳酸含量：以滴定结果折算成乳酸的质量百分含量计。

滴定酸度：指滴定 100 mL 牛乳样品，消耗 0.1 mol/L NaOH 溶液的毫升数，以°T 为单位，新鲜牛乳的酸度一般为 16～18 °T。

二、测定酸度的意义

1. 对食品的调色具有指导作用

食品的色调由色素决定。色素所形成的色调与酸度密切相关，色素会在不同的酸度条件下发生变色反应，只有测定出酸度才能有效地调控食品的色调。例如叶绿素在酸性下会变成黄褐色的脱镁叶绿素。

2. 对食品口味具有调控作用

食品的口味取决于食品中糖、酸的种类、含量及其比例，酸度降低则甜味增加，酸度增高则甜味减弱。调控好适宜的酸味和甜味才能使食品具有各自独特的口味和风味。

3. 对食品稳定性具有控制作用

酸度的高低对食品的稳定性有一定影响。例如，降低 pH，能减弱微生物的抗热性并抑制其生长；pH 是果蔬罐头杀菌条件控制的主要依据；控制 pH 可抑制水果变质；有机酸可以提高维生素 C 的稳定性，防止其氧化。所以酸度的测定是食品稳定性控制的一个依据。

4. 测定酸度和酸的成分可以判断食品的好坏

发酵制品中若有甲酸积累，说明发生了细菌性腐败。油脂常是中性的，不含游离脂肪酸。若测出含有游离脂肪酸，说明发生了油脂酸败。比如，肉的 pH 若大于 6.7，说明肉已变质。

5. 测定酸度可判断果蔬的成熟度

果蔬有机酸含量下降，糖含量增加，糖酸比增大，成熟度提高。故测定酸度可判断某些果蔬的成熟度，对于确定果蔬收获期及加工工艺条件很有帮助。

三、几种常见的酸度的测定方法

1. 总酸度的测定

用标准碱液滴定食品中的有机弱酸时，弱酸被中和生成盐类。用酚酞作指示剂，当滴定至终点时，根据耗用标准碱液的体积，可计算出样品中总酸含量。本法适用于各类浅色食品中总酸含量的测定。

白酒中总酸
含量的测定

2. 挥发酸的测定

挥发酸是食品中含低碳链的直链脂肪酸，主要是醋酸和痕量的甲酸、丁酸等。先加适量磷酸于样品中，使结合态挥发酸游离出来，用水蒸气蒸馏分离出总挥发酸，经冷凝、收集后，以酚酞作指示剂，用标准碱液滴定至终点，根据标准碱液消耗量计算样品中总挥发酸含量。本方法适用于各类饮料、果蔬及其制品（如发酵制品、酒等）中总挥发酸含量的测定。

3. 有效酸度（pH）的测定

以玻璃电极为指示电极，饱和甘汞电极为参比电极，插入待测样液中组成原电池，该电池电动势大小与溶液 pH 呈直线关系，用酸度计测量电池电动势并直接以 pH 表示，故可从酸度计上读出样品溶液的 pH。本方法适用于各类饮料、果蔬及其制品，以及肉、蛋类食品中 pH 的测定。

实训任务　牛乳中酸度的测定

一、实训目的

❖ 能根据样品来选择合适的分析方法。
❖ 掌握碱标准溶液的配制和标定方法。
❖ 掌握牛乳中酸度测定的原理及操作步骤。
❖ 能够规范操作常见的玻璃仪器。
❖ 能够规范记录数据并进行数据处理。
❖ 会对样品的酸度进行测定，并能根据产品质量标准来判断其含量是否符合要求。
❖ 培养学生实事求是、科学严谨的工作态度，树立学生的社会责任感。

二、采用的标准方法

参照《食品安全国家标准　食品酸度的测定》（GB 5009.239—2016）第一法——酚酞指示剂法。

乳品滴定
酸度的测定

三、原理

试样经过处理后，以酚酞作为指示剂，用 0.100 0 mol/L 氢氧化钠标准溶液滴定至中性，记录消耗氢氧化钠溶液的体积数，经计算确定试样的酸度。

四、试剂（表 3 – 7）

表 3 – 7　试剂

名称	浓度	配制方法
NaOH 标准溶液	0.100 0 mol/L	称取 0.75 g 已于 105～110 ℃ 电烘箱中干燥至恒重的工作基准试剂邻苯二甲酸氢钾，加 50 mL 无二氧化碳的水溶解，加 2 滴酚酞指示液（10 g/L），用配制好的氢氧化钠溶液滴定至溶液呈粉红色，并保持 30 s，同时做空白试验
七水硫酸钴	30 g/L	将 3 g 七水硫酸钴溶解于水中，并定容至 100 mL
乙醇	95%	—
无二氧化碳的蒸馏水	—	将水煮沸 15 min，逐出二氧化碳，冷却，密闭

名称	浓度	配制方法
氮气	98%	—
酚酞乙醇溶液	10 g/L	称取酚酞1 g溶解于100 mL 95% 乙醇中

五、主要仪器（表3-8）

表3-8　主要仪器

名称	参考图片	使用方法
电子分析天平		先调平，使仪器的水平泡位于中间位置；然后用校正砝码校准仪器；称量
电炉		接通电源，打开开关，将盛有待加热物质的容器放在上面加热
碱式滴定管		检查，检漏，洗涤，润洗，装液，排气泡，调节零刻度线，滴定，读数
移液管		检查，洗涤，润洗，移液，调节刻度线，放液
容量瓶		检查，检漏，洗涤，移液，稀释、定容，摇匀

六、操作步骤

1. 0.100 0 mol/L NaOH 标准溶液的配制

称取氢氧化钠（AR）120 g，溶于 100 mL 无二氧化碳的蒸馏水中，摇匀，冷却后置于聚乙烯塑料瓶中，密封，放置数日澄清，取上清液 5.6 mL，加新煮沸过并已冷却的蒸馏水 1 000 mL，摇匀。

2. 0.100 0 mol/L NaOH 标准溶液的标定

精密称取 0.75 g（准确至 0.000 1 g）已在 105 ~ 110 ℃ 干燥至恒重的基准试剂邻苯二甲酸氢钾，加 50 mL 新煮沸的冷蒸馏水，摇振使其溶解，加 2 滴 1% 酚酞指示剂，用配制的 NaOH 标准溶液滴定至溶液呈微红色 30 s 不褪色。平行滴定 3 次，同时做空白试验。

3. 样液制备

将牛乳样品置于 40 ℃ 水浴加热 30 min，以除去二氧化碳，冷却后备用。

4. 制备参比溶液

向装有等体积相应溶液的锥形瓶中加入 2.0 mL 参比溶液，轻轻转动，使之混合，得到标准参比颜色。

5. 样液的测定

称取 10 g（精确到 0.001 g）已混匀的样液，置于 150 mL 锥形瓶中，加 20 mL 新煮沸冷却至室温的水，混匀，加入 2.0 mL 酚酞指示液，混匀后用氢氧化钠标准溶液滴定。边滴加边转动烧瓶，直到颜色与参比溶液的颜色相似，且 5 s 内不消退，整个滴定过程应在 45 s 内完成。滴定过程中，向锥形瓶中吹氮气，防止溶液吸收空气中的二氧化碳。记录消耗的氢氧化钠标准滴定溶液毫升数，同时做空白试验，代入公式进行计算。

6. 结果计算

结果按照式（3-7）进行计算：

$$X = \frac{c \times (V - V_0) \times 100}{m \times 0.1} \qquad (3-7)$$

式中，X——试样的酸度，°T；

$\quad c$——NaOH 标准溶液的浓度，mol/L；

$\quad V$——滴定试液消耗 NaOH 标准溶液的体积，mL；

$\quad V_0$——空白试验消耗 NaOH 标准溶液的体积，mL；

$\quad m$——试样的质量，g；

$\quad 100$——100 g 试样；

$\quad 0.1$——酸度理论定义氢氧化钠的浓度，mol/L。

计算结果保留三位有效数字。

七、注意事项

（1）样品浸渍、稀释用的蒸馏水不能含有二氧化碳，因为二氧化碳溶于水会生成酸性的 H_2CO_3，影响滴定终点时酚酞颜色变化。

无二氧化碳的蒸馏水的制备方法为：将蒸馏水煮沸 20 min 后，用碱石灰保护冷却；或将蒸馏水在使用前煮沸 15 min 并迅速冷却备用。必要时须经碱液抽真空处理。

样品中的二氧化碳对测定也有干扰，故对含有二氧化碳的饮料、酒类等样品，在测定之前须除去二氧化碳。

（2）选用酚酞作指示剂。

由于食品中有机酸均为弱酸，在用强碱（NaOH）滴定时，其滴定终点偏碱，一般在 pH 8.2 左右，故可选用酚酞作终点指示剂。

（3）若样液颜色过深或浑浊，则宜用电位滴定法。

请将实训过程中的原始数据填入表 3-9 的实训任务单。

表 3-9 实训任务单

_____中酸度含量的测定		实训任务单	班级	
			姓名	
			学号	

1. 样品信息

样品名称		检测项目	
生产单位		检测依据	
生产日期及批号		检测日期	

2. 检测方法_____

3. 实训过程

4. 检测过程中数据记录

测定次数	1	2	3
邻苯二甲酸氢钾的质量/g			
消耗氢氧化钠的体积/mL			
空白消耗氢氧化钠的体积/mL			
氢氧化钠的浓度/(mol·L^{-1})			
氢氧化钠的平均浓度/(mol·L^{-1})			
测定结果的相对平均偏差/%			

测定次数	1	2	3
牛乳的质量			
消耗氢氧化钠的体积/mL			
空白消耗氢氧化钠的体积/mL			
牛乳的酸度/°T			
牛乳的平均总酸度/°T			

5. 计算	
计算公式：	计算过程：

6. 结论

产品质量标准		要求	
实训结果			
合格	□ 是	□ 否	

7. 实训总结

请根据表 3－10 的评分标准进行实训任务评价，并将相关评分填入其中，根据得分情况进行实训总结

表 3－10　评分标准

_____中酸度的测定				实训日期：				
姓名：		班级：		学号：			导师签名：	
自评：（　　　）分		互评：（　　　）分		师评：（　　　）分				
日期：		日期：		日期：				

酸度测定的评分细则								
序号	评分项	得分条件	分值/分	评分要求	自评（30%）		互评（30%）	师评（40%）
1	仪器准备	□ 1. 能规范预热电子分析天平 □ 2. 能正确洗涤滴定管、容量瓶和移液管 □ 3. 能正确对溶解用的烧杯进行涮洗	6	失误一项扣2分	得分：（　　） 扣分项：		得分：（　　） 扣分项：	得分：（　　） 扣分项：
2	标准溶液的配制	□ 1. 能正确称量 □ 2. 能正确溶解 □ 3. 能正确搅拌 □ 4. 在操作过程无试剂污染现象	16	失误一项扣4分	得分：（　　） 扣分项：		得分：（　　） 扣分项：	得分：（　　） 扣分项：

序号	评分项	得分条件	分值/分	评分要求	自评(30%)	互评(30%)	师评(40%)
3	标准溶液的标定	□ 1. 能正确对滴定管进行润洗 □ 2. 能正确使用电子分析天平进行称量 □ 3. 能规范操作滴定管 □ 4. 能准确判断滴定终点 □ 5. 能准确读取滴定管读数	15	失误一项扣3分	得分:（　） 扣分项：	得分:（　） 扣分项：	得分:（　） 扣分项：
4	样液和参比溶液的制备	□ 1. 能正确设置水浴锅的温度 □ 2. 能正确转移样液到容器中 □ 3. 能正确使用水浴锅进行水浴加热 □ 4. 能正确制备参比溶液	12	失误一项扣3分	得分:（　） 扣分项：	得分:（　） 扣分项：	得分:（　） 扣分项：
5	样液的测定	□ 1. 能正确称量 □ 2. 能正确对滴定管进行润洗 □ 3. 能规范操作滴定管 □ 4. 能准确判断滴定终点 □ 5. 能准确读取滴定管读数	15	失误一项扣3分	得分:（　） 扣分项：	得分:（　） 扣分项：	得分:（　） 扣分项：
6	数据记录与结果分析	□ 1. 能如实记录检测数据 □ 2. 能正确进行可疑数据的取舍 □ 3. 能正确进行结果计算 □ 4. 三次平行测定结果的精密度符合标准要求 □ 5. 能正确进行产品质量判断	15	失误一项扣3分	得分:（　） 扣分项：	得分:（　） 扣分项：	得分:（　） 扣分项：
7	表单填写与撰写报告的能力	□ 1. 语句通顺、字迹清楚 □ 2. 前后关系正确 □ 3. 无涂改 □ 4. 无抄袭	12	失误一项扣3分	得分:（　） 扣分项：	得分:（　） 扣分项：	得分:（　） 扣分项：
8	其他	□ 1. 清洁操作台面,器材清洁干净并摆放整齐 □ 2. 废液、废弃物处理合理 □ 3. 遵守实训室规定,操作文明、安全	9	失误一项扣3分	得分:（　） 扣分项：	得分:（　） 扣分项：	得分:（　） 扣分项：
总分：							

知识拓展

一、pH 计法

参照《食品安全国家标准　食品酸度的测定》（GB 5009.239—2016）中的第二法——pH计法。

1. 原理

记录中和试样溶液至 pH 为 8.30 所消耗的 0.100 0 mol/L 氢氧化钠体积，经计算确定其酸度。

2. 试剂

氢氧化钠标准溶液（0.100 0 mol/L）、氮气（纯度为98%）、不含二氧化碳的蒸馏水，以上试剂制法同酚酞指示剂法。

3. 仪器和设备

电子分析天平（精确至0.01 g、0.001 g、0.000 1 g）、碱式滴定管、pH 计、磁力搅拌器、均质器、恒温水浴锅。

4. 操作步骤

（1）试样制备。将样品全部移入约 2 倍于样品体积的洁净干燥容器中（带密封盖），立即盖紧容器，反复旋转振荡，使样品彻底混合。在此操作过程中，应尽量避免样品暴露在空气中。

（2）测定。称取 4 g 样品（精确到 0.01 g）于 250 mL 锥形瓶中。用量筒量取 96 mL 约 20 ℃ 的不含二氧化碳的蒸馏水，使样品复溶，搅拌，然后静置 20 min。

用滴定管向锥形瓶中滴加 0.100 0 mol/L 氢氧化钠标准溶液，直到 pH 稳定在8.30 ± 0.01 处 4～5 s。滴定过程中，始终用磁力搅拌器进行搅拌，同时向锥形瓶中吹氮气，防止溶液吸收空气中的二氧化碳。整个滴定过程应在 1 min 内完成。记录所用氢氧化钠溶液的毫升数，同时做空白试验，代入公式并计算。

5. 乳粉试样中的酸度的计算

结果按照式（3-8）进行计算：

$$X = \frac{C \times (V - V_0) \times 12}{m \times (1 - w) \times 0.1} \qquad (3-8)$$

式中，X——试样的酸度，°T；

c——NaOH 标准溶液的浓度，mol/L；

V——滴定试液消耗 NaOH 标准溶液的体积，mL；

V_0——空白试验消耗 NaOH 标准溶液的体积，mL；

12——12 g 乳粉相当 100 mL 复原乳（脱脂乳粉应为9，脱脂乳清粉应为7）；

w——试样中水分的质量分数，g/100 g；

$1 - w$——样品中乳粉质量分数，g/100 g；

m——试样的质量，g；

0.1——酸度理论定义氢氧化钠的浓度，mol/L。

结果保留三位有效数字。

二、电位滴定仪法

分析方法：参照《食品安全国家标准　食品酸度的测定》（GB 5009.239—2016）中的第三法——电位滴定仪法。

1. 原理

记录中和试样溶液至 pH 为 8.30 所消耗的 0.100 0 mol/L 氢氧化钠体积，经计算确定其酸度。

2. 试剂

氢氧化钠标准溶液（0.100 0 mol/L）、氮气（纯度为 98%）、不含二氧化碳的蒸馏水、中性乙醇－乙醚混合液，以上试剂制法同酚酞指示剂法。

3. 仪器和设备

电子分析天平（精确至 0.001 g、0.000 1 g）、碱式滴定管、电位滴定仪、恒温水浴锅。

4. 操作步骤

（1）巴氏杀菌乳、灭菌乳、生乳、发酵乳。称取 10 g（精确到 0.001 g）已混匀的试样，置于 150 mL 锥形瓶中，加 20 mL 新煮沸冷却至室温的水，混匀，用氢氧化钠标准溶液电位滴定至 pH 为 8.3 时即为终点。滴定过程中，向锥形瓶中吹氮气，防止溶液吸收空气中的二氧化碳。记录消耗的氢氧化钠标准滴定溶液毫升数，代入式（3－9）中进行计算。

（2）奶油。称取 10 g（精确到 0.001 g）已混匀的试样，置于 250 mL 锥形瓶中，加 30 mL 中性乙醇－乙醚混合液，混匀，用氢氧化钠标准溶液电位滴定至 pH 为 8.3 时即为终点。滴定过程中，向锥形瓶中吹氮气，防止溶液吸收空气中的二氧化碳。记录消耗的氢氧化钠标准滴定溶液毫升数，代入式（3－9）中进行计算。

（3）炼乳。称取 10 g（精确到 0.001 g）已混匀的试样，置于 250 mL 锥形瓶中，加 60 mL 新煮沸冷却至室温的水溶解，混匀，用氢氧化钠标准溶液电位滴定至 pH 为 8.3 时即为终点。滴定过程中，向锥形瓶中吹氮气，防止溶液吸收空气中的二氧化碳。记录消耗的氢氧化钠标准滴定溶液毫升数，代入式（3－9）中进行计算。

（4）干酪素。称取 5 g（精确到 0.001 g）经研磨混匀的试样于锥形瓶中，加入 50 mL 无二氧化碳蒸馏水，于室温下（18～20 ℃）放置 4～5 h，或在水浴锅中加热到 45 ℃并在此温度下保持 30 min，再加 50 mL 无二氧化碳蒸馏水，混匀后，通过干燥的滤纸过滤。吸取滤液 50 mL 于锥形瓶中，用氢氧化钠标准溶液电位滴定至 pH 为 8.3 时即为终点。滴定过程中，向锥形瓶中吹氮气，防止溶液吸收空气中的二氧化碳。记录消耗的氢氧化钠标准滴定溶液毫升数，代入式（3－10）进行计算。

（5）空白滴定。用相应体积的无二氧化碳蒸馏水做空白试验，读取耗用氢氧化钠标准溶液的毫升数适用于步骤（1）、（3）和（4）。用 30 mL 中性乙醇－乙醚混合液做空白试验，读取耗用氢氧化钠标准溶液的毫升数适用于步骤（2）。

5. 试样酸度的计算

$$X = \frac{c \times (V - V_0) \times 100}{m \times 0.1} \qquad (3-9)$$

式中，X——试样的酸度，°T；

　　　c——NaOH 标准溶液的浓度，mol/L；

　　　V——滴定试液消耗 NaOH 标准溶液的体积，mL；

　　　V_0——空白试验消耗 NaOH 标准溶液的体积，mL；

　　　m——试样的质量，g；

　　　100——100 g 试样；

　　　0.1——酸度理论定义氢氧化钠的浓度，mol/L。

$$X = \frac{c \times (V - V_0) \times 100 \times 2}{m \times 0.1} \qquad (3-10)$$

式中，X——试样的酸度，°T；

　　　c——NaOH 标准溶液的浓度，mol/L；

　　　V——滴定试液消耗 NaOH 标准溶液的体积，mL；

　　　V_0——空白试验消耗 NaOH 标准溶液的体积，mL；

　　　m——试样的质量，g；

　　　100——100 g 试样；

　　　0.1——酸度理论定义氢氧化钠的浓度，mol/L。

计算结果保留三位有效数字。

任务四　食品中脂肪含量的测定

◎ 任务描述

有企业送来一批豆乳粉，因不清楚豆乳粉中的脂肪含量是否超标，故需要对其脂肪含量进行检测。

食品中脂肪
含量的测定

◎ 相关知识

食品中的脂类主要包括脂肪（甘油三酯）和一些类脂质，如脂肪酸、磷脂、糖脂、甾醇、固醇等，大多数动物性食品及某些植物性食品（如种子、果实、果仁）都含有天然脂肪或类脂化合物。各种食品含脂量各不相同，其中，植物性或动物性油脂中脂肪含量最高，水果蔬菜中脂肪含量很低。

几种食物中脂肪含量如下：猪肉（肥）90.3 g/100 g；核桃 66.6 g/100 g；花生仁 39.2 g/100 g；黄豆 20.2 g/100 g；青菜 0.2 g/100 g；柠檬 0.9 g/100 g；苹果 3 g/100 g 以上；全脂炼乳 8 g/100 g 以上；全脂乳粉 25～30 g/100 g。

一、脂肪在食品与食品加工中的作用

1. 脂肪在食品中的作用

脂肪是食品中重要的营养成分之一，可为人体提供必需的脂肪酸；富含热能营养素，是人体热能的主要来源。脂肪是脂溶性维生素的良好溶剂，有助于脂溶性维生素的吸收；与蛋白质结合生成脂蛋白，在调节人体生理机能和完成体内生化反应方面都起着十分重要的作用。

2. 脂肪在食品加工中的作用

在食品加工过程中，原料、半成品、成品的脂类含量对产品的风味、组织结构、品质、外观、口感等都有直接的影响。例如，蔬菜本身的脂肪含量较低，在生产蔬菜罐头时，添加适量的脂肪可以改善产品的风味；对于面包之类的焙烤食品，脂肪含量特别是卵磷脂成分的含量，对面包心的柔软度、面包的体积及其结构都有影响。脂肪是食品质量管理中的一项重要指标。测定食品的脂肪含量，对评价食品的品质、衡量食品的营养价值等方面具有重要的意义。

二、食品中脂肪的存在形式

食品中的脂肪有以游离态形式存在的，如动物性脂肪及植物性油脂；也有结合态的，如天然存在的磷脂、糖脂、脂蛋白及某些加工品（如焙烤食品及麦乳精等）中的脂肪，与蛋白质或碳水化合物形成结合态。对大多数食品来说，游离态脂肪是主要的，结合态脂肪含量较少。

三、脂类的提取

脂类不溶于水，易溶于有机溶剂。测定脂类大多采用低沸点的有机溶剂萃取法。

1. 常用的溶剂及特性

（1）乙醚溶解脂肪的能力强，应用最多。但它沸点低（34.6 ℃），易燃，且含约2%的水分，含水乙醚会同时抽出糖分等非脂成分，所以使用时必须采用无水乙醚作提取剂，且要求样品无水分。

（2）氯仿－甲醇是另一种有效的溶剂，它对于脂蛋白、磷脂的提取率较高，特别适用于水产品、家禽、蛋制品等食品脂肪的提取。

（3）石油醚溶解脂肪的能力比乙醚弱些，但吸收水分比乙醚少，没有乙醚易燃，使用时允许样品含有微量水分，这两种溶剂只能提取游离的脂肪，对于结合态脂类，必须预先用酸或碱破坏脂类和非脂成分的结合后才能提取。

因乙醚和石油醚各有特点，故常常混合使用。

2. 脂类提取方法

用溶剂提取食品中的脂类时，要根据食品种类、性状及所选取的分析方法，在测定之前对样品进行预处理。

有时需将样品粉碎、切碎、碾磨等；有时需将样品烘干；有的样品易结块，可加入4~6倍量的海砂；有的样品含水量较高，可加入适量无水硫酸钠，使样品成粒状。以上处理都是为了增加样品的表面积，减少样品含水量，使有机溶剂能更有效地提取出脂类。

四、常用的测定脂类的方法

常用的测定脂肪的方法有：索氏抽提法、酸水解法、罗紫－哥特里法、巴布科克氏法、盖勃氏法和氯仿－甲醇提取法等。酸水解法能对包括结合态脂类在内的全部脂类进行定量测定，罗紫－哥特里法主要用于对乳及乳制品中脂类的测定。

实训任务　豆乳粉中脂肪含量的测定

一、实训目的

❖ 能根据样品来选择合适的脂肪含量分析方法。
❖ 掌握脂肪含量测定的原理及操作步骤。
❖ 能够规范操作常见的仪器及设备。
❖ 能够规范记录数据并进行数据处理。
❖ 会使用索氏抽提法测定食品中的脂肪含量，并能根据产品质量标准来判断其含量是否符合要求。
❖ 培养学生实事求是、科学严谨的工作态度，树立学生的社会责任感。

二、采用的标准方法

食品中脂肪
的测定

参照《食品安全国家标准　食品中脂肪的测定》（GB 5009.6—2016）第一法——索氏抽提法。

三、原理

脂肪易溶于有机溶剂，试样用无水乙醚或石油醚等溶剂抽提后，蒸去溶剂所得的物质，称为粗脂肪。因为除脂肪外，还含有磷脂、色素、树脂、蜡状物、挥发油、糖脂等物质，所以用索氏抽提法测得的脂肪，也称粗脂肪。

四、试剂和材料

无水乙醚或石油醚、脱脂棉、滤纸筒。

五、主要仪器（表 3 – 11）

表 3 – 11　主要仪器

名称	参考图片	使用方法
电子分析天平		先调平，使仪器的水平泡位于中间位置；然后用校正砝码校准仪器；称量

名称	参考图片	使用方法
电热恒温水浴锅		先设定温度，接通电源后，待温度上升至指定温度后，将装有待恒温物品的容器放于水浴中开始恒温
索氏提取器		先组装装置，然后装入加有样品的滤纸筒，最后加入溶剂进行抽提
电热恒温干燥箱		先接通电源开关，调节温度，将样品放入干燥箱进行干燥。结束时先关闭电源，待样品冷却至室温左右，开干燥箱门取出样品
干燥器		用左手按住干燥器，右手小心地把盖子稍微推开，然后将干燥物品放入干燥器，最后盖上盖子

六、操作步骤

1. 滤纸筒的准备

将滤纸裁成 8 cm×15 cm 大小，以直径为 2.0 cm 的大试管为模型，将滤纸紧靠试管壁卷成圆筒型，把底端封口，内放一小片脱脂棉，用白细线扎好定型，在 100~105 ℃ 烘箱中烘至恒重（准确至 0.000 2 g）。

2. 样品制备

将豆乳粉样品于 100~105 ℃ 干燥箱中烘干并磨碎，准确称取 2~5 g（精确至 0.001 g）试样于滤纸筒内，封好上口。

3. 索氏提取器的准备

索氏提取器由回流冷凝管、提脂管、提脂烧瓶三部分组成，抽提脂肪之前应将各部分洗涤干净并干燥，提脂烧瓶需烘干并称至恒重（前后两次称量差不超过 0.002 g）。

4. 抽提

将装有豆乳粉试样的滤纸筒放入带有虹吸管的提脂管中，注入乙醚，致使虹吸管发生虹吸作用，乙醚全部流入提脂烧瓶，再倒入乙醚，同样再虹吸一次。此时，提脂烧瓶中乙醚量约为烧瓶体积的 2/3。连接回流冷凝管，用少量脱脂棉塞入冷凝管上口。将底瓶放在水浴锅上加热，使乙醚或石油醚不断回流抽提（6~8 次/h），一般抽提 6~10 h。提取结束时，用磨砂玻璃棒接取 1 滴提取液，磨砂玻璃棒上无油斑则表明提取完毕。

5. 回收溶剂并称量

取出滤纸筒，用抽提器回收乙醚，当乙醚在提脂管内将要虹吸时立即取下提脂管，将其下口放到盛乙醚的试剂瓶口，使之倾斜，使液面超过虹吸管，乙醚即经虹吸管流入瓶内。按同法继续回收。取下接收瓶，回收无水乙醚或石油醚，待接收瓶内溶剂剩余 1～2 mL 时在水浴上蒸干，再于干燥箱 100 ℃ ±5 ℃ 干燥 1 h，放干燥器内冷却 0.5 h 后称量。重复以上操作直至恒重（直至两次称量的差不超过 2 mg）。

6. 结果计算

结果按照式（3-11）进行计算：

$$X = \frac{(m_1 - m_0) \times 100}{m_2} \tag{3-11}$$

式中，X——试样中脂肪的含量，g/100 g；

m_1——恒重后接收瓶与脂肪质量，g；

m_0——接收瓶的质量，g；

m_2——试样的质量，g；

100——换算系数。

计算结果保留到小数点后一位。

七、注意事项

（1）此法原则上应用于风干或经干燥处理的试样，但某些湿润、黏稠状态的食品，添加无水硫酸钠混合分散后也可设法使用索氏抽提法。

（2）乙醚回收后，烧瓶中稍残留乙醚，放入烘箱中有发生爆炸的危险，故需在水浴上彻底蒸干，另外，使用乙醚时应注意室内通风换气。仪器周围不要有明火，以防空气中有机溶剂蒸气着火或爆炸。

（3）提取过程中若有机溶剂蒸发损耗太多，可适当从冷凝器上口小心补充（用漏斗）适量新溶剂。

（4）提取后烧瓶烘干称量过程中，反复加热的试样会因脂类氧化而增重，故在恒重中若质量增加时，应以增重前的质量为恒重值。为避免脂肪氧化造成的误差，对富含脂肪的食品，应在真空干燥箱中干燥。

（5）所用乙醚应不含过氧化物、水分及醇类。过氧化物的存在会促使脂肪氧化而增量，且在烘烤提脂瓶时残留过氧化物易发生爆炸事故。水分及醇类的存在会因糖及无机盐等物质的抽出而增量。

过氧化物检查方法：取乙醚 10 mL 加入 100 g/L 碘化钾溶液 2 mL，用水振摇放置 1 min，若碘化钾层出现黄色证明有过氧化物存在。此乙醚需经处理后方可使用。

乙醚的处理：于乙醚中加入 1/20～1/10 体积的 200 g/L 硫代硫酸钠溶液洗涤，再用水洗，然后加入少量无水氧化钙或无水硫酸钠脱水，于水浴上进行蒸馏。蒸馏时，水浴温度一般调至稍高于溶剂沸点，能达到烧瓶内沸腾即可。弃去最初及最后的 1/10 馏出液，收集中间馏出液备用。

请将实训过程中的原始数据填入表 3-12 的实训任务单。

表 3 –12 实训任务单

_____中脂肪含量的测定	实训任务单	班级	
		姓名	
		学号	

1. 样品信息

样品名称		检测项目	
生产单位		检测依据	
生产日期及批号		检测日期	

2. 检测方法_____

3. 实训过程

4. 检测过程中数据记录

称量次数	第一次称量	第二次称量	第三次称量
接收瓶质量/g			
样品质量/g			
接收瓶 + 脂肪的质量/g			

5. 计算

计算公式:	计算过程:

6. 结论

产品质量标准		要求	
实训结果			
合格	□是　　　　□否		

7. 实训总结

请根据表 3 –13 评分标准进行实训任务评价，并将相关评分填入其中，根据得分情况进行实训总结

表 3 – 13　评分标准

_____中脂肪含量的测定			实训日期：		
姓名：		班级：	学号：	导师签名：	
自评：（　　）分		互评：（　　）分	师评：（　　）分		
日期：		日期：	日期：		

脂肪含量测定的评分细则

序号	评分项	得分条件	分值/分	评分要求	自评（30%）	互评（30%）	师评（40%）
1	滤纸筒和仪器的准备	□ 1. 能正确准备滤纸筒 □ 2. 能正确洗涤玻璃仪器 □ 3. 能正确对电子分析天平进行调水平和校准 □ 4. 能正确组装抽提装置 □ 5. 能正确烘干提脂烧瓶	15	失误一项扣3分	得分：（　　） 扣分项：	得分：（　　） 扣分项：	得分：（　　） 扣分项：
2	试样的制备	□ 1. 能正确将样品进行烘干 □ 2. 能正确取样 □ 3. 在操作过程无试剂污染现象 □ 4. 能正确用电子分析天平称量	16	失误一项扣4分	得分：（　　） 扣分项：	得分：（　　） 扣分项：	得分：（　　） 扣分项：
3	抽提	□ 1. 能正确装滤纸筒 □ 2. 能正确转移溶剂于抽提装置 □ 3. 能正确判断虹吸现象 □ 4. 能规范进行抽提操作	16	失误一项扣4分	得分：（　　） 扣分项：	得分：（　　） 扣分项：	得分：（　　） 扣分项：
4	回收溶剂、称量	□ 1. 能正确回收溶剂 □ 2. 能正确蒸去提脂烧瓶中残留的溶剂 □ 3. 能正确烘干提脂烧瓶 □ 4. 能正确用电子分析天平称量	16	失误一项扣4分	得分：（　　） 扣分项：	得分：（　　） 扣分项：	得分：（　　） 扣分项：
5	数据记录与结果分析	□ 1. 能如实记录检测数据 □ 2. 能正确进行可疑数据的取舍 □ 3. 能正确进行结果计算 □ 4. 能正确进行产品质量判断	16	失误一项扣4分	得分：（　　） 扣分项：	得分：（　　） 扣分项：	得分：（　　） 扣分项：

序号	评分项	得分条件	分值/分	评分要求	自评(30%)		互评(30%)		师评(40%)	
6	表单填写与撰写报告的能力	□ 1. 语句通顺、字迹清楚 □ 2. 前后关系正确 □ 3. 无涂改 □ 4. 无抄袭	12	失误一项扣3分	得分：（ ）		得分：（ ）		得分：（ ）	
					扣分项：		扣分项：		扣分项：	
7	其他	□ 1. 清洁操作台面，器材清洁干净并摆放整齐 □ 2. 废液、废弃物处理合理 □ 3. 遵守实验室规定，操作文明、安全	9	失误一项扣3分	得分：（ ）		得分：（ ）		得分：（ ）	
					扣分项：		扣分项：		扣分项：	
总分：										

◉ 知识拓展

一、酸水解法

分析方法：参照《食品安全国家标准　食品中脂肪的测定》（GB 5009.6—2016）第二法——酸水解法。

某些食品中，脂肪被包含在食品组织内部，或与食品成分结合而成结合态脂类，如谷物等淀粉颗粒中的脂类，面条、焙烤食品等组织中包含的脂类，用索氏抽提法不能完全提取出来。这种情况下，必须要用强酸将淀粉、蛋白质、纤维素水解，使脂类游离出来，再用有机溶剂提取。

1. 原理

食品中的结合态脂肪必须用强酸使其游离出来，游离出的脂肪易溶于有机溶剂。试样经盐酸水解后用无水乙醚或石油醚提取，除去溶剂即得游离态和结合态脂肪的总含量。

2. 适用范围

此法适用于各类食品总脂肪的测定，特别对于易吸潮、结块、难以干燥的食品应用本法测定效果较好，但此法不宜用于高糖类食品，因为糖类食品遇强酸易炭化而影响测定效果。

应用此法，脂类中的磷脂在水解条件下将几乎完全分解为脂肪酸及碱，当用于测定含大量磷脂的食品时，测定值将偏低，故对于含较多磷脂的蛋及其制品、鱼类及其制品，不适宜用此法。

3. 试剂与材料

（1）试剂：

乙醇（体积分数为95%）、乙醚（不含过氧化物）、石油醚（30~60 ℃沸腾）、盐酸、碘、碘化钾。

盐酸溶液（2 mol/L）：量取 50 mL 盐酸，加入 250 mL 水中，混匀。

碘液（0.05 mol/L）：称取 6.5 g 碘和 25 g 碘化钾于少量水中溶解，稀释至 1L。

（2）材料：

蓝色石蕊试纸、脱脂棉、滤纸（中速）。

4. 仪器和设备

恒温水浴锅（50~80 ℃）、锥形瓶、电热板、电子分析天平（精确至 0.1 g、0.001 g）、电热恒温干燥箱、具塞量筒（100 mL）。

5. 操作步骤

（1）样品水解。

a. 肉制品：称取混匀后的试样 3~5 g，准确至 0.001 g，置于锥形瓶（250 mL）中，加入 50 mL 2 mol/L 盐酸溶液和数粒玻璃细珠，盖上表面皿，于电热板上加热至微沸，保持 1 h，每 10 min 旋转摇动 1 次。取下锥形瓶，加入 150 mL 热水，混匀，过滤。锥形瓶和表面皿用热水洗净，热水一并过滤。沉淀用热水洗至中性（用蓝色石蕊试纸检验，中性时试纸不变色）。将沉淀和滤纸置于大表面皿上，于 100 ℃±5 ℃ 干燥箱内干燥 1 h，冷却。

b. 淀粉：根据总脂肪含量的估计值，称取混匀后的试样 25~50 g，准确至 0.1 g，倒入烧杯并加入 100 mL 水。将 100 mL 盐酸缓慢加到 200 mL 水中，并将该溶液在电热板上煮沸后加入样品液中，加热此混合液至沸腾并维持 5 min，停止加热后，取几滴混合液于试管中，待冷却后加入 1 滴碘液，若无蓝色出现，可进行下一步操作。若出现蓝色，应继续煮沸混合液，并用上述方法不断地进行检查，直至确定混合液中不含淀粉为止，再进行下一步操作。

将盛有混合液的烧杯置于水浴锅（70~80 ℃）中 30 min，不停地搅拌，以确保温度均匀，使脂肪析出。用滤纸过滤冷却后的混合液，并用干滤纸片取出黏附于烧杯内壁的脂肪。为确保定量的准确性，应将冲洗烧杯的水进行过滤。在室温下用水冲洗沉淀和干滤纸片，直至滤液用蓝色石蕊试纸检验不变色。将含有沉淀的滤纸和干滤纸片折叠后，放置于大表面皿上，在 100 ℃±5 ℃ 的电热恒温干燥箱内干燥 1 h。

c. 其他食品：

固体试样：称取 2~5 g，准确至 0.001 g，置于 50 mL 试管内，加入 8 mL 水，混匀后再加 10 mL 盐酸。将试管放入 70~80 ℃ 水浴中，每隔 5~10 min 以玻璃棒搅拌 1 次，至试样消化完全为止，40~50 min。

液体试样：称取约 10 g，准确至 0.001 g，置于 50 mL 试管内，加 10 mL 盐酸。其余操作同固体试样。

（2）抽提。

a. 肉制品、淀粉的抽提步骤同索氏抽提法。

b. 其他食品：取出试管，加入 10 mL 乙醇，混合。冷却后将混合物移入 100 mL 具塞量筒中，以 25 mL 无水乙醚分数次洗试管，一并倒入量筒中。待无水乙醚全部倒入量筒后，加塞振摇 1 min，小心开塞，放出气体，再塞好，静置 12 min，小心开塞，并用乙醚冲洗塞及量筒口附着的脂肪。静置 10~20 min，待上部液体清晰，吸出上部清液置于已恒重的锥形瓶内，再加 5 mL 无水乙醚于具塞量筒内，振摇，静置后，仍将上层乙醚吸出，放入原锥形瓶内。

（3）称量：同索氏抽提法。

6. 结果计算

同索氏抽提法。

二、碱水解法

分析方法：参照《食品安全国家标准 食品中脂肪的测定》（GB 5009.6—2016）第三法——碱水解法。

在某些食品中，脂肪被包含在食品组织内部，或与食品成分结合而成结合态脂类，用索氏抽提法不能被完全提取出来。这种情况下，必须要用强碱将淀粉、蛋白质、纤维素水解，使脂类游离出来，再用有机溶剂提取。

1. 原理

用无水乙醚和石油醚抽提样品的碱（氨水）水解液，通过蒸馏或蒸发去除溶剂，测定溶于溶剂中的抽提物的质量。

2. 试剂与材料

（1）试剂：淀粉酶、氨水（质量分数为25%）、乙醇（体积分数为95%）、无水乙醚、石油醚（30~60 ℃沸腾）、刚果红、盐酸、碘、碘化钾。

混合溶剂：等体积混合乙醚和石油醚，现用现配。

碘溶液（0.1 mol/L）：称取碘12.7 g和碘化钾25 g，于水中溶解并定容至1 L。

刚果红溶液（10 g/L）：将1 g刚果红溶于水中，稀释至100 mL。

盐酸溶液（6 mol/L）：量取50 mL盐酸缓慢倒入40 mL水中，定容至100 mL，混匀。

（2）材料：蓝色石蕊试纸、脱脂棉、滤纸（中速）。

3. 仪器和设备

恒温水浴锅、离心机、干燥器、电子分析天平（精确至0.000 1 g）、电热恒温干燥箱、抽脂瓶。

4. 操作步骤

（1）样品碱水解。

a. 巴氏杀菌乳、灭菌乳、生乳、发酵乳、调制乳：称取充分混匀试样10 g（精确至0.000 1 g）于抽脂瓶中。加入2.0 mL氨水，充分混合后立即将抽脂瓶放入65 ℃±5 ℃的水浴中，加热15~20 min，不时取出振荡。取出后，冷却至室温，静置30 s。

b. 乳粉和婴幼儿食品：称取混匀后的试样，高脂乳粉、全脂乳粉、全脂加糖乳粉和婴幼儿食品约1 g（精确至0.000 1 g），脱脂乳粉、乳清粉、酪乳粉约1.5 g（精确至0.000 1 g），其余操作同上。

c. 炼乳：脱脂炼乳、全脂炼乳和部分脱脂炼乳称取3~5 g、高脂炼乳称取约1.5 g（精确至0.000 1 g），用10 mL水，分次洗入抽脂瓶小球中，充分混合均匀。其余操作同上。

d. 奶油、稀奶油：将奶油试样放入温水浴中溶解并混合均匀后，称取试样约0.5 g（精确至0.000 1 g），稀奶油称取约1 g于抽脂瓶中，加入8~10 mL约45 ℃的水，再加2 mL氨水充分混匀。其余操作同上。

e. 干酪：称取约2 g研碎的试样（精确至0.000 1 g）于抽脂瓶中，加10 mL 6 mol/L

盐酸，混匀，盖上瓶塞，于沸水中加热 20~30 min，取出冷却至室温，静置 30 s。

（2）抽提。

a. 加入 10 mL 乙醇，温和但彻底地进行混合，避免液体太接近瓶颈。如果需要，可加入 2 滴刚果红溶液。

b. 加入 25 mL 乙醚，塞上瓶塞，将抽脂瓶保持在水平位置，小球的延伸部分朝上夹到摇混器上，按约 100 次/min 振荡 1 min，也可采用手动振摇方式。但均应注意避免形成持久乳化液。抽脂瓶冷却后小心地打开塞子，用少量的混合溶剂冲洗塞子和瓶颈，使冲洗液流入抽脂瓶。

c. 加入 25 mL 石油醚，塞上重新润湿的塞子，按 b 所述，轻轻振荡 30 s。

d. 将加塞的抽脂瓶放入离心机中，在 500~600 r/min 速度下离心 5 min，否则将抽脂瓶静置至少 30 min，直到上层液澄清，并明显与水相分离。

e. 小心地打开瓶塞，用少量的混合溶剂冲洗塞子和瓶颈内壁，使冲洗液流入抽脂瓶。

如果两相界面低于小球与瓶身相接处，则沿瓶壁边缘慢慢地加入水，使液面高于小球和瓶身相接处，以便于倾倒。

f. 将上层液尽可能地倒入已准备好的加入沸石的脂肪收集瓶中，避免倒出水层。

g. 用少量混合溶剂冲洗瓶颈外部，冲洗液收集在脂肪收集瓶中。应防止溶剂溅到抽脂瓶的外面。

h. 向抽脂瓶中加入 5 mL 乙醇，用乙醇冲洗瓶颈内壁，按 a 所述进行混合。重复 a~g 的操作，用 15 mL 无水乙醚和 15 mL 石油醚进行第 2 次抽提。

i. 重复 a~g 的操作，用 15 mL 无水乙醚和 15 mL 石油醚进行第 3 次抽提。

j. 空白试验与试样检验同时进行，采用 10 mL 水代替试样，使用相同步骤和相同试剂。

（3）称量。合并所有提取液，既可采用蒸馏的方法除去脂肪收集瓶中的溶剂，也可于沸水浴上蒸发至干来除掉溶剂。蒸馏前用少量混合溶剂冲洗瓶颈内部。将脂肪收集瓶放入 100 ℃ ±5 ℃ 的干燥箱中干燥 1 h，取出后置于干燥器内冷却 0.5 h 后称量。重复以上操作直至恒重（直至两次称量的差不超过 2 mg）。

5. 结果计算

结果按照式（3-12）进行计算：

$$X = \frac{\left[(m_1 - m_2) - (m_3 - m_4)\right] \times 100}{m} \tag{3-12}$$

式中，X——试样中脂肪的含量，g/100 g；

m_1——恒重后脂肪收集瓶与脂肪质量，g；

m_2——接收瓶的质量，g；

m_3——空白试验中，恒重后脂肪收集瓶与抽提物的质量，g；

m_4——空白试验中，脂肪收集瓶的质量，g；

m——试样的质量，g；

100——换算系数。

计算结果保留三位有效数字。

任务五　食品中碳水化合物含量的测定

食品中碳水化合物
含量的测定

任务描述

有企业送来一批"雪碧"，因不清楚"雪碧"中的还原糖含量是否超标，故需要对其还原糖含量进行检测。

相关知识

一、碳水化合物的定义

碳水化合物统称为糖类，是由碳、氢、氧三种元素组成的一大类化合物，可以是游离态，也可以是结合态存在。

$$糖 + 蛋白质 \rightarrow 糖蛋白$$
$$糖 + 脂肪 \rightarrow 糖脂$$

二、碳水化合物的分类

碳水化合物包括单糖、低聚糖、多糖和结合糖。

1. 单糖
单糖指不能水解的最简单糖类，是简单的多羟基的醛或酮的化合物（醛糖或酮糖）。

2. 低聚糖
低聚糖由 2~10 个单糖分子缩合而成，水解后产生单糖。

3. 多糖
多糖由多个单糖分子缩合而成，水解后产生单糖。

4. 结合糖
结合糖由糖与非糖物质结合而成，水解后产生原来的单糖和其衍生物。

三、碳水化合物测定的意义

碳水化合物是大多数食品的重要组分，谷类食物和水果、蔬菜的主要成分就是碳水化合物。

（1）在食品加工工艺中，糖类对食品的形态、组织结构、理化性质及其色、香、味等都有很大的影响。

（2）糖类含量的多少是食品营养价值的重要标志，也是某些食品重要的质量指标。因此，碳水化合物的测定是食品的主要分析项目之一。

四、测定方法

1. 物理法

物理法一般用于对生产过程的监控较为方便，包括相对密度法、折光法和旋光法等。

2. 化学法

化学法是一种广泛采用的常规分析法，包括还原糖法、斐林氏法、高锰酸钾滴定法、铁氰化钾法等。化学法测得的多为糖的总量，不能确定糖的种类及每种糖的含量。

实训任务　雪碧中还原糖含量的测定

一、实训目的

❖ 能根据样品来选择合适的分析方法。

❖ 熟悉直接滴定法测定还原糖含量的方法。

❖ 理解直接滴定法测定还原糖含量的原理。

❖ 会对样品中的还原糖含量进行测定，并能根据产品质量标准来判断其含量是否符合要求。

❖ 培养学生实事求是、科学严谨的工作态度，树立学生的社会责任感。

二、采用的标准方法

参照《食品安全国家标准　食品中还原糖的测定》（GB 5009.7—2016）第一法——直接滴定法。

还原糖含量的测定

三、原理

试样经除去蛋白质后，以亚甲蓝作指示剂，在加热条件下滴定标定过的碱性酒石酸铜溶液（已用还原糖标准溶液标定），根据样品液消耗体积计算还原糖含量。

四、适用范围及特点

该方法适用于各类食品中还原糖的测定。但测定酱油、深色果汁等样品时，因色素干扰，滴定终点常常模糊不清，影响准确性。

其特点是试剂用量少，操作和计算都比较简便、快速，滴定终点明显。

五、试剂（表 3-14）

表 3-14　试剂

名称	浓度	配制方法
碱性酒石酸铜甲液	—	称取 15 g 硫酸铜和 0.05 g 亚甲基蓝，溶于水中并稀释至 1 000 mL

名称	浓度	配制方法
碱性酒石酸铜乙液	—	称取50 g酒石酸钾钠和75 g NaOH，溶于水中，再加入4 g亚铁氰化钾，完全溶解后用水稀释至1 000 mL，储存于橡胶塞玻璃瓶中
盐酸溶液	1:1（体积比）	量取盐酸50 mL，加水50 mL混匀
氢氧化钠溶液	40 g/L	称取氢氧化钠4 g，加水溶解后，放冷，并定容至100 mL
乙酸锌溶液	—	称取21.9 g乙酸锌，加3 mL冰乙酸，加水溶解稀释至100 mL
亚铁氰化钾溶液	106 g/L	称取10.6 g亚铁氰化钾溶解于100 mL水中
葡萄糖标准溶液	1 mg/mL	准确称取1 g已经于98~100 ℃干燥至恒重的无水葡萄糖，加水溶解后加入盐酸溶液5 mL移入1 000 mL容量瓶中，稀释定容

六、主要仪器（表3-15）

表3-15　主要仪器

名称	参考图片	使用方法
电炉		接通电源，打开开关，将盛有待加热物质的容器放在上面加热
恒温水浴锅		先设定温度，接通电源后，待温度上升至指定温度后，将装有待恒温物品的容器放于水浴中开始恒温
电子分析天平		先调平，使仪器的水平泡位于中间位置；然后用校正砝码校准仪器；称量
酸式滴定管		检查，检漏，洗涤，润洗，装液，排气泡，调节零刻度线，滴定，读数

名称	参考图片	使用方法
容量瓶		检查，检漏，洗涤，移液，稀释、定容，摇匀
移液管		检查，洗涤，润洗，移液，调节刻度线，放液

七、操作步骤

1. 样液制备

称取混匀后的雪碧样品 100 g（精确至 0.01 g）于蒸发皿中，在水浴上微热搅拌除去二氧化碳后，移入 250 mL 容量瓶中，用水洗涤蒸发皿，洗液并入容量瓶，加水至刻度，混匀后备用。

2. 碱性酒石酸铜溶液的标定

准确吸取碱性酒石酸铜甲液和乙液各 5 mL，置于 250 mL 锥形瓶中，加水 10 mL，加玻璃珠 2~4 粒。从滴定管中加葡萄糖 9 mL，控制在 2 min 中内加热至沸腾，滴定时要始终保持溶液呈沸腾状态，待溶液蓝色变浅时，趁热以 1 滴/2 s 的速度滴定，直至溶液蓝色刚好褪去为终点。记录消耗葡萄糖标准溶液的体积。同时平行操作 3 次，取其平均值。计算每 10 mL（甲乙液各 5 mL）碱性酒石酸铜溶液相当于葡萄糖的质量，按照式（3-13）计算：

$$m_1 = cV \qquad\qquad (3-13)$$

式中，m_1——10 mL 碱性酒石酸铜溶液相当于葡萄糖的质量，mg；

c——葡萄糖标准溶液的浓度，mg/mL；

V——标定时消耗葡萄糖标准溶液的总体积，mL。

3. 试样溶液的预测

吸取碱性酒石酸铜甲液及乙液各 5.00 mL，置于 250 mL 锥形瓶中，加水 10 mL，加玻璃珠 2~4 粒，控制在 2 min 内加热至沸腾，以先快后慢的速度，从滴定管中滴加试样溶液，待溶液颜色变浅时，以 1 滴/2 s 的速度滴定，直至溶液蓝色刚好褪去为终点，记录样品溶液消耗体积。

注：当样液中还原糖浓度过高时，应适当稀释后再进行正式测定，使每次滴定消耗样液的体积控制在与标定碱性酒石酸铜溶液时所消耗的还原糖标准溶液的体积相近，约 10 mL。

4. 试样溶液的测定

吸取碱性酒石酸铜甲液及乙液各 5.00 mL，置于 250 mL 锥形瓶中，加玻璃珠 2~4 粒，从滴定管中加入比预测时样品溶液消耗总体积少 1 mL 的雪碧样品溶液，加热使其在 2 min 内沸腾，趁热以 1 滴/2 s 的速度继续滴加样液，直至蓝色刚好褪去为终点。记录消耗样品溶液的总体积。同法平行操作 3 份，取平均值。

5. 结果计算

结果按照式 (3-14) 进行计算：

$$X = \frac{m_1 \times 100}{m \times F \times V/250 \times 1\,000} \tag{3-14}$$

式中，X——试样中还原糖的含量，g/100 g；

　　　m——试样质量，g；

　　　m_1——10 mL 碱性酒石酸铜相当于葡萄糖的质量，mg；

　　　F——系数为 1；

　　　V——测定时消耗试样溶液的体积，mL；

　　　250——试样溶液的总体积，mL。

　　　1 000——换算系数。

还原糖含量大于或等于 10 g/100 g 时，计算结果保留三位有效数字；还原糖含量小于 10 g/100 g，计算结果保留两位有效数字。

八、注意事项

(1) 此法测得的是总还原糖量。

(2) 碱性酒石酸铜甲液和乙液应分别储存，用时才混合，否则酒石酸钾钠铜络合物长期在碱性条件下会慢慢分解析出氧化亚铜沉淀，使试剂有效浓度降低。

(3) 为了除去提取样液中存在的干扰物质，使提取液清亮透明、达到准确的测量样品的目的，可以加入澄清剂。常用的三种澄清剂为中性醋酸铅、乙酸锌和亚铁氰化钾溶液、硫酸铜和氢氧化钠溶液。

(4) 滴定必须在沸腾条件下进行，其原因一是可以加快还原糖与 Cu^{2+} 的反应速度；二是次甲基蓝变色反应是可逆的，还原型次甲基蓝遇空气中氧时又会被氧化为氧化型。此外，氧化亚铜也极不稳定，易被空气中氧所氧化。保持反应液沸腾可防止空气进入，避免次甲基蓝和氧化亚铜被氧化而增加耗糖量。

(5) 滴定时不能随意摇动锥形瓶，更不能把锥形瓶从热源上取下来滴定，以防止空气进入反应溶液中。

(6) 样品溶液预测的目的：一是本法对样品溶液中还原糖浓度有一定要求（0.1% 左右），浓度过高或过低都会增加测定误差。通过预测可了解样品溶液浓度是否合适，浓度过大或过小应加以调整，使测定时样品溶液的消耗体积与标定碱性酒石酸铜溶液时消耗的体积相近，使预测时消耗样液量在 10 mL 左右。二是通过预测，还可知道样液的大概消耗量，这样在正式测定时可预先加入大部分样液与碱性酒石酸铜溶液共沸，充分反应，仅留 1 mL 左右样液在续滴定时加入，以保证在 1 min 内完成，提高测定准确度。

请将实训过程中的原始数据填入表 3-16 的实训任务单。

表 3 – 16 实训任务单

_____中还原糖含量的测定		实训任务单	班级	
			姓名	
			学号	

1. 样品信息

样品名称		检测项目	
生产单位		检测依据	
生产日期及批号		检测日期	

2. 检测方法 _____

3. 实训过程

4. 检测过程中数据记录

碱性酒石酸铜甲液和乙液的体积/mL		葡萄糖标准溶液浓度/ (mg·mL^{-1})	
消耗葡萄糖标准溶液的体积/mL			
10 mL 碱性酒石酸铜相当于葡萄糖的质量/mg			
测定次数	1	2	3
移取"雪碧"样液的质量/g			
消耗试样溶液的体积/mL			
样液中还原糖的含量/[g·(100 g)$^{-1}$]			
样液中还原糖的平均含量/[g·(100 g)$^{-1}$]			

5. 计算

计算公式:	计算过程:

6. 结论

产品质量标准		要求	
实训结果			
合格	□ 是		□ 否

7. 实训总结

请根据表 3 – 17 的评分标准进行实训任务评价，并将相关评分填入其中，根据得分情况进行实训总结

表 3-17 评分标准

_____中还原糖含量的测定					实训日期:			
姓名:		班级:			学号:		导师签名:	
自评:( )分		互评:( )分			师评:( )分			
日期:		日期:			日期:			
还原糖含量测定的评分细则								
序号	评分项	得分条件	分值/分	评分要求	自评 (30%)	互评 (30%)	师评 (40%)	
1	仪器和试剂的准备	□1. 能正确对玻璃仪器进行洗涤 □2. 能正确将电子分析天平进行调水平和校准 □3. 能按要求配制所需的试剂 □4. 能按要求对配制的试剂进行存放 □5. 在操作过程中无试剂污染现象	10	失误一项扣2分	得分:( ) 扣分项:	得分:( ) 扣分项:	得分:( ) 扣分项:	
2	样液的制备	□1. 能规范使用电炉进行加热 □2. 能规范使用移液管进行移液 □3. 能规范使用容量瓶并进行定容	9	失误一项扣3分	得分:( ) 扣分项:	得分:( ) 扣分项:	得分:( ) 扣分项:	
3	碱性酒石酸铜溶液的标定	□1. 能正确对酸式滴定管进行润洗并装液 □2. 能规范使用移液管进行移液 □3. 能规范操作酸式滴定管 □4. 能准确判断滴定终点 □5. 能准确读取滴定管读数	15	失误一项扣3分	得分:( ) 扣分项:	得分:( ) 扣分项:	得分:( ) 扣分项:	
4	试样溶液的预测	□1. 能正确对酸式滴定管进行润洗并装液 □2. 能规范使用移液管进行移液 □3. 能规范操作酸式滴定管 □4. 能准确判断滴定终点 □5. 能准确读取滴定管读数操作	15	失误一项扣3分	得分:( ) 扣分项:	得分:( ) 扣分项:	得分:( ) 扣分项:	

序号	评分项	得分条件	分值/分	评分要求	自评（30%）	互评（30%）	师评（40%）
5	试样溶液的测定	□ 1. 能正确对酸式滴定管进行润洗并装液 □ 2. 能规范使用移液管进行移液 □ 3. 能规范操作酸式滴定管 □ 4. 能准确判断滴定终点 □ 5. 能准确进行滴定管读数操作	15	失误一项扣3分	得分：（　） 扣分项：	得分：（　） 扣分项：	得分：（　） 扣分项：
6	数据记录与结果分析	□ 1. 能如实记录检测数据 □ 2. 能正确进行可疑数据的取舍 □ 3. 能正确进行结果计算 □ 4. 三次平行测定结果的精密度符合标准要求 □ 5. 能正确进行产品质量判断	15	失误一项扣3分	得分：（　） 扣分项：	得分：（　） 扣分项：	得分：（　） 扣分项：
7	表单填写与撰写报告的能力	□ 1. 语句通顺、字迹清楚 □ 2. 前后关系正确 □ 3. 无涂改 □ 4. 无抄袭	12	失误一项扣3分	得分：（　） 扣分项：	得分：（　） 扣分项：	得分：（　） 扣分项：
8	其他	□ 1. 清洁操作台面，器材清洁干净并摆放整齐 □ 2. 废液、废弃物处理合理 □ 3. 遵守实训室规定，操作文明、安全	9	失误一项扣3分	得分：（　） 扣分项：	得分：（　） 扣分项：	得分：（　） 扣分项：
总分：							

◉ 知识拓展

一、高锰酸钾法

分析方法：参照《食品安全国家标准　食品中还原糖的测定》（GB 5009.7—2016）第二法——高锰酸钾法。

1. 原理

试样经除去蛋白质后，其中还原糖把铜盐还原为氧化亚铜，加硫酸铁后，氧化亚铜被氧化为铜盐，经高锰酸钾溶液滴定氧化作用后生成亚铁盐，根据高锰酸钾消耗量，计算氧化亚铜含量，再查表得还原糖量。

2. 试剂与材料

（1）试剂。

盐酸溶液（3 mol/L）：量取盐酸 30 mL，加水稀释至 120 mL。

碱性酒石酸铜甲液：称取硫酸铜 34.639 g，加适量水溶解，加硫酸 0.5 mL，再加水稀释至 500 mL，用精制石棉过滤。

碱性酒石酸铜乙液：称取酒石酸钾钠 173 g 与氢氧化钠 50 g，加适量水溶解，并稀释至 500 mL，用精制石棉过滤，储存于橡胶塞玻璃瓶内。

氢氧化钠溶液（40 g/L）：称取氢氧化钠 4 g，加水溶解并稀释至 100 mL。

硫酸铁溶液（50 g/L）：称取硫酸铁 50 g，加水 200 mL 溶解后，慢慢加入硫酸 100 mL，冷后加水稀释至 1 000 mL。

高锰酸钾标准滴定溶液 $[c(1/5\ KMnO_4) = 1.000\ mol/L]$：按 GB/T 601—2016 配制与标定。

（2）材料。

精制石棉：取石棉先用盐酸溶液浸泡 2~3 d，用水洗净，再加氢氧化钠溶液浸泡 2~3 d，倾去溶液，再用热碱性酒石酸铜乙液浸泡数小时，用水洗净。再以盐酸溶液浸泡数小时，以水洗至不呈酸性。然后加水振摇，使成细微的浆状软纤维，用水浸泡并储存于玻璃瓶中，即可作填充古氏坩埚用。

3. 仪器和设备

恒温水浴锅（50~80 ℃）、锥形瓶、电热板、电子分析天平（精确至 0.1 g、0.001 g）、古氏坩埚或 G4 垂熔坩埚（25 mL）、真空泵。

4. 操作步骤

（1）试样处理。

a. 含淀粉的食品：称取粉碎或混匀后的试样 10~20 g（精确至 0.001 g）置于 250 mL 容量瓶中，加水 200 mL，在 45 ℃ 水浴中加热 1 h，并时时振摇。冷却后加水至刻度，混匀，静置。吸取 200.0 mL 上部清液置于另一 250 mL 容量瓶中，加碱性酒石酸铜甲液 10 mL 及氢氧化钠溶液 4 mL，加水至刻度，混匀。静置 30 min，用干燥滤纸过滤，弃去初滤液，取后续滤液备用。

b. 酒精饮料：称取 100 g（精确至 0.01 g）混匀后的试样，置于蒸发皿中，用氢氧化钠溶液中和至中性，在水浴上蒸发至原体积的 1/4 后，移入 250 mL 容量瓶中。加水 50 mL，混匀。加碱性酒石酸铜甲液 10 mL 及氢氧化钠溶液 4 mL，加水至刻度，混匀。静置 30 min，用干燥滤纸过滤，弃去初滤液，取后续滤液备用。

c. 碳酸饮料：称取 100 g（精确至 0.001 g）混匀后的试样，试样置于蒸发皿中，在水浴上除去二氧化碳后，移入 250 mL 容量瓶中，并用水洗涤蒸发皿，洗液并入容量瓶中，再加水至刻度，混匀后，备用。

d. 其他食品：称取粉碎后的固体试样 2.5~5.0 g（精确至 0.001 g）或混匀后的液体试样 25~50 g（精确至 0.001 g），置于 250 mL 容量瓶中，加水 50 mL，摇匀后加碱性酒石酸铜甲液 10 mL 及氢氧化钠溶液 4 mL，加水至刻度，混匀。静置 30 min，用干燥滤纸过滤，弃去初滤液，取后续滤液备用。

（2）试样溶液的测定。

吸取处理后的试样溶液 50.0 mL 于 500 mL 烧杯内，加入碱性酒石酸铜甲液 25 mL 及碱性酒石酸铜乙液 25 mL，于烧杯上盖一表面皿，加热，控制在 4 min 内沸腾，再精确煮沸 2 min，趁热用铺好精制石棉的古氏坩埚（或 G4 垂熔坩埚）抽滤，并用 60 ℃ 热水洗涤烧杯并沉淀，至洗液不呈碱性为止。将古氏坩埚（或 G4 垂熔坩埚）放回原 500 mL 烧杯中，加硫酸铁溶液 25 mL、水 25 mL，用玻棒搅拌使氧化亚铜完全溶解，以高锰酸钾标准溶液滴定至微红色为终点。

同时吸取水 50 mL，加入与测定试样时相同量的碱性酒石酸铜甲液、乙液，硫酸铁溶液及水，按同一方法做空白试验。

5. 结果计算

试样中还原糖质量相当于氧化亚铜的质量，按式（3-15）计算：

$$X_0 = c \times (V - V_0) \times 71.54 \qquad (3-15)$$

式中，X_0——试样中还原糖质量相当于氧化亚铜的质量，mg；

V——测定用试样液消耗高锰酸钾标准溶液的体积，mL；

V_0——试剂空白消耗高锰酸钾标准溶液的体积，mL；

c——高锰酸钾标准溶液的实际浓度，mol/L；

71.54——1 mL 高锰酸钾标准滴定溶液 $[c(1/5\ KMnO_4) = 1.000\ mol/L]$ 相当于氧化亚铜的质量，mg。

根据式中计算所得氧化亚铜质量，查附录表 A.1，再计算试样中还原糖含量，按式（3-16）计算：

$$X = \frac{m_1 \times 100}{m \times V/250 \times 1\ 000} \qquad (3-16)$$

式中，X——试样中还原糖的含量，g/100 g；

m_1——X_0 查附录表 A.1 得还原糖质量，mg；

m——试样质量或体积，g 或 mL；

V——测定用试样溶液的体积，mL；

250——试样处理后的总体积，mL。

还原糖含量大于或等于 10 g/100 g 时，计算结果保留三位有效数字；还原糖含量小于 10 g/100 g 时，计算结果保留两位有效数字。

任务六　食品中蛋白质和氨基酸含量的测定

🎯 任务描述

有企业送来一批豆乳粉，因不清楚豆乳粉中的蛋白质含量是否合格，故需要对其蛋白质含量进行检测。

食品中蛋白质和
氨基酸含量的
测定

一、食品中的蛋白质的测定意义

测定食品中蛋白质的含量，对于评价食品的营养价值、合理开发利用食品资源、提高产品质量、优化食品配方、指导经济核算及生产过程控制均具有极为重要的意义。

二、蛋白质系数

蛋白质系数：每份氮素相当于蛋白质的份数。用 F 表示。

不同的蛋白质，其氨基酸构成比例及方式不同，含氮量也不同。一般蛋白质含氮量为 16%，即 1 份氮元素相当于 6.25 份蛋白质。

不同种类食品的蛋白质系数有所不同，如玉米、荞麦、青豆、鸡蛋等为 6.25，花生为 5.46，大米为 5.95，大豆及其制品为 5.71，小麦粉为 5.70，牛乳及其制品为 6.38。

三、蛋白质含量测定方法

一类是利用蛋白质的共性，测含氮量、肽键、折射率等；另一类是利用蛋白质的特定基团来测定。目前蛋白质测定最常用的方法是凯氏定氮法。

凯氏定氮法是通过测出样品中的总含氮量，再乘以相应的蛋白质系数求出蛋白质的含量，由于样品中含有少量非蛋白质氮，用凯氏定氮法通过测总氮量来确定的蛋白质含量，实际包含了核酸、生物碱、含氮类脂、卟啉及含氮色素等非蛋白质含氮化合物，因此这样的测定结果称为粗蛋白。

实训任务　豆乳粉中蛋白质含量的测定

一、实训目的

❖ 能根据样品来选择合适的分析方法。
❖ 理解凯氏定氮法测定蛋白质含量的原理。
❖ 熟悉凯氏定氮法测定蛋白质含量的方法。
❖ 会对样品中的蛋白质含量进行测定，并能根据产品质量标准来判断其含量是否符合要求；
❖ 培养学生实事求是、科学严谨的工作态度，树立学生的社会责任感。

二、采用的标准方法

参照《食品安全国家标准　食品中蛋白质的测定》（GB 5009.5—2016）第一法——凯氏定氮法。

食品中蛋白质
的测定

三、原理

食品中的蛋白质在催化加热条件下被分解，产生的氨与硫酸结合生成硫酸铵。碱化蒸馏使氨游离，用硼酸吸收后以标准盐酸或硫酸溶液滴定，根据酸的消耗量再乘以换算系数，即为蛋白质的含量。

1. 消化

消化反应方程式如下：

$$2NH_2(CH)_2COOH + 13H_2SO_4 = (NH_4)_2SO_4 + 6CO_2 + 12SO_2 + 16H_2O$$

浓硫酸具有脱水性，使有机物脱水后被炭化为碳、氢、氮。浓硫酸又具有氧化性，将有机物炭化后的碳转化为二氧化碳，硫酸则被还原成二氧化硫。

$$2H_2SO_4 + C = 2SO_2 + 2H_2O + CO_2$$

二氧化硫使氮还原为氨，本身则被氧化为三氧化硫，氨随之与硫酸作用生成硫酸铵留在酸性溶液中。

$$H_2SO_4 + 2NH_3 = (NH_4)_2SO_4$$

2. 蒸馏

在消化完全的样品溶液中加入浓氢氧化钠，使样品溶液呈碱性，加热蒸馏即可释放出氨气，反应方程式如下：

$$2NaOH + (NH_4)_2SO_4 = 2NH_3\uparrow + Na_2SO_4 + 2H_2O$$

3. 吸收与滴定

加热蒸馏所放出的氨，可用硼酸溶液进行吸收，待吸收完全后，再用盐酸标准溶液滴定，因硼酸呈微弱酸性，用酸滴定不影响指示剂的变色反应，但它有吸收氨的作用，吸收及滴定的反应方程式如下：

$$2NH_3 + 4H_3BO_3 = (NH_4)_2B_4O_7 + 5H_2O$$
$$(NH_4)_2B_4O_7 + 2HCl + 5H_2O = 2NH_4Cl + 4H_3BO_3$$

反应量关系：$n(N) = n(Pr) = n(HCl)$

四、试剂（表 3 - 18）

表 3 - 18　试剂

名称	浓度	配制方法
浓硫酸	98%	实验室自取
硫酸钾	—	实验室自取
五水合硫酸铜	—	实验室自取
氢氧化钠溶液	400 g/L	称取 40 g 氢氧化钠，加水溶解并稀释至 100 mL
硼酸	20 g/L	称取 20 g 硼酸，加水溶解并稀释至 1 000 mL
HCl 标准溶液	0.05 mol/L	先粗配 0.05 mol/L 的 HCl 溶液，然后再用无水碳酸钠标定其准确浓度
乙醇	95%	实验室自取

名称	浓度	配制方法
甲基红	1 g/L	称取0.1 g甲基红，加95%乙醇溶液溶解并稀释至100 mL
亚甲基蓝	1 g/L	称取0.1 g亚甲基蓝，加95%乙醇溶液溶解并稀释至100 mL
溴甲酚绿	1 g/L	称取0.1 g溴甲酚绿，加95%乙醇溶液溶解并稀释至100 mL
A混合指示液	—	2份甲基红溶液与1份亚甲基蓝溶液临用时混合
B混合指示液	—	1份甲基红乙醇溶液与5份溴甲酚绿乙醇溶液临用时混合

五、主要仪器（表3-19）

表3-19　主要仪器

名称	参考图片	使用方法
电炉		接通电源，打开开关，将盛有待加热物质的容器放在上面加热
电子分析天平		先调平，使仪器的水平泡位于中间位置；然后用校正砝码校准仪器；称量
酸式滴定管		检查，检漏，洗涤，润洗，装液，排气泡，调节零刻度线
凯氏烧瓶		正确安装烧瓶后，调节电炉温度，进行消化
微量凯氏定氮装置		先洗涤、烘干、组装装置，然后装反应物使之反应，反应完成后，拆卸装置，洗涤烘干

六、操作步骤

1. 样品消化

准确称取豆乳粉样品0.2~2.0 g，精确至0.001 g，置于凯氏烧瓶中。加入硫酸铜0.4 g，硫酸钾 6 g，浓硫酸 20 mL，加入玻璃珠数粒以防蒸馏时暴沸，轻摇后瓶口放一小漏斗。将瓶以 45°角斜置于电炉上，小火加热，待泡沫停止后，加大火力，保持微沸，至液体变蓝绿色并澄清透明，再继续加热 0.5～1 h。取下冷却后，小心加入 20 mL 水。放冷后移入 100 mL 容量瓶，并用少量水洗凯氏烧瓶，洗液并入容量瓶中，再加水至刻度，混匀备用。同时做试剂空白试验。

2. 蒸馏装置的安装

按照从左到右的顺序装好微量凯氏定氮蒸馏装置，如图 3－2 所示，向水蒸气发生器内装水至 2/3 处，加 3 粒玻璃珠，加数毫升硫酸和甲基红指示剂数滴，以保持水呈酸性，加热煮沸水蒸气发生器内的水并保持沸腾。

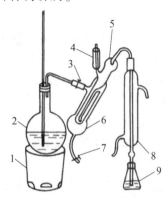

图 3－2　定氮蒸馏装置图

1—电炉；2—水蒸气发生器（2 L 烧瓶）；3—螺旋夹；4—小玻杯及棒状玻塞；
5—反应室；6—反应室外层；7—橡皮管及螺旋夹；8—冷凝管；9—蒸馏液接收瓶

3. 蒸馏、吸收

向接收瓶内加入 10.0 mL 硼酸溶液和 1～2 滴混合指示剂，连接好装置后，塞紧瓶口，冷凝管的下端插入吸收瓶液面下。根据试样中氮含量，准确吸取 2.0～10.0 mL 试样处理液，由小玻杯注入反应室，以 10 mL 水洗涤小玻杯并使之流入反应室内，随后塞紧棒状玻塞。将 10.0 mL 氢氧化钠溶液倒入小玻杯，提起玻塞使其缓缓流入反应室，立即将玻塞盖紧，并加水于小玻杯以防漏气。夹紧夹子，开始蒸馏。蒸馏 10 min 后移动蒸馏液接收瓶，液面离开冷凝管下端，再蒸馏 1 min。然后用少量水冲洗冷凝管下端外部，取下蒸馏液接收瓶。

4. 滴定

将上述吸收液用 0.050 0 mol/L 盐酸标准溶液滴定至终点，如用 A 混合指示液，终点颜色为灰蓝色；如用 B 混合指示液，终点颜色为浅灰红色。记录盐酸消耗量，同时做试剂空白试验，记录空白消耗盐酸标准溶液的体积。

5. 结果计算

结果按照式（3－17）进行计算：

$$X = \frac{(V_1 - V_2) \times c \times 0.014 \times F \times 100}{m \times V_3 / 100} \tag{3－17}$$

式中，X——试样中蛋白质的含量，g/100 g；

V_1——试样消耗硫酸或盐酸标准液的体积，mL；

V_2——试剂空白消耗硫酸或盐酸标准溶液的体积，mL；

V_3——吸取消化液的体积，mL；

c——硫酸或盐酸标准溶液的浓度，mol/L；

0.014——1.000 mol/L 硫酸或盐酸标准溶液 1 mL 相当于氮克数，g；

m——试样的质量，g；

F——氮换算为蛋白质的系数，各种食品中氮转换系数见附录表 A.2；

100——换算系数。

蛋白质含量大于或等于 1 g/100 g 时，结果保留三位有效数字；蛋白质含量小于 1 g/100 g 时，结果保留两位有效数字。

8. 注意事项

（1）加入样品时不要黏附在凯氏烧瓶瓶颈。

（2）消化开始时不要用大火，要控制好热源，并注意不时转动凯氏烧瓶，以便利用冷凝酸液将附在瓶壁上的固体残渣洗下并促进其消化完全。

（3）样品中若含脂肪或糖较多，在消化前应加入少量辛醇或液体石蜡或硅油作消泡剂，以防消化过程中产生大量泡沫。

（4）消化完全后要冷至室温才能稀释或定容。所用试剂溶液应用无氨蒸馏水配制。

（5）安装的装置应整齐美观、协调，仪器各部件应在同一平面内平行或垂直。

（6）不能漏气。

（7）要注意控制热源使蒸汽产生稳定，不能时猛时弱，以免吸收液倒吸。

（8）蒸馏前加碱量应使消化液呈深蓝色或产生黑色沉淀。

（9）冷凝管下端先插入硼酸吸收液液面以下才能蒸馏。

（10）吸收液温度不应超过 40 ℃，若超过时可置于冷水浴中使用。

（11）蒸馏完毕后，应先将冷凝管下端提离液面清洗管口，再蒸 1 min 后检查。

请将实训过程中的原始数据填入表 3 - 20 的实训任务单。

表 3 - 20　实训任务单

_____中蛋白质含量的测定		实训任务单	班级	
			姓名	
			学号	
1. 样品信息				
样品名称			检测项目	
生产单位			检测依据	
生产日期及批号			检测日期	
2. 检测方法 _____				
3. 实训过程				
4. 检测过程中数据记录				

测定次数	1	2	3
测定时盐酸标准溶液的浓度/$(mol \cdot L^{-1})$			
样品的质量/g			
吸取消化液的体积/mL			
滴定样品溶液所消耗的盐酸标准溶液的体积/mL			
滴定空白溶液所消耗的盐酸标准溶液的体积/mL			

5. 计算

计算公式：	计算过程：

6. 结论

产品质量标准		要求	
实训结果			
合格	□是	□否	

7. 实训总结

请根据表 3 - 21 评分标准进行实训任务评价，并将相关评分填入其中，根据得分情况进行实训总结

表 3 - 21 评分标准

_____中蛋白质含量的测定		实训日期：	
姓名：	班级：	学号：	导师签名：
自评：（　　）分	互评：（　　）分	师评：（　　）分	
日期：	日期：	日期：	

蛋白质含量测定的评分细则（凯氏定氮法）								
序号	评分项	得分条件	分值/分	评分要求	自评（30%）	互评（30%）	师评（40%）
1	试剂配制	□ 1. 能正确称量 □ 2. 能正确进行溶解 □ 3. 能正确对溶解用的烧杯进行涮洗 □ 4. 能正确进行稀释或定容 □ 5. 能按要求对配制的试剂进行存放	15	失误一项扣3分	得分：（　） 扣分项：	得分：（　） 扣分项：	得分：（　） 扣分项：

序号	评分项	得分条件	分值/分	评分要求	自评(30%)		互评(30%)		师评(40%)	
2	蒸馏装置的安装与拆卸	□1. 能正确安装蒸馏装置 □2. 能正确检查装置是否漏气 □3. 能正确拆卸蒸馏装置	9	失误一项扣3分	得分:( ) 扣分项:		得分:( ) 扣分项:		得分:( ) 扣分项:	
3	样品的消化	□1. 能准确称量 □2. 能正确转移溶液到容量瓶 □3. 能正确使用电炉进行加热 □4. 能正确进行定容 □5. 能正确进行过滤操作	15	失误一项扣3分	得分:( ) 扣分项:		得分:( ) 扣分项:		得分:( ) 扣分项:	
4	消化液的蒸馏和吸收	□1. 能规范操作蒸馏步骤 □2. 能正确控制热源 □3. 能正确控制吸收液温度	9	失误一项扣3分	得分:( ) 扣分项:		得分:( ) 扣分项:		得分:( ) 扣分项:	
5	吸收液的滴定	□1. 能规范操作滴定管 □2. 能规范操作锥形瓶 □3. 能准确判断滴定终点 □4. 能准确读取滴定管读数	16	失误一项扣4分	得分:( ) 扣分项:		得分:( ) 扣分项:		得分:( ) 扣分项:	
6	数据记录与结果分析	□1. 能如实记录检测数据 □2. 能正确进行可疑数据的取舍 □3. 能正确进行结果计算 □4. 三次平行测定结果的精密度符合标准要求 □5. 能正确进行产品质量判断	15	失误一项扣3分	得分:( ) 扣分项:		得分:( ) 扣分项:		得分:( ) 扣分项:	
7	表单填写与撰写报告的能力	□1. 语句通顺、字迹清楚 □2. 前后关系正确 □3. 无涂改 □4. 无抄袭	12	失误一项扣3分	得分:( ) 扣分项:		得分:( ) 扣分项:		得分:( ) 扣分项:	
8	其他	□1. 清洁操作台面,器材清洁干净并摆放整齐 □2. 废液、废弃物处理合理 □3. 遵守实验室规定,操作文明、安全	9	失误一项扣3分	得分:( ) 扣分项:		得分:( ) 扣分项:		得分:( ) 扣分项:	
总分:										

知识拓展

一、氨基酸态氮的测定

氨基酸态氮：与测定蛋白质相比，氨基酸中的氮可以直接测定。氨基酸中的氮含量称为氨基酸态氮。

测定方法：双指示剂甲醛滴定法、酸度计法、比色法、氨基酸的分离与测定。

1. 酸度计法

分析方法：参照《食品安全国家标准　食品中氨基酸态氮的测定》（GB 5009.235—2016）第一法——酸度计法。

（1）原理：利用氨基酸的两性作用，加入甲醛以固定氨基的碱性，使羧基显示出酸性，将酸度计的玻璃电极及甘汞电极（或复合电极）插入被测液中构成电池，用氢氧化钠标准溶液滴定，根据酸度计指示的 pH 判断和控制滴定终点。

（2）试剂：甲醛溶液（36%～38%）、氢氧化钠、酚酞、乙醇（95%）、邻苯二甲酸氢钾。

（3）仪器和设备：酸度计、电子分析天平（精确至 0.000 1 g）；微量碱式滴定管（10 mL）。

（4）操作步骤。

①氢氧化钠标准溶液的配制和标定。

0.05 mol/L 氢氧化钠标准溶液的配制：称取 110 g 氢氧化钠于 250 mL 的烧杯中，加 100 mL 的水，振摇使之溶解成饱和溶液，冷却后置于聚乙烯的塑料瓶中，密封，放置数日，澄清后备用。取上层清液 2.7 mL，加适量新煮沸过的冷蒸馏水至 1 000 mL，摇匀。

0.05 mol/L 氢氧化钠标准溶液的标定：准确称取约 0.36 g 已在 105～110 ℃ 干燥至恒重的基准邻苯二甲酸氢钾，加 80 mL 新煮沸过的水，使之尽量溶解，加 2 滴酚酞指示液（10 g/L），用氢氧化钠溶液滴定至溶液呈微红色，30 s 不褪色。记下耗用氢氧化钠溶液毫升数。同时做空白试验。

②样品处理。

吸取样品液 5 mL，置于 100 mL 容量瓶中，加水定容至刻度。混匀后吸取定容液 20.0 mL 于 200 mL 烧杯中，加水 60 mL，放入磁力转子，开动磁力搅拌器使转速适当。用标准缓冲液校正好酸度计，然后将电极清洗干净，再插入上述样品液中，用 NaOH 标准溶液滴定至酸度计指示 pH 为 8.2，记下消耗的 NaOH 溶液体积，可计算总酸含量。

③氨基酸的滴定。在上述滴定至 pH 为 8.2 的溶液中加入 10 mL 的中性甲醛溶液，混匀，再用 NaOH 标准溶液滴定至 pH 为 9.2，记下消耗的 NaOH 标准溶液体积。

④空白滴定。吸取 80 mL 蒸馏水于 200 mL 的烧杯中，用 NaOH 标准溶液滴定至 pH 为 8.2，然后加入 10.0 mL 中性甲醛溶液，再用 NaOH 标准溶液滴定至 pH 为 9.2，记下加入甲醛后消耗的 NaOH 溶液体积。

操作说明：第一次滴定是除去其他游离酸，所消耗的 NaOH 溶液体积不用于计算。第二步滴定才是测定氨基酸，用消耗的 NaOH 溶液体积进行计算。

（5）结果计算。

结果按照式（3-18）进行计算：

$$X = \frac{(V_1 - V_2) \times C \times 0.014\,0 \times 100}{V \times V_3 / V_4} \tag{3-18}$$

式中，X——试样中氨基酸态氮的含量，g/100 mL；

V_1——测定用试样稀释液加入甲醛后消耗 NaOH 标准溶液的体积，mL；

V_2——试剂空白试验加入甲醛后消耗 NaOH 标准溶液的体积，mL；

c——NaOH 标准滴定溶液的浓度，mol/L；

V——吸取试样的体积，mL；

0.014 0——与 1 mL 氢氧化钠标准滴定溶液[$c(\mathrm{NaOH})$ = 1.000 mol/L]相当的氮的质量，g；

V_3——试样稀释液的取用量，mL；

V_4——试样稀释液的定容体积，mL；

100——单位换算系数。

计算结果保留两位有效数字。

 练习题

项目三　练习题

项目四　食品添加剂的检测

◎ 项目导入

　　2021 年 12 月，市场监管总局公布 41 批次不合格食品，其中，因食品添加剂使用问题检出不合格的样品数量最多，有 16 批次，涉及甜蜜素、苯甲酸及其钠盐、二氧化硫残留量、铝的残留量等指标。

　　【分析】食品添加剂的规范使用仍然是食品安全的首要问题，这就需要加强对食品添加剂的检测，保障食品安全，保护消费者的权益。

◎ 相关知识

一、定义

　　食品添加剂，指为改善食品品质和色、香、味及为防腐、保鲜和加工工艺的需要而加入食品中的人工合成或者天然物质。食品添加剂一般可以不是食物，也不一定有营养价值，但必须符合上述定义的内容，既不影响食品的营养价值，又具有防止食品腐败变质、增强食品感官性状或提高食品质量的作用，且必须是一定剂量内对人体无害的。其使用应该遵循《食品安全国家标准　食品添加剂使用标准》（GB 2760—2024）的规定。

二、分类

食品添加剂按其来源可分为天然的和化学合成的两大类。天然食品添加剂是指利用动植物或微生物的代谢产物等为原料，经提取所获得的天然物质；化学合成的食品添加剂是指采用化学手段，通过元素或化合物的氧化、还原、缩合、聚合、成盐等合成反应而得到的物质。

参考《食品安全国家标准　食品添加剂使用标准》（GB 2760—2024），按功能的不同，将食品添加剂分为23类，主要包括以下几种。

（1）酸度调节剂：用以维持或改变食品酸碱度的物质，主要用于需要调节酸度的食品。常用的有柠檬酸、酒石酸、乳酸、苹果酸。

（2）抗结剂：用于防止颗粒或粉状食品聚集结块，保持其松散或自由流动的物质，主要用于容易结块的物质。常用的有滑石粉、二氧化硅等。

（3）消泡剂：在食品加工过程中降低表面张力，消除泡沫的物质，主要用于生产过程中需要消除泡沫的食品。常用的有聚二甲基硅氧烷等。

（4）抗氧化剂：能防止或延缓油脂或食品成分氧化分解、变质，提高食品稳定性的物质，主要用于食用油脂及油脂含量比较高的食品。常用的有 BHA、BHT、茶多酚等。

（5）漂白剂：能够破坏、抑制食品的发色因素，使其褪色或使食品免于褐变的物质，主要用于需要漂白的食品。常用的有二氧化硫、硫黄、亚硫酸钠等。

（6）膨松剂：在食品加工过程中加入的，能使产品发起形成致密多孔组织，从而使制品膨松、柔软或酥脆的物质，主要用于面包、糕点等需要膨松的食品。常用的膨松剂有碳酸氢钠、碳酸氢铵、复合膨松剂等。

（7）胶基糖果中基础剂物质：是赋予胶基糖果起泡、增塑、耐咀嚼等作用的物质，主要用于胶基糖果。常用的有丁苯橡胶、松香甘油酯等。

（8）着色剂：赋予食品色泽和改善食品色泽的物质，主要用于需要着色的食品。常用的有胭脂红、苋菜红、柠檬黄、靛蓝等，这些色素均为合成色素。

（9）护色剂：能与肉及肉制品中呈色物质作用，使之在食品加工、保藏等过程中不致分解、破坏，呈现良好色泽的物质，主要用于熟肉制品。常用的有硝酸钠、亚硝酸钠等。

（10）乳化剂：能改善乳化体系中各种构成相之间的表面张力，形成均匀分散体或乳化体的物质。常用的有蔗糖脂肪酸酯、单双甘油酯等。

（11）酶制剂：由动物或植物的可食或非可食部分直接提取，或由传统以及通过基因修饰的微生物（包括但不限于细菌、放线菌、真菌菌种）发酵、提取制得，用于食品加工，具有特殊催化功能的生物制品。常用的有蛋白酶、β-淀粉酶等。

（12）增味剂：补充或增强食品原有风味的物质。常用的有谷氨酸钠、5'-鸟苷酸二钠等。

（13）面粉处理剂：促进面粉的熟化、增白和提高制品质量的物质。

（14）被膜剂：涂抹于食品外表，起保质、保鲜、上光、防止水分蒸发等作用的物质。常用的有巴西棕榈蜡、液体石蜡等。

（15）水分保持剂：有助于保持食品中水分的物质。常用的增湿剂有甘油、山梨糖醇、麦芽糖醇等；常用的保水剂有六偏磷酸钠、三聚磷酸钠等。

（16）营养强化剂：为了增加食品的营养成分（价值）而加入食品中的天然或人工合成的营养素和其他营养成分。

（17）防腐剂：防止食品腐败变质、延长食品储存期的物质。常用的有苯甲酸、山梨酸、二氧化硫、醋酸、乳酸等。

（18）稳定剂和凝固剂：使食品结构稳定或使食品组织结构不变，增强黏性固形物的物质。常用的有葡萄糖酸 $-\delta-$ 内酯、氯化钙等。

（19）甜味剂：赋予食品甜味的物质，常用的有糖精钠、安赛蜜、甜蜜素等。

（20）增稠剂：可以提高食品的黏稠度或形成凝胶，从而改变食品的物理性状，赋予食品黏润、适宜的口感，并兼有乳化、稳定或使呈悬浮状态作用的物质。常用的有黄原胶、卡拉胶等。

（21）食品用香料：能够使食品增香的物质。常用的有香兰素、乙基香兰素等。

（22）食品工业用加工助剂：有助于食品加工顺利进行的各种物质，与食品本身无关，如助滤、澄清、吸附、脱模、脱色、脱皮、提取溶剂等。常用的有硅藻土、活性炭等。

（23）其他：上述功能类别中不能涵盖的其他功能。

三、常用的食品添加剂及其风险

食品加工中的添加成分是否安全一直以来都是人们关注的焦点。目前，通过检测手段来预防哪个企业在食品中添加了不该添加的东西，仍有比较大的难度。在日常生活中，消费者应尽量不去消费食品添加剂含量较高的食品。下面介绍几种常见的食品添加剂及其食用风险。

人工合成色素：目前人工合成色素多用于红绿丝、罐头、果味粉、果子露、汽水、配制酒等食品。人造色素的食用风险是加剧孩子的多动症症状。儿童是最应该避免摄入人工色素的人群。为了取悦儿童，许多儿童食品中都含多种人工色素，对此家长们应提高警惕，在选择儿童食品时，应尽量远离色彩过于鲜艳的产品。

高果糖玉米糖浆：是一种由玉米制成的糖浆，不仅使用在糖果中，在碳酸类饮料中也十分常见。食用高果糖玉米糖浆会增加肥胖和患 2 型糖尿病的风险，它和蔗糖一样都是糖，热量高，只是口味更清甜，还有保水性，喝了这种糖浆配制的饮料之后，人们几乎没有饱的感觉，不知不觉就会多喝，从而增加肥胖风险。

阿斯巴甜：被作为甜味剂广泛用于风味酸奶、水果罐头、八宝粥、果冻、面包等食品中。阿斯巴甜的甜度是白糖的 200 倍，用在食品中的量极小，故而它不会像白糖那样增加膳食热量，不会引起血糖的升高，适合糖尿病人群食用。但是，过多食用阿斯巴甜会影响人的健康，主要是因为阿斯巴甜的分解产物苯丙氨酸有神经毒性作用，可能会伤害大脑，影响人的智力，造成脑损伤和癫痫发作等问题。

苯甲酸钠：是一种常用的防腐剂。一般用于各种食品的防腐，如酱油、酱菜、果酱、腐乳、果子露、汽水、罐头等，也用于医药工业各种药品的防腐及日用品牙膏、工业印泥及黏胶剂等的防腐。苯甲酸钠在人体内能自行代谢，通过尿液排出。如果食用量小，一般不会对身体造成危害，但是，苯甲酸钠有一定的刺激性，如果摄入过多，可能会对胃肠道造成刺激，出现腹胀、腹痛、腹泻等胃肠道不适症状，对该成分过敏人群还可能会出现过敏反应。另外，苯甲酸钠在体内的代谢主要发生在肝脏部位，专家提醒，对于肝脏功能不好的人，建议少喝含苯甲酸钠的饮料。

亚硝酸钠：在肉类加工中被广泛使用，香肠、肉罐头等食品中都含有这种添加剂。亚硝酸钠能抑制肉毒杆菌的繁殖，具有一定的防腐作用。同时，亚硝酸钠有助于保持肉制品良好的色泽。但是，食品中残留下来的亚硝酸钠进入人体后，会与蛋白质的氨基酸、磷脂等有机物质在一定的环境和条件下产生胺类反应生成亚硝胺，亚硝胺具有强烈的致癌作用，会危害人们的健康。

人们为追求感官享受和方便快捷，就难免会和食品添加剂亲密接触，但也不必把它看成毒药或洪水猛兽。与其为了某些食品添加剂而惶恐不安，不如多吃新鲜的、天然的、保质期较短的、口味色泽朴素的食物，这样既会远离过多的添加剂，也能得到更多的营养成分。

任务一　食品中护色剂含量的测定

◎ 任务描述

有企业送来一批火腿肠，因不清楚火腿肠中的护色剂含量是否超标，故需要对其护色剂含量进行检测。

◎ 相关知识

食品中护色剂
含量的测定

一、定义

发色剂也称护色剂或呈色剂，主要指一些能够使肉与肉制品呈现良好色泽的物质，最常用的是硝酸盐和亚硝酸盐。

发色助剂：在使用发色剂的同时，还常常加入一些能促进发色的物质，这些物质可称为发色助剂。常用发色助剂有 L–抗坏血酸、L–抗坏血酸钠及烟酰胺等。

二、作用机理

亚硝酸盐和硝酸盐添加在制品中后转化为亚硝酸，亚硝酸分解出亚硝基（NO），亚硝基会很快与肌红蛋白反应生成鲜艳的、亮红色的亚硝基肌红蛋白（MbNO），亚硝基肌红蛋白遇热后，放出巯基（—SH），变成了具有鲜红色的亚硝基血色原，从而赋予食品鲜艳的红色。

同时，亚硝酸盐除了发色外，还是很好的防腐剂，对抑制微生物的增殖有一定作用，与食盐并用可增加抑菌作用，尤其对肉毒梭状芽孢杆菌在 pH 为 6 时有显著的抑制作用。

三、亚硝酸盐和硝酸盐的毒性作用

1. 亚硝酸盐的毒性作用

亚硝酸盐是食品添加剂中急性毒性较强的物质之一。摄取大量亚硝酸盐进入血液后，可使正常的血红蛋白（二价铁）变成正铁血红蛋白，失去携带氧的功能，导致组织缺氧。

亚硝酸盐对人体的慢性毒性作用不在其本身，而在于它作为一种强致癌物质——亚硝胺的前体物质而发挥作用，摄入的亚硝酸盐与胺类物质可在人体内合成亚硝胺。

2. 硝酸盐的毒性作用

其毒性作用机理主要是在食物中、水中或在胃肠道内，尤其是婴幼儿的胃肠道内，被还原成亚硝酸盐，继而形成亚硝胺。

FAO 规定以亚硝酸钠计 ADI 为每千克体重 0~0.2 mg，以硝酸钠计 ADI 为每千克体重 0~5 mg。我国目前批准使用的护色剂有硝酸钠（钾）和亚硝酸钠（钾），常用于香肠、火腿、午餐肉罐头等。

四、食品中亚硝酸盐与硝酸盐的测定方法

肉制品中亚硝酸盐含量的测定常用重氮偶合比色法，此法操作简单，灵敏度符合要求。所用重氮化试剂多为对氨基苯磺酸，与亚硝酸盐生成重氮盐；所用的偶合试剂有盐酸萘乙二胺和 α–萘胺，均与重氮盐生成紫红色的染料，颜色的深浅与亚硝酸盐的含量成正比，可用于比色测定。

也有用荧光法进行亚硝酸盐测定的，此法不受检液本身的颜色或浑浊度的干扰，也不受样品稀释度的影响，但操作复杂。示波极谱法也用于亚硝酸盐的测定。气相色谱法可用于亚硝酸盐的微量与痕量分析；镉柱法可用来测定硝酸盐。

实训任务　火腿肠中亚硝酸盐含量的测定

一、实训目的

❖ 能根据样品来选择合适的分析方法。

❖ 掌握系列标准溶液的配制和标准曲线的绘制方法。

❖ 掌握可见光分光光度计的原理及操作规范。

❖ 会对样品中的亚硝酸盐含量进行测定，并能根据产品质量标准来判断其含量是否符合要求。

❖ 培养学生实事求是、科学严谨的工作态度，树立学生的社会责任感。

二、采用的标准方法

参照《食品安全国家标准　食品中亚硝酸盐和硝酸盐的测定》（GB 5009.33—2016）中的第二法——分光光度法，也称为盐酸萘乙二胺法。

三、原理

样品经沉淀蛋白质、除去脂肪后，在弱酸条件下其中的亚硝酸盐与对氨基苯磺酸重氮化后，产生重氮盐，此重氮盐再与偶合试剂（盐酸萘乙二胺）偶合形成紫红色染料，染料的颜色深浅与亚硝酸盐含量成正比，其最

火腿肠中亚硝酸盐含量的检测

大吸收波长为 538 nm，测定其吸光度后，可与标准比较定量。

四、试剂（表 4-1）

表 4-1　试剂

名称	浓度	配制方法
亚铁氰化钾溶液	106 g/L	称取 106.0 g 亚铁氰化钾，用水溶解，并稀释至 1 000 mL
乙酸锌溶液	220 g/L	称取 220.0 g 乙酸锌，先加 30 mL 冰醋酸溶解，再用水稀释至 1 000 mL
饱和硼砂溶液	50 g/L	称取 5.0 g 硼酸钠溶于 100 mL 热水中，冷却后备用
对氨基苯磺酸溶液	4 g/L	称取 0.4 g 对氨基苯磺酸，溶于 100 mL 20% 的盐酸中，避光保存
盐酸萘乙二胺溶液	2 g/L	称取 0.2 g 盐酸萘乙二胺，用水定容至 100 mL，避光保存
亚硝酸钠标准溶液	200 μg/mL	准确称取 0.100 0 g 已于 110~120 ℃ 干燥恒重的亚硝酸钠，加水溶解，移入 500 mL 容量瓶中，加水稀释至刻度，混匀
亚硝酸钠标准使用液	5 μg/mL	吸取 2.50 mL 亚硝酸钠标准溶液，置于 100 mL 容量瓶中，加水稀释至刻度

五、主要仪器（表 4-2）

表 4-2　主要仪器

名称	参考图片	使用方法
小型绞肉机		将绞肉机的刀片装到绞肉杯内，试样切块放入绞肉杯中，盖上盖子，接通电源，按下按钮，开始工作，松开按钮停止工作
电子分析天平		先调平，使仪器的水平泡位于中间位置；开机预热 20 min，用校正砝码校准仪器；称量
可见光分光光度计		打开电源开关预热，调节波长，用黑体和空白比色皿校正仪器，测量样品，清洗比色皿，关机

可见光分光
光度计的使用

六、操作步骤

1. 系列标准溶液的配制

吸取 0.00 mL、0.20 mL、0.40 mL、0.60 mL、0.80 mL、1.00 mL、1.50 mL、2.00 mL、2.50 mL 亚硝酸钠标准使用液（相当于 0.0、1.0 μg、2.0 μg、3.0 μg、4.0 μg、5.0 μg、7.5 μg、10.0 μg、12.5 μg 亚硝酸钠），分别置于 50 mL 的比色管中。分别加入 2 mL

（4 g/L）对氨基苯磺酸溶液，混匀，静置 3～5 min 后，分别加入 1 mL（2 g/L）盐酸萘乙二胺溶液，加水至刻度，混匀，静置 15 min。

2. 标准曲线的绘制

上述溶液静置 15 min 后，用 2 cm 比色杯，以零管调节零点，于波长 538 nm 处测吸光度，用 Excel 绘制标准曲线。

3. 样品的处理

称取 5 g（精确至 0.01 g）制成匀浆的试样（如制备过程中加水，应按加水量折算），置于 50 mL 烧杯中，加 12.5 mL 饱和硼砂溶液，搅拌均匀，以 70 ℃左右的水约 300 mL 将试样洗入 500 mL 容量瓶中，于沸水浴中加热 15 min，取出置冷水浴中冷却，并放置至室温。在振荡上述提取液时加入 5 mL 亚铁氰化钾溶液，摇匀，再加入 5 mL 乙酸锌溶液，以沉淀蛋白质。加水至刻度，摇匀，放置 30 min，除去上层脂肪，上清液用滤纸过滤，弃去初滤液 30 mL，滤液备用。

4. 检测

吸取 40 mL 试样处理液于 50 mL 比色管中，加入 2 mL（4 g/L）对氨基苯磺酸溶液，混匀，静置 3～5 min 后，加入 1 mL（2 g/L）盐酸萘乙二胺溶液，加水至刻度，混匀，静置 15 min。以零管调节零点，于波长 538 nm 处测吸光度，根据标准曲线进行比较定量，同时做试剂空白试验，并做平行试验。

5. 结果计算

结果按照式（4-1）进行计算：

$$X_1 = \frac{m_2 \times 1\,000}{m_3 \times \frac{v_1}{v_0} \times 1\,000} \tag{4-1}$$

式中，X_1——试样中亚硝酸盐的含量，mg/kg；

m_3——试样质量，g；

m_2——测定用样液中亚硝酸盐的质量（即从标准曲线上求得），μg；

V_1——比色时取试样处理液的体积，mL；

V_0——试样处理液的总体积，mL。

计算结果保留两位有效数字。

七、注意事项

（1）实训中使用重蒸水可以减少试验误差。

（2）亚铁氰化钾和乙酸锌溶液作为蛋白质沉淀剂，是利用产生的亚铁氰化锌与蛋白质共沉淀。

（3）硫酸锌溶液（30%）也可作为蛋白质沉淀剂使用。

（4）饱和硼砂的作用有两个：一是亚硝酸盐的提取剂，二是蛋白质沉淀剂。

（5）盐酸萘乙二胺有致癌作用，使用时应注意安全。

（6）当亚硝酸盐含量过高时，过量的亚硝酸盐可以使偶氮化合物氧化，生成黄色，而使红色消失，这时应将样品处理液稀释后再做，最好使样品的吸光度落在标准曲线的吸光度之内。

（7）显色的 pH 以 1.9~3.0 为好。显色后的稳定性与室温有关。在 10 ℃ 时放置 24 h，吸光度值降低 2%~3%；20 ℃ 时放置 2 h，吸光度值开始下降；30 ℃ 显色 1 h，颜色开始变浅；40 ℃ 条件下，显色 45 min 后吸光度值即迅速下降；温度降低其显色时间也推迟。一般认为显色温度在 15~30 ℃ 于 20~30 min 内比色为宜。

请将实训过程中的原始数据填入表 4-3 的实训任务单。

表 4-3　实训任务单

_____中亚硝酸盐含量的测定		实训任务单	班级	
			姓名	
			学号	

1. 样品信息

样品名称		检测项目	
生产单位		检测依据	
生产日期及批号		检测日期	

2. 检测方法 _____

3. 实训过程

4. 检测过程中的数据记录

样品 1 的质量/g		样品 2 的质量/g	
亚硝酸钠标准使用液的浓度/(μg·L^{-1})			
样品处理液的总体积/mL		比色时取样品处理液的体积/mL	

比色管号	亚硝酸钠标准使用液用量/mL	亚硝酸钠的质量/μg	吸光度		
			1	2	平均值
0	0				
1	0.2				
2	0.4				
3	0.6				
4	0.8				
5	1.0				
样品 1	—	—			
样品 2	—	—			

5. 标准曲线的绘制	
方程 _____	$R^2 = $ _____

6. 计算	
计算公式：	计算过程：

7. 结论

产品质量标准		要求	
实训结果			
合格	□ 是	□ 否	

8. 实训总结

请根据表 4-4 的评分标准进行实训任务评价，并将相关评分填入其中，根据得分情况进行实训总结

表 4-4　评分标准

_____中亚硝酸盐含量的测定		实训日期：	
姓名：	班级：	学号：	导师签名：
自评：（　　）分	互评：（　　）分	师评：（　　）分	
日期：	日期：	日期：	

亚硝酸盐含量测定评分细则（分光光度法）

序号	评分项	得分条件	分值/分	评分要求	自评（30%）		互评（30%）		师评（40%）	
1	试剂配制	□ 1. 能正确称量 □ 2. 能正确进行溶解 □ 3. 能正确对溶解用的烧杯进行涮洗 □ 4. 能正确进行稀释或定容 □ 5. 能按要求对配制的试剂进行存放	10	失误一项扣 2 分	得分：（　）		得分：（　）		得分：（　）	
					扣分项：		扣分项：		扣分项：	

序号	评分项	得分条件	分值/分	评分要求	自评（30%）	互评（30%）	师评（40%）
2	系列标准溶液的配制	□ 1. 能正确使用移液管 □ 2. 在操作过程无试剂污染现象 □ 3. 能正确进行定容	12	失误一项扣4分	得分：（　） 扣分项：	得分：（　） 扣分项：	得分：（　） 扣分项：
3	标准曲线的绘制	□ 1. 能正确对分光光度计进行校正 □ 2. 能正确测量吸光度 □ 3. 能正确使用 Excel 进行标准曲线制作 □ 4. 标准曲线的 R^2 能达到试验要求	12	失误一项扣3分	得分：（　） 扣分项：	得分：（　） 扣分项：	得分：（　） 扣分项：
4	样品的处理	□ 1. 能准确称量 □ 2. 能正确转移溶液到容量瓶 □ 3. 能正确使用水浴锅进行水浴加热 □ 4. 能正确选择澄清剂并能正确添加 □ 5. 能正确进行定容和沉淀操作 □ 6. 能正确进行过滤操作	18	失误一项扣3分	得分：（　） 扣分项：	得分：（　） 扣分项：	得分：（　） 扣分项：
5	样品的检测	□ 1. 能正确吸取样品溶液 □ 2. 能正确进行显色操作 □ 3. 能正确对分光光度计进行校正 □ 4. 能正确测量吸光度	12	失误一项扣3分	得分：（　） 扣分项：	得分：（　） 扣分项：	得分：（　） 扣分项：
6	数据记录与结果分析	□ 1. 能如实记录检测数据 □ 2. 能正确进行可疑数据的取舍 □ 3. 能正确进行结果计算 □ 4. 两次平行测定结果的精密度符合标准要求 □ 5. 能正确进行产品质量判断	15	失误一项扣3分	得分：（　） 扣分项：	得分：（　） 扣分项：	得分：（　） 扣分项：
7	表单填写与撰写报告的能力	□ 1. 语句通顺、字迹清楚 □ 2. 前后关系正确 □ 3. 无涂改 □ 4. 无抄袭	12	失误一项扣3分	得分：（　） 扣分项：	得分：（　） 扣分项：	得分：（　） 扣分项：
8	其他	□ 1. 清洁操作台面，器材清洁干净并摆放整齐 □ 2. 废液、废弃物处理合理 □ 3. 遵守实验室规定，操作文明、安全	9	失误一项扣3分	得分：（　） 扣分项：	得分：（　） 扣分项：	得分：（　） 扣分项：
总分：							

一、分光光度法测定硝酸盐和亚硝酸盐时样品的预处理方法

（1）干酪：称取试样 2.5 g（精确至 0.001 g），置于 150 mL 具塞锥形瓶中，加水 80 mL，摇匀，超声 30 min，取出放置至室温，定量转移至 100 mL 容量瓶中，加入 3% 乙酸溶液 2 mL，加水稀释至刻度，混匀。于 4 ℃ 放置 20 min，取出放置至室温，溶液经滤纸过滤，滤液备用。

（2）液体乳样品：称取试样 90 g（精确至 0.001 g），置于 250 mL 具塞锥形瓶中，加 12.5 mL 饱和硼砂溶液，加入 70 ℃ 左右的水约 60 mL，混匀，于沸水浴中加热 15 min，取出置冷水浴中冷却，并放置至室温。定量转移上述提取液至 200 mL 容量瓶中，加入 5 mL 106 g/L 亚铁氰化钾溶液，摇匀，再加入 5 mL 220 g/L 乙酸锌溶液，以沉淀蛋白质。加水至刻度，摇匀，放置 30 min，除去上层脂肪，上清液用滤纸过滤，滤液备用。

（3）乳粉：称取试样 10 g（精确至 0.001 g），置于 150 mL 具塞锥形瓶中，加 12.5 mL 50 g/L 饱和硼砂溶液，加入 70 ℃ 左右的水约 150 mL，混匀，于沸水浴中加热 15 min，取出置冷水浴中冷却，并放置至室温。定量转移上述提取液至 200 mL 容量瓶中，加入 5 mL 106 g/L 亚铁氰化钾溶液，摇匀，再加入 5 mL 220 g/L 乙酸锌溶液，以沉淀蛋白质。加水至刻度，摇匀，放置 30 min，除去上层脂肪，上清液用滤纸过滤，弃去初滤液 30 mL，滤液备用。

（4）其他样品：称取 5 g（精确至 0.001 g）匀浆试样（如制备过程中加水，应按加水量折算），置于 250 mL 具塞锥形瓶中，加 12.5 mL 50 g/L 饱和硼砂溶液，加入 70 ℃ 左右的水约 150 mL，混匀，于沸水浴中加热 15 min，取出置冷水浴中冷却，并放置至室温。定量转移上述提取液至 200 mL 容量瓶中，加入 5 mL 106 g/L 亚铁氰化钾溶液，摇匀，再加入 5 mL 220 g/L 乙酸锌溶液，以沉淀蛋白质。加水至刻度，摇匀，放置 30 min，除去上层脂肪，上清液用滤纸过滤，弃去初滤液 30 mL，滤液备用。

二、硝酸盐含量的测定（镉柱法）

1. 测定原理

样品经沉淀蛋白质、除去脂肪后，通过镉柱，使其中的硝酸根离子还原成亚硝酸根离子。在弱酸性条件下，亚硝酸根离子与对氨基苯磺酸重氮化后，再与盐酸萘乙二胺偶合形成红色染料。通过比色测得亚硝酸盐总量，由总量减去亚硝酸盐含量即得硝酸盐含量。

2. 海绵状镉的制备

将适量的锌棒放入烧杯中，用 40 g/L 硫酸镉溶液浸没锌棒。在 24 h 之内，不断将锌棒上的海绵状镉轻轻刮下。取出残余锌棒，使镉沉底，倾去上层溶液。用水冲洗海绵状镉 2~3 次后，将镉转移至搅拌器中，加 400 mL 盐酸（0.1 mol/L），搅拌数秒，以得到所需粒径的镉颗粒（选择镉粒直径 0.3~0.8 mm）。将制得的海绵状镉倒回烧杯中，静置 3~4 h，期间搅拌数次，以除去气泡。倾去海绵状镉中的溶液，并按下述方法进行镉粒镀铜。

3. 镉粒镀铜

将制得的镉粒置锥形瓶中（所用镉粒的量以达到要求的镉柱高度为准），加足量的盐酸（2 mol/L）浸没镉粒，振荡 5 min，静置分层，倾去上层溶液，用水多次冲洗镉粒。在镉粒中加入 20 g/L 硫酸铜溶液（每克镉粒约需 2.5 mL），振荡 1 min，静置分层，倾去上层溶液后，立即用水冲洗镀铜镉粒（注意镉粒要始终用水浸没），直至冲洗的水中不再有铜沉淀。

4. 镉柱的装填

如图 4－1 所示，用水装满镉柱玻璃柱，并装入约 2 cm 高的玻璃棉做垫，将玻璃棉压向柱底时，应将其中所包含的空气全部排出，轻轻敲击加入海绵状镉至 8～10 cm ［见图 4－1 (a)］或 15～20 cm ［见图 4－1 (b)］，上面用 1 cm 高的玻璃棉覆盖。若使用图 4－1 (b) 所示装置，则上置一储液漏斗，末端要穿过橡皮塞与镉柱玻璃管紧密连接。如无上述镉柱玻璃管时，可以 25 mL 酸式滴定管代用，但过柱时要注意始终保持液面在镉层之上。当镉柱填装好后，先用 25 mL 盐酸（0.1 mol/L）洗涤，再以水洗 2 次，每次 25 mL，镉柱不用时用水封盖，随时都要保持水平面在镉层之上，不得使镉层夹有气泡。

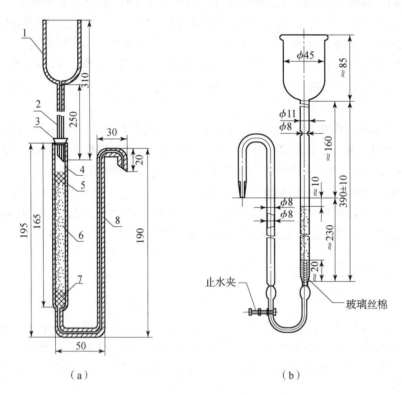

（a）　　　　　　　　　　　　　　（b）

图 4－1　镉柱示意图

1—储液漏斗（内径 35 mm，外径 37 mm）；2—进液毛细管（内径 0.4 mm，外径 6 mm）；3—橡皮塞；
4—镉柱玻璃管（内径 12 mm，外径 16 mm）；5，7—玻璃棉；6—海绵状镉；
8—出液毛细管（内径 2 mm，外径 8 mm）

镉柱每次使用完毕后，应先以 25 mL 盐酸（0.1 mol/L）洗涤，再以水洗 2 次，每次 25 mL，最后用水覆盖镉柱。

镉柱还原效率的测定：吸取 20 mL 硝酸钠标准使用液，加入 5 mL 氨缓冲液的稀释液，混匀后注入储液漏斗，使流经镉柱还原，用一个 100 mL 的容量瓶收集洗提液。洗提液的流量不应超过 6 mL/min，在储液杯将要排空时，用约 15 mL 水冲洗杯壁。冲洗水流尽后，再用 15 mL 水重复冲洗，第 2 次冲洗水也流尽后，将储液池杯灌满水，并使其以最大流量流过柱子。当容量瓶中的洗提液接近 100 mL 时，从柱子下取出容量瓶，用水定容至刻度，混匀。取 10.0 mL 还原后的溶液（相当 10 μg 亚硝酸钠）于 50 mL 比色管中，加入 2 mL（4 g/L）对氨基苯磺酸溶液，混匀，静置 3～5 min 后，加入 1 mL（2 g/L）盐酸萘乙二胺溶液，加水至刻度，混匀，静置 15 min。以零管调节零点，于波长 538 nm 处测吸光度，根据亚硝酸盐测定时做的标准曲线计算测得结果，与加入量一致，还原效率应大于 95% 为符合要求。还原效率按式（4-2）计算：

$$X = \frac{m_1}{10} \times 100\%$$ (4-2)

式中，X——还原效率，%；

m_1——测得亚硝酸钠的含量，μg；

10——测定用溶液相当亚硝酸钠的含量，μg；

如果还原效率小于 95%，则将镉柱中的镉粒倒入锥形瓶中，加入足量的盐酸（2 mol/L）中，振荡数分钟，再用水反复冲洗。

5. 样品的预处理

测定硝酸盐时样品的预处理同测定亚硝酸盐时样品的预处理。

6. 硝酸盐的测定

（1）镉柱还原：先以 25 mL 氨缓冲液的稀释液冲洗镉柱，流速控制在 3～5 mL/min（以滴定管代替的可控制在 2～3 mL/min）。

吸取 20 mL 滤液于 50 mL 烧杯中，加 5 mL pH 为 9.6～9.7 氨缓冲溶液，混合后注入储液漏斗，使其流经镉柱还原，当储液杯中的样液流尽后，加 15 mL 水冲洗烧杯，再倒入储液杯中。冲洗水流完后，再用 15 mL 水重复冲洗 1 次。当第 2 次冲洗水快流尽时，将储液杯装满水，以最大流速过柱。当容量瓶中的洗提液接近 100 mL 时，取出容量瓶，用水定容至刻度，混匀。

（2）亚硝酸钠总量的测定：吸取 10～20 mL 还原后的样液于 50 mL 比色管。加入 2 mL（4 g/L）对氨基苯磺酸溶液，混匀，静置 3～5 min 后，加入 1 mL（2 g/L）盐酸萘乙二胺溶液，加水至刻度，混匀，静置 15 min。以零管调节零点，于波长 538 nm 处测吸光度，根据标准曲线进行比较定量，同时做试剂空白试验，并做平行试验。

（3）标准曲线的制作同亚硝酸盐的测定。

7. 计算

硝酸盐含量的计算按照式（4-3）计算：

$$X_2 = \left(\frac{m_4 \times 1\,000}{m_5 \times \frac{V_3}{V_2} \times \frac{V_5}{V_4} \times 1\,000} - X_1 \right) \times 1.232$$ (4-3)

式中，X_2——试样中硝酸钠的含量，mg/kg；

m_4——经镉粉还原后测得总亚硝酸钠的质量，μg；

1 000——转换系数；

m_5——试样的质量，g；

V_3——测总亚硝酸钠的测定用样液体积，mL；

V_2——试样处理液总体积，mL；

V_5——经镉柱还原后样液的测定用体积，mL；

V_4——经镉柱还原后样液总体积，mL；

X_1——由式（4–1）计算出的试样中亚硝酸钠的含量，mg/kg；

1.232——亚硝酸钠换算成硝酸钠的系数。

计算结果保留两位有效数字。

8. 注意事项

（1）镉是有害的元素之一，在制作海绵状镉或处理镉柱时，其废弃液中含有大量的镉，将这些有害的镉排入下水道就会污染水源和农田，需经过处理之后再排放。另外，不要用手直接接触镉，也不要沾到皮肤上，一旦接触，立即用水冲洗。

（2）测定试样中硝酸盐的含量时要先测定亚硝酸盐的含量，再测出来试样经镉柱还原后的亚硝酸盐总量，用亚硝酸盐总量减去试样中亚硝酸盐的含量后乘以转换系数才是试样中的硝酸盐含量。

任务二　食品中甜味剂含量的测定

◎ 任务描述

有企业送来一批乳饮料，由于这批乳饮料中添加有糖精钠，因此需要检测其含量是否符合添加标准。

◎ 相关知识

食品中甜味剂
含量的测定

一、定义与分类

甜味剂是指能够赋予食品甜味的食品添加剂。甜味剂种类有很多，其有几种不同的分类方法：按其来源可分为天然甜味剂（如罗汉果甜苷、甘草类甜味剂、甜菊糖苷等）和人工合成甜味剂；按其营养价值分为营养性甜味剂和非营养性甜味剂；按其化学结构和性质可以分为糖类和非糖类甜味剂。糖醇类甜味剂多由人工合成，其甜度与蔗糖差不多。因其热值较低或因其与葡萄糖有不同的代谢过程，可用作某些特殊用途。非糖类甜味剂甜度很高，用量少，热值很小，多不参与代谢过程，被称为非营养性或低热值甜味剂，也称高甜度甜味剂，是甜味剂的重要品种。

二、食品中常用的甜味剂

我们通常所讲的甜味剂指人工合成的非营养性甜味剂，其化学性质稳定，甜度远高于蔗糖，但是不同的甜味剂甜感特点不同，有的甜味剂不仅甜味不纯，带有酸味、苦味等其他味感，而且从含在口中瞬间的留味到残存的后味都各不相同。

食品中常用的甜味剂有如下几种：

糖精钠，又称可溶性糖精，呈白色粉末，无臭或微有香气，易溶于水，不溶于乙醚、氯仿等有机溶剂；耐热及耐碱性弱，酸性条件下加热甜味渐渐消失，溶液浓度较大时则味苦；其甜度是蔗糖的 200~700 倍，在婴幼儿食品中不允许使用。

甜蜜素（环己基氨基磺酸钠），白色针状、片状结晶或结晶状粉末，无臭、味甜，易溶于水，几乎不溶于乙醇、乙醚、苯和氯仿，甜度是蔗糖的 30~80 倍，甜味纯正、自然，不带异味，甜味刺激来得较慢，但持续时间较长。

安赛蜜（乙酰磺胺酸钾），易溶于水，甜度为蔗糖的 200 倍，甜味纯正而强烈，甜味持续时间长。

三氯蔗糖的甜度为蔗糖的 400~800 倍，甜味特性十分类似蔗糖，没有任何苦后味。

阿斯巴甜（天冬氨酸苯丙氨酸甲酯，又称甜味素），甜度为蔗糖的 200 倍，具有清爽的甜味，没有合成甜味剂通常具有的苦涩味或金属后味，味质近于蔗糖，但阿斯巴甜高温水解后对有苯丙酮尿症的患者有一定毒性。

阿力甜的甜度是蔗糖的 2 000 倍，甜味刺激来得快，与甜味素相似的是其甜味略有绵延。

无论是哪一种甜味剂，在使用中都要按照《食品安全国家标准 食品添加剂使用标准》（GB 2760—2024）规定的范围和限量使用。

三、甜味剂的检测方法

不同甜味剂的检测方法各不相同。糖精钠的测定方法有高效液相色谱法、薄层层析法、离子选择性电极法等，最常用的是高效液相色谱法。

实训任务 乳饮料中糖精钠含量的测定

一、实训目的

❖ 能根据样品来选择合适的分析方法。

❖ 掌握系列标准溶液的配制和标准曲线的绘制方法。

❖ 掌握液相色谱的工作原理及操作规范。

❖ 会对样品中的糖精钠含量进行测定，并能根据产品质量标准来判断其含量是否符合要求。

❖ 培养学生实事求是、科学严谨的工作态度，树立学生的社会责任感。

二、采用的标准方法

参照《食品安全国家标准 食品中苯甲酸、山梨酸和糖精钠的测定》（GB 5009.28—2016）中的第一法——液相色谱法。

三、原理

样品经水提取，高脂肪样品经正己烷脱脂，高蛋白样品经蛋白沉淀剂沉淀蛋白，采用液相色谱分离、紫外检测器检测，以外标法定量。

四、试剂（表4-5）

表4-5 试剂

名称	浓度	配制方法
亚铁氰化钾溶液	—	称取106 g亚铁氰化钾，加入适量水溶解，用水定容至1 000 mL
乙酸锌溶液	—	称取220.0 g乙酸锌，先加30 mL冰醋酸溶解，用水稀释至1 000 mL
乙酸铵溶液	20 mmol/L	称取1.54 g乙酸铵（色谱纯），加入适量水溶解，用水定容至1 000 mL，经0.22 μm水相微孔滤膜过滤后备用
糖精钠标准储备液	1 000 mg/L	称取0.117 g（精确到0.000 1 g）已在120 ℃下烘4 h，并在干燥器中冷却至室温的糖精钠标准物质（纯度≥99%），用水溶解并定容至100 mL。于4 ℃储存，保存期为6个月
糖精钠标准使用液	200 mg/L	吸取糖精钠标准储备溶液10.0 mL于50 mL容量瓶中，用水定容。于4 ℃储存，保存期为3个月
甲醇（色谱纯）	—	经0.22 μm水相微孔滤膜过滤后备用

五、主要仪器（表4-6）

表4-6 主要仪器

名称	参考图片	使用方法
高效液相色谱（配紫外检测器）		先准备好流动相，然后开机进入工作站设置参数，运行样品，编辑数据分析方法，清洗仪器，退出工作站，关机
电子分析天平		先调平，使仪器的水平泡位于中间位置；开机预热20 min，用校正砝码校准仪器；称量
旋涡振荡器		放置于水平台面上，调平，接通电源打开开关，调至适当转速使用，使用完毕后调低转速至停止，关闭电源

名称	参考图片	使用方法
超声波清洗器		检查洗涤槽的状态，加入需要超声的物料，确保浸入洗涤槽中，接通电源，根据需要调节参数，操作完毕后，取出物料，关机
离心机		检查离心机是否处于水平位置，打开样品仓，将载有样品的试管对称放置在试管孔里，关闭样品仓，设置离心参数，启动机器，离心结束后，打开样品仓盖子取出样品

六、操作步骤

1. 系列标准溶液的配制

准确吸取糖精钠标准使用溶液 0 mL、0.05 mL、0.25 mL、0.50 mL、1.00 mL、2.50 mL、5.00 mL 和 10.0 mL，分别用水定容至 10 mL，配制成质量浓度分别为 0 mg/L、1.00 mg/L、5.00 mg/L、10.0 mg/L、20.0 mg/L、50.0 mg/L、100 mg/L 和 200 mg/L 的系列标准溶液，备用。

2. 试样制备与提取

取多个预包装的乳饮料均匀混合后，准确称取约 2 g（精确到 0.001 g）试样于 50 mL 具塞离心管中，加水约 25 mL，涡旋混匀，于 50 ℃ 水浴超声 20 min，冷却至室温后加亚铁氰化钾溶液 2 mL 和乙酸锌溶液 2 mL，混匀，于 8 000 r/min 离心 5 min，将水相转移至 50 mL 容量瓶中，于残渣中加水 20 mL，涡旋混匀后超声 5 min，于 8 000 r/min 离心 5 min，将水相转移到同一 50 mL 容量瓶中，并用水定容至刻度，混匀。取适量上清液过 0.22 μm 滤膜，待液相色谱测定。

3. 仪器参考条件

色谱柱：Cis 柱，柱长 250 mm，内径 4.6 mm，粒径 5 μm，或等效色谱柱；

流动相：甲醇 + 乙酸铵溶液 = 5 + 95；

流速：1 mL/min；

检测波长：230 nm；

进样量：10 μL。

4. 标准曲线的制作

将系列标准溶液分别注入液相色谱仪中，测定相应的峰面积，以系列标准工作溶液的质量浓度为横坐标，以峰面积为纵坐标，绘制标准曲线。

5. 试样溶液的测定

将试样溶液注入液相色谱仪中，得到峰面积，根据标准曲线得到待测液中糖精钠（以糖精计）的质量浓度。

6. 结果计算

试样中糖精钠（以糖精计）的含量按式（4-4）计算：

$$X = \frac{\rho \times V}{m \times 1\ 000} \tag{4-4}$$

式中，X——试样中待测组分含量，g/kg；

ρ——由标准曲线得出的试样液中待测物的质量浓度，mg/L；

V——试样定容体积，mL；

m——试样质量，g；

1 000——由 mg/kg 转换为 g/kg 的换算因子。

计算结果保留三位有效数字，在重复性条件下获得的两次独立测定结果的绝对差值不得超过算术平均值的10%。

七、注意事项

（1）对于碳酸饮料、果酒、果汁、蒸馏酒等样品测定时可不加蛋白沉淀剂。

（2）当测定存在干扰峰或需要辅助定性时，可以加入甲酸的流动相来测定，如流动相：甲醇 + 甲酸 – 乙酸铵溶液 = 8 + 92。

（3）当取样量为2 g，定容至50 mL时，糖精钠（以糖精计）的检出限均为0.005 g/kg，定量限均为0.01 g/kg。

请将实训过程中的原始数据填入表4-7的实训任务单。

表4-7　实训任务单

＿＿＿＿＿中糖精钠含量的测定		实训任务单	班级	
			姓名	
			学号	
1. 样品信息				
样品名称		检测项目		
生产单位		检测依据		
生产日期及批号		检测日期		
2. 检测方法＿＿＿＿＿				
3. 实训过程				

4. 检测过程中数据记录

试样 1 的质量/g		试样 2 的质量/g	
试样的定容体积/mL			

由标准曲线得出的试样液中待测物的质量浓度/$(mg \cdot L^{-1})$	
$\rho_1 =$	$\rho_2 =$

5. 计算

计算公式：

计算过程：

6. 结论

产品质量标准		要求	
实训结果			
合格	□ 是	□ 否	

7. 实训总结
　　请根据表 4 - 8 的评分标准进行实训任务评价，并将相关评分填入其中，根据得分情况进行实训总结

表 4 − 8　评分标准

＿＿＿＿＿＿中糖精钠含量的测定		实训日期：	
姓名：	班级：	学号：	导师签名：
自评：（　　　）分	互评：（　　　）分	师评：（　　　）分	
日期：	日期：	日期：	

糖精钠含量测定的评分细则（液相色谱法）							
序号	评分项	得分条件	分值/分	评分要求	自评（30%）	互评（30%）	师评（40%）
1	试剂配制	□ 1. 能正确称量 □ 2. 能正确进行溶解 □ 3. 能正确对溶解用的烧杯进行涮洗 □ 4. 能正确选择标准品 □ 5. 能对标准品进行干燥处理 □ 6. 能正确进行稀释或定容 □ 7. 能按要求对配制的试剂进行存放	14	失误一项扣 2 分	得分：（　　） 扣分项：	得分：（　　） 扣分项：	得分：（　　） 扣分项：
2	系列标准溶液的配制	□ 1. 能正确使用移液管 □ 2. 在操作过程无试剂污染现象 □ 3. 能正确进行定容	12	失误一项扣 4 分	得分：（　　） 扣分项：	得分：（　　） 扣分项：	得分：（　　） 扣分项：
4	样品的预处理	□ 1. 能准确称量 □ 2. 能正确转移溶液到容量瓶 □ 3. 能正确使用离心机 □ 4. 能正确使用漩涡振荡器 □ 5. 能正确使用超声波清洗器 □ 6. 能正确进行滤膜过滤操作	18	失误一项扣 3 分	得分：（　　） 扣分项：	得分：（　　） 扣分项：	得分：（　　） 扣分项：
5	检测	□ 1. 能按要求准备流动相 □ 2. 能正确设置仪器参数 □ 3. 能按照操作规范对仪器进行操作 □ 4. 能正确进样	20	失误一项扣 5 分	得分：（　　） 扣分项：	得分：（　　） 扣分项：	得分：（　　） 扣分项：
6	数据记录与结果分析	□ 1. 能如实记录检测数据 □ 2. 会用色谱工作软件绘制标准曲线 □ 3. 能正确进行结果计算 □ 4. 两次平行测定结果的精密度符合标准要求 □ 5. 能正确进行产品质量判断	15	失误一项扣 3 分	得分：（　　） 扣分项：	得分：（　　） 扣分项：	得分：（　　） 扣分项：

序号	评分项	得分条件	分值/分	评分要求	自评(30%)	互评(30%)	师评(40%)
7	表单填写与撰写报告的能力	□ 1. 语句通顺、字迹清楚 □ 2. 前后关系正确 □ 3. 无涂改 □ 4. 无抄袭	12	失误一项扣3分	得分:（ ） 扣分项:	得分:（ ） 扣分项:	得分:（ ） 扣分项:
8	其他	□ 1. 清洁操作台面,器材清洁干净并摆放整齐 □ 2. 废液、废弃物处理合理 □ 3. 遵守实验室规定,操作文明、安全	9	失误一项扣3分	得分:（ ） 扣分项:	得分:（ ） 扣分项:	得分:（ ） 扣分项:

总分:

知识拓展

一、液相色谱法测定糖精钠含量的样品预处理方法

（1）一般性试样：准确称取约 2 g（精确到 0.001 g）试样于 50 mL 具塞离心管中,加水约 25 mL,涡旋混匀,于 50 ℃水浴超声 20 min,冷却至室温后加亚铁氰化钾溶液 2 mL 和乙酸锌溶液 2 mL,混匀,于 8 000 r/min 离心 5 min,将水相转移至 50 mL 容量瓶中,于残渣中加水 20 mL,涡旋混匀后超声 5 min,于 8 000 r/min 离心 5 min,将水相转移到同一 50 mL 容量瓶中,并用水定容至刻度,混匀。取适量上清液过 0.22 μm 滤膜,待液相色谱测定。碳酸饮料、果酒、果汁、蒸馏酒等测定时可以不加蛋白沉淀剂。

（2）含胶基的果冻、糖果等试样：准确称取约 2 g（精确到 0.001 g）试样于 50 mL 具塞离心管中,加水约 25 mL,涡旋混匀,于 70 ℃水浴加热溶解试样,于 50 ℃水浴超声 20 min 后,操作同（1）。

（3）油脂、巧克力、奶油、油炸食品等高油脂试样：准确称取约 2 g（精确到 0.001 g）试样于 50 mL 具塞离心管中,加正己烷 10 mL,于 60 ℃水浴加热约 5 min,并不时轻摇以溶解脂肪,然后加氨水溶液（1+99）25 mL,乙醇 1 mL,涡旋混匀,于 50 ℃水浴超声 20 min,冷却至室温后,加亚铁氰化钾溶液 2 mL 和乙酸锌溶液 2 mL,混匀,于 8 000 r/min 离心 5 min,弃去有机相,水相转移至 50 mL 容量瓶中,残渣同（1）,再提取一次后测定。

二、液相色谱法

液相色谱法是利用混合物在液-固或不互溶的两种液体之间分配比的差异,对混合物进行先分离,而后分析鉴定的方法。根据固定相是液体还是固体,又分为液-液色谱（LLC）及液-固色谱（LSC）。

三、高效液相色谱法

高效液相色谱法（high performance liquid chromatography，HPLC）是 20 世纪 70 年代初期，继气相色谱之后发展起来的一种以液体为流动相的新型色谱技术，随着不断改进与发展，目前其已成为应用极为广泛的化学分离分析的重要手段。

高效液相色谱法是以经典液相色谱为基础，以高压下的液体为流动相的色谱分离过程。经典液相色谱法由于使用粗颗粒的固定相（硅胶、氧化铝等），传质扩散慢，因而分离能力差、分析速度慢，只能进行简单混合物的分离。高效液相色谱法从 20 世纪 80 年代起才开始应用于食品分析领域，主要用于分析保健食品的功效成分、营养强化剂、维生素、蛋白质等。

1. 高效液相色谱法的特点

高效液相色谱法与经典液相色谱法比较，具有下列主要特点。

（1）高效：由于使用了细颗粒、高效率的固定相和均匀填充技术，高效液相色谱法分离效率极高。

（2）高速：由于使用高压泵输送流动相，采用梯度洗脱装置，用检测器在柱后直接检测洗脱成分等，HPLC 完成一次分离分析一般只需几分钟到几十分钟，比经典液相色谱快得多。

（3）高灵敏度：紫外、荧光、电化学、质谱等高灵敏度检测器的使用使 HPLC 的最小检测量可达 $10^{-11} \sim 10^{-9}$ g。

（4）高度自动化：计算机的应用使 HPLC 不仅能自动处理数据、绘图和打印分析结果，而且还可以自动控制色谱条件，使色谱系统自始至终都在最佳状态下工作，成为全自动化的仪器。

（5）应用范围广：HPLC 可用于沸点高、分子量大、热稳定性差的有机化合物及各种离子的分离分析，如氨基酸、蛋白质、生物碱、核酸、甾体、维生素、抗生素等。

（6）流动相的选择范围广：它可用多种溶剂作流动相，通过改变流动相组成来改善分离效果，因此对于性质和结构类似的物质分离的可能性比气相色谱更大。

（7）馏分容易收集，更有利于制备。

2. 高效液相色谱法的类型

根据固定相和分离机理的不同，高效液相色谱有如下几种类型。

（1）液-固吸附色谱：基于各组分在固体吸附剂表面上具有不同吸附能力而进行分离。

（2）液-液分配色谱：组分在两相间经过反复多次分配，各组分间产生差速迁移，从而实现分离。

（3）化学键合相色谱：通过共价键将有机固定液结合到硅胶载体表面，得到各种性能的固定相。

（4）离子交换色谱：离子交换树脂上可电离的离子与流动相中带相同电荷的组分离子进行可逆交换，由于亲和力的不同而彼此分离。

（5）离子色谱：用离子交换树脂作为固定相，电解质溶液为流动相，用电导检测器检测。

（6）凝胶色谱：用多孔性凝胶作为固定相，基于试样中各组分分子的大小和形状的不同来实现分离。

3. 高效液相色谱法的基本原理

高效液相色谱分离系统也由两相组成，即固定相和流动相。固定相可以是吸附剂、化学键合固定相（或在惰性载体表面涂上一层液膜）、离子交换树脂或多孔性凝胶；流动相是各种溶剂。

高效液相色谱中被分离的混合物被流动相液体推动进入色谱柱，根据各成分在固定相及流动相中的吸附能力、分配系数、离子交换作用或分子尺寸大小的差异进行分离。

高效液相色谱法的工作过程如下：首先用高压泵将储液器中的流动相溶剂经过进样器送入色谱柱，然后从控制器的出口流出。当注入欲分离的样品时，流经进样器储液器的流动相将样品同时带入色谱柱进行分离，然后依先后顺序进入检测器，记录仪将检测器送出的信号记录下来，由此得到液相色谱图。

4. 高效液相色谱仪简介

最早的液相色谱仪由粗糙的高压泵、低效的柱、固定波长的检测器及绘图仪组成，绘出的峰要通过手工测量计算面积。当下发展起来的高效液相色谱仪的高压泵精度很高，还可编程进行梯度洗脱；柱填料从单一品种发展至几百种类型；检测器从单波长检测到可变波长检测，再到可获得三维色谱图的二极管阵列检测器，直至发展为可确证物质结构的质谱检测器；数据处理不再用绘图仪，取而代之的是最简单的积分仪、计算机、工作站及网络处理系统。

目前常见的高效液相色谱仪生产厂家，国外有 Waters 公司、Aglent 公司（原 HP 公司）、岛津公司等，国内有大连依利特公司、上海分析仪器厂、北京分析仪器厂等。

任务三　食品中防腐剂含量的测定

任务描述

有企业送来一批巧克力，要求检测这批样品中的苯甲酸、山梨酸的含量是否符合添加标准。

食品中防腐剂
含量的测定

相关知识

一、定义及分类

食品在加工和销售过程中，因微生物的作用会导致其腐败、变质而不能食用。为延长食品的保存时间，一方面可通过物理方法抑制微生物的生存条件，如控制温度、水分、pH 等，以杀灭或抑制微生物的活动；另一方面还可采用化学方法进行保存，即通过添加食品防腐剂来延长食品的保藏期。防腐剂因具有使用方便、高效、投资少的特点而被广泛采用。

防腐剂是能防止食品腐败、变质，抑制食品中微生物繁殖，延长食品保存期的一类物质的总称。有广义和狭义之分：狭义的防腐剂主要指山梨酸、苯甲酸等直接加入食品中的化学物质；广义的防腐剂除包括狭义的防腐剂外，还包括通常被认为是调料而具有防腐作用的食盐、醋、蔗糖、二氧化碳等，以及那些不直接加入食品，而应用在食品储藏过程中的消毒剂和防霉剂等。

防腐剂可分为有机防腐剂和无机防腐剂。有机防腐剂有苯甲酸及其盐类、山梨酸及其盐类、对羟基苯甲酸酯类、丙酸及其盐类等。无机防腐剂有二氧化硫及亚硫酸盐类、亚硝酸盐类等。

防腐剂是人为添加的化学物质，在杀死或抑制微生物的同时，也不可避免地对人体产生一些副作用，所以要严格按照国家标准的允许添加量进行添加。

目前，我国食品加工业多使用苯甲酸及其钠盐、山梨酸及山梨酸钾。苯甲酸在 pH 5、山梨酸在 pH 8 以下，对霉菌、酵母菌和好气性细菌具有较好的抑制作用。

二、苯甲酸、山梨酸的理化性质

苯甲酸又名安息香酸，微溶于水，易溶于乙醇、乙醚等有机溶剂。在酸性条件下可随水蒸气蒸馏。化学性质较稳定。苯甲酸钠易溶于水，难溶于有机溶剂，在酸性条件下（pH 2.5~4）能转化为苯甲酸。在酸性条件下苯甲酸及苯甲酸钠防腐效果较好，适宜用于偏酸的食品（pH 4.5~5）。

山梨酸难溶于水，易溶于乙醇、乙醚，在酸性条件下可随水蒸气蒸馏，化学性质稳定。山梨酸钾易溶于水，难溶于有机溶剂，与酸作用生成山梨酸。山梨酸及其钾盐也是用于酸性食品的防腐剂，适合于在 pH 5~6 以下使用。它通过与霉菌、酵母菌酶系统中的巯基结合而达到抑菌作用，但对厌氧芽孢杆菌、乳酸菌无效。

三、山梨酸、苯甲酸的毒性

山梨酸的毒性比较微弱，目前被普遍认为是比较安全的保存剂。山梨酸是一种不饱和脂肪酸，在机体内可正常地参与新陈代谢，基本上和天然不饱和脂肪酸一样可以在机体内生成二氧化碳和水。因此，山梨酸可被看作食品成分，几乎对人体没有毒性，是一种比苯甲酸更安全的防腐剂。FAO/WHO 联合食品添加剂专家委员会于 1996 年提出的山梨酸和山梨酸钾的 ADI 值以山梨酸汁为每千克体重 0~25 mg。

苯甲酸像脂肪酸一样，能在肠内被很好地吸收。进入机体后，大部分在 9~15 h 内与甘氨酸生成马尿酸从尿中排除，剩余部分与葡萄糖醛酸结合而解毒。用示踪 C^{14} 实验证明，苯甲酸不在机体内蓄积。以上两种解毒作用都是在肝脏中进行的，因此苯甲酸对肝功能衰弱的人可能不适宜。

山梨酸类防腐剂的价格比苯甲酸类防腐剂要贵很多，一般多用于出口食品或婴幼儿食品，普通酸性食品则以苯甲酸（钠）为主。

四、食品中山梨酸、苯甲酸的测定方法

食品中山梨酸、苯甲酸的测定方法较多，目前偏向于仪器分析。一般来说，就是将样品酸化后，用乙醚提取，进行测定。测定方法有薄层色谱、气相色谱、高效液相色谱法等。

实训任务　巧克力中苯甲酸、山梨酸含量的测定

一、实训目的

❖ 能根据样品来选择合适的分析方法。
❖ 掌握系列标准溶液的配制和标准曲线的绘制方法。
❖ 掌握液相色谱的工作原理及操作规范。
❖ 掌握样品的预处理方法。
❖ 会对样品进行检测，并能根据产品质量标准来判断其含量是否符合要求。
❖ 培养学生实事求是、科学严谨的工作态度，树立学生的社会责任感。

二、采用的标准方法

参照《食品安全国家标准　食品中苯甲酸、山梨酸和糖精钠的测定》（GB 5009.28—2016）第一法——液相色谱法。

三、原理

样品经水提取，高脂肪样品经正己烷脱脂、高蛋白样品经蛋白沉淀剂沉淀蛋白，采用液相色谱分离、紫外检测器检测，外标法定量。

四、试剂（表4-9）

表4-9　试剂

名称	浓度	配制方法
氨水溶液（1+99）	—	取氨水1 mL加到99 mL水中，混匀
亚铁氰化钾溶液	—	称取106 g亚铁氰化钾，加入适量水溶解，用水定容至1 000 mL
乙酸锌溶液	—	称取220.0 g乙酸锌，先加30 mL冰醋酸溶解，再用水稀释至1 000 mL
乙酸铵溶液	20 mmol/L	称取1.54 g乙酸铵（色谱纯），加入适量水溶解，用水定容至1 000 mL，经0.22 μm水相微孔滤膜过滤后备用
苯甲酸、山梨酸标准储备液	1 000 mg/L	分别准确称取苯甲酸钠、山梨酸钾标准物质（纯度≥99%）0.118 g、0.134 g（精确到0.000 1 g），分别用水溶解，并分别定容至100 mL，于4 ℃储存，保存期为6个月
苯甲酸、山梨酸混合标准使用液	200 mg/L	分别准确吸取苯甲酸、山梨酸标准储备溶液各10.0 mL于50 mL容量瓶中，用水定容，于4 ℃储存，保存期为3个月
甲醇（色谱纯）	—	经0.22 μm水相微孔滤膜过滤后备用
正己烷	—	—

五、主要仪器（表4-10）

表4-10　主要仪器

名称	参考图片	使用方法
高效液相色谱 （配紫外检测器）		先准备好流动相，然后开机进入工作站设置参数，运行样品，编辑数据分析方法，清洗仪器，退出工作站，关机
电子分析天平		先调平，使仪器的水平泡位于中间位置；开机预热20 min，用校正砝码校准仪器；称量
旋涡振荡器		放置于水平台面上，调平，接通电源打开开关，调至适当转速使用，使用完毕后调低转速至停止，关闭电源
超声波清洗器		检查洗涤槽的状态，加入需要超声的物料，确保浸入洗涤槽中，接通电源，根据需要调节参数，操作完毕后，取出物料，关机
离心机		检查离心机是否处于水平位置，打开样品仓，将载有样品的试管对称放置在试管孔里，关闭样品仓，设置离心参数，启动机器，离心结束后，打开样品仓盖子取出样品

六、操作步骤

1. 系列标准溶液的配制

准确吸取苯甲酸、山梨酸混合标准使用溶液 0 mL、0.05 mL、0.25 mL、0.50 mL、1.00 mL、2.50 mL、5.00 mL 和 10.0 mL，分别用水定容至 10 mL，配制成质量浓度分别为 0 mg/L、1.00 mg/L、5.00 mg/L、10.0 mg/L、20.0 mg/L、50.0 mg/L、100 mg/L 和 200 mg/L 的混合系列标准溶液，备用。

2. 试样制备与提取

准确称取约 2 g（精确到 0.001 g）巧克力试样于 50 mL 具塞离心管中，加正己烷 10 mL，于 60 ℃水浴加热约 5 min，并不时轻摇以溶解脂肪，然后加氨水溶液（1 + 99）25 mL，乙醇 1 mL，涡旋混匀，于 50 ℃水浴超声 20 min，冷却至室温后，加亚铁氰化钾溶液 2 mL 和乙酸锌溶液 2 mL，混匀，于 8 000 r/min 离心 5 min，弃去有机相，水相转移至 50 mL 容量瓶中，于残渣中加水 20 mL，涡旋混匀后超声 5 min，于 8 000 r/min 离心 5 min，将水相转移到同一 50 mL 容量瓶中，并用水定容至刻度，混匀。取适量上清液过 0.22 μm 滤膜，待液相色谱测定。

3. 仪器参考条件

色谱柱：Cis 柱，柱长 250 mm，内径 4.6 mm，粒径 5 μm，或等效色谱柱；

流动相：甲醇 + 乙酸铵溶液 = 5 + 95；

流速：1 mL/min；

检测波长：230 nm；

进样量：10 μL。

4. 标准曲线的制作

将混合系列标准溶液分别注入液相色谱仪中，测定相应的峰面积，以混合系列标准溶液的质量浓度为横坐标，以峰面积为纵坐标，绘制标准曲线。

5. 试样溶液的测定

将试样溶液注入液相色谱仪中，得到峰面积，根据标准曲线得到待测液中苯甲酸、山梨酸的质量浓度。

6. 结果计算

试样中苯甲酸、山梨酸的含量按式（4 - 5）计算：

$$X = \frac{\rho \times V}{m \times 1\ 000} \tag{4 - 5}$$

式中，X——试样中待测组分含量，g/kg；

ρ——由标准曲线得出的试样液中待测物的质量浓度，mg/L；

V——试样定容体积，mL；

m——试样质量，g；

1 000——由 mg/kg 转换为 g/kg 的换算因子。

计算结果保留三位有效数字，在重复性条件下获得的两次独立测定结果的绝对差值不得超过算术平均值的 10%。

七、注意事项

（1）在制备苯甲酸、山梨酸标准储备液的过程中，当使用苯甲酸和山梨酸标准品时，需要用甲醇溶解并定容。

（2）不同样品的预处理方法可参考糖精钠含量的测定。

（3）当取样量为 2 g，定容 50 mL 时，苯甲酸、山梨酸的检出限均为 0.005 g/kg，定量限均为 0.01 g/kg。

请将实训过程中的原始数据填入表 4 - 11 的实训任务单。

表 4 −11　实训任务单

_____中苯甲酸、山梨酸含量的测定		实训任务单	班级	
			姓名	
			学号	

1. 样品信息

样品名称		检测项目	
生产单位		检测依据	
生产日期及批号		检测日期	

2. 检测方法 _____

3. 实训过程

4. 检测过程中数据记录

试样质量/g	$m_1 =$	$m_2 =$
试样的定容体积/mL		
由标准曲线得出的试样液中苯甲酸的质量浓度/$(mg \cdot L^{-1})$	$\rho_1 =$	$\rho_2 =$
由标准曲线得出的试样液中山梨酸的质量浓度/$(mg \cdot L^{-1})$	$\rho_1 =$	$\rho_2 =$

5. 计算

计算公式：	计算过程： 苯甲酸的含量： 山梨酸的含量：

＿＿＿＿＿＿＿＿中苯甲酸、山梨酸含量的测定		实训任务单	班级	
			姓名	
			学号	

6. 结论

产品质量标准		苯甲酸的要求	
		山梨酸的要求	
实训结果	苯甲酸的含量：		
	山梨酸的含量：		
合格	□ 是	□ 否	

7. 实训总结

请根据表4-12的评分标准进行实训任务评价，并将相关评分填入其中，根据得分情况进行实训总结

表4-12 评分细则

＿＿＿＿＿＿＿＿中苯甲酸、山梨酸含量的测定			实训日期：				
姓名：		班级：		学号：		导师签名：	
自评：（ ）分		互评：（ ）分		师评：（ ）分			
日期：		日期：		日期：			
苯甲酸、山梨酸含量测定的评分细则（液相色谱法）							
序号	评分项	得分条件	分值/分	评分要求	自评（30%）	互评（30%）	师评（40%）
1	试剂配制	□ 1. 能正确称量 □ 2. 能正确进行溶解 □ 3. 能正确对溶解用的烧杯进行涮洗 □ 4. 能正确选择标准品 □ 5. 能对标准品进行干燥处理 □ 6. 能正确进行稀释或定容 □ 7. 能按要求对配制的试剂进行存放	14	失误一项扣2分	得分：（ ） 扣分项：	得分：（ ） 扣分项：	得分：（ ） 扣分项：

序号	评分项	得分条件	分值/分	评分要求	自评(30%)	互评(30%)	师评(40%)
2	系列标准溶液的配制	□1. 能正确使用移液管 □2. 在操作过程无试剂污染现象 □3. 能正确进行定容	12	失误一项扣4分	得分:( ) 扣分项:	得分:( ) 扣分项:	得分:( ) 扣分项:
4	样品的预处理	□1. 能准确称量 □2. 能正确转移溶液到容量瓶 □3. 能正确使用离心机 □4. 能正确使用旋涡振荡器 □5. 能正确使用超声波发生器 □6. 能正确进行滤膜过滤操作	18	失误一项扣3分	得分:( ) 扣分项:	得分:( ) 扣分项:	得分:( ) 扣分项:
5	检测	□1. 能按要求准备流动相 □2. 能正确设置仪器参数 □3. 能按照操作规范对仪器进行操作 □4. 能正确进样	20	失误一项扣5分	得分:( ) 扣分项:	得分:( ) 扣分项:	得分:( ) 扣分项:
6	数据记录与结果分析	□1. 能如实记录检测数据 □2. 会用色谱工作软件绘制标准曲线 □3. 能正确进行结果计算 □4. 两次平行测定结果的精密度符合标准要求 □5. 能正确进行产品质量判断	15	失误一项扣3分	得分:( ) 扣分项:	得分:( ) 扣分项:	得分:( ) 扣分项:
7	表单填写与撰写报告的能力	□1. 语句通顺、字迹清楚 □2. 前后关系正确 □3. 无涂改 □4. 无抄袭	12	失误一项扣3分	得分:( ) 扣分项:	得分:( ) 扣分项:	得分:( ) 扣分项:
8	其他	□1. 清洁操作台面,器材清洁干净并摆放整齐 □2. 废液、废弃物处理合理 □3. 遵守实验室规定,操作文明、安全	9	失误一项扣3分	得分:( ) 扣分项:	得分:( ) 扣分项:	得分:( ) 扣分项:
总分:							

知识拓展

一、苯甲酸、山梨酸含量的测定（气相色谱法）

食品中苯甲酸、山梨酸含量的测定除了上面介绍的液相色谱法外，对于酱油、水果汁、果酱类产品还可以采用气相色谱法，气相色谱法也是常用的国家标准分析方法。

1. 原理

试样经盐酸酸化后，用乙醚提取苯甲酸、山梨酸，采用气相色谱——氢火焰离子化检测器进行分离测定，外标法定量。

2. 试剂

（1）乙醚：不含过氧化物。

（2）甲醇。

（3）乙酸乙酯：色谱纯。

（4）氯化钠（NaCl）。

（5）乙醇（C_2H_5OH）。

（6）无水硫酸钠（Na_2SO_4）：500 ℃烘 8 h，于干燥器中冷却至室温后备用。

（7）盐酸溶液（1+1）：取 50 mL 盐酸，边搅拌边慢慢加入 50 mL 水中，混匀。

（8）氯化钠溶液（40 g/L）：称取 40 g 氯化钠，用适量水溶解，加盐酸溶液 2 mL，加水定容到 1 L。

（9）正己烷－乙酸乙酯混合溶液（1+1）：取 100 mL 正己烷和 100 mL 乙酸乙酯（色谱纯），混匀。

（10）苯甲酸、山梨酸标准储备溶液（1 000 mg/L）：分别准确称取苯甲酸、山梨酸标准物质（纯度大于或等于 99.0%）各 0.1 g（精确到 0.000 1 g），用甲醇溶解并分别定容至 100 mL。转移至密闭容器中，于 −18 ℃储存，保存期为 6 个月。

（11）苯甲酸、山梨酸混合标准溶液（200 mg/L）：分别准确吸取苯甲酸、山梨酸标准储备溶液各 10.0 mL 于 50 mL 容量瓶中，用乙酸乙酯定容。转移至密闭容器中，于 −18 ℃储存，保存期为 3 个月。

3. 仪器和设备

（1）气相色谱仪：带氢火焰离子化检测器（FID）。

（2）分析天平：感量为 0.001 g 和 0.000 1 g。

（3）涡旋振荡器。

（4）离心机：转速大于 8 000 r/min。

（5）氮吹仪。

4. 操作步骤

（1）系列标准溶液的配制：准确吸取苯甲酸、山梨酸混合标准使用溶液 0 mL、0.05 mL、0.25 mL、0.50 mL、1.00 mL、2.50 mL、5.00 mL 和 10.0 mL，分别用正己烷－乙酸乙酯混合溶剂（1+1）定容至 10 mL，配制成质量浓度分别为 0 mg/L、1.00 mg/L、5.00 mg/L、10.0 mg/L、20.0 mg/L、50.0 mg/L、100 mg/L 和 200 mg/L 的混合标准系列工作溶液，临用时现配。

（2）样品的预处理：准确称取混匀后样品约 2.5 g（精确至 0.001 g）于 50 mL 离心管中，加 0.5 g 氯化钠、0.5 mL 盐酸溶液（1+1）和 0.5 mL 乙醇，用 15 mL 和 10 mL 乙醚提取两次，每次振摇 1 min，于 8 000 r/min 离心 3 min。每次均将上层乙醚提取液通过无水硫酸钠滤入 25 mL 容量瓶中。加乙醚清洗无水硫酸钠层，洗液并入容量瓶。加乙醚至刻度，混匀。准确吸取 5 mL 乙醚提取液于 5 mL 具塞刻度试管中，于 35 ℃下加氮吹至干，加入 2 mL 正己烷－乙酸乙酯（1＋1）混合溶液溶解残渣，待气相色谱测定。

（3）仪器参考条件。

色谱柱：聚乙二醇毛细管气相色谱柱，内径 320 μm，长 30 m，膜厚度 0.25 μm，或等效色谱柱；

载气：氮气，流速 3 mL/min；

空气：400 L/min；

氢气：40 L/min；

进样口温度：250 ℃；

检测器温度：250 ℃；

柱温程序：初始温度 80 ℃，保持 2 min，以 15 ℃/min 的速率升温至 250 ℃，保持 5 min；

进样量：2 μL；

分流比：10∶1。

（4）标准曲线的制作：将混合系列标准溶液分别注入气相色谱仪中，以质量浓度为横坐标，以峰面积为纵坐标，绘制标准曲线。

（5）试样溶液测定：将试样溶液注入气相色谱仪中，得到峰面积，根据标准曲线得到待测液中苯甲酸、山梨酸的质量浓度。

（6）结果计算：

试样中苯甲酸、山梨酸含量按式（4－6）计算：

$$X = \frac{\rho \times V \times 25}{m \times 5 \times 1\,000} \tag{4-6}$$

式中，X——试样中待测组分含量，g/kg；

ρ——由标准曲线得出的样液中待测物的质量浓度，mg/L；

V——加入正己烷－乙酸乙酯（1＋1）混合溶剂的体积，mL；

25——试样乙醚提取液的总体积，mL；

m——试样的质量，g；

5——测定时吸取乙醚提取液的体积，mL；

1 000——由 mg/kg 转换为 g/kg 的换算因子。

计算结果保留三位有效数字。在重复性条件下获得的两次独立测定结果的绝对差值不得超过算术平均值的 10%。

任务四　食品中漂白剂含量的测定

任务描述

有企业送来一批白糖，需要检测其中的二氧化硫的残留量。

一、定义及分类

漂白剂指能破坏、抑制食品的发色因素，使色素褪色或使食品免于褐变的一类添加剂。在食品的加工生产中，为了使食品保持特有的色泽，常加入漂白剂，依靠其所具有的氧化或还原能力来抑制、破坏食品的变色因子，使食品褪色或免于发生褐变。一般在食品的加工过程中，要求漂白剂除对食品的色泽有一定作用外，对食品的品质、营养价值及保存期均不应有不良的改变。

食品中漂白剂
含量的测定

漂白剂按作用机理分为两类：还原型漂白剂和氧化型漂白剂。还原型漂白剂在果蔬加工中应用较多，主要是通过其中二氧化硫的还原作用，使果蔬中的色素成分分解或褪色，其作用比较缓和，但被其漂白的色素物质一旦再被氧化，可能重新显色。常用的有二氧化硫、亚硫酸钠、亚硫酸氢钠、焦亚硫酸钠等。氧化型漂白剂是通过本身的氧化作用破坏着色物质或发色基团，从而达到漂白的目的。氧化型漂白剂除了作为面粉处理剂的偶氮甲酰胺等少数品种外，实际应用很少。

二、食品中漂白剂的使用

一般食品中常用的漂白剂主要是二氧化硫及其衍生物亚硫酸盐类，如焦亚硫酸钾、焦亚硫酸钠、亚硫酸钠、亚硫酸氢钠、低亚硫酸等，它们会不断分解产生二氧化硫，在食品中起到和二氧化硫相似的作用。此外，还有一种在食品中用作漂白的物质是硫黄，它的用法较特殊，仅限于熏蒸，其主要起漂白作用的物质也是二氧化硫。

二氧化硫在食品中的用途非常广泛，经表面处理的鲜水果、果干、蜜饯、干制蔬菜、干制菌类或菌类罐头、坚果、可可制品、饼干、腐竹、食糖、果汁、葡萄酒等都可添加二氧化硫。

二氧化硫除用于漂白剂外，还是一种防腐剂和抗氧化剂。我国现在对二氧化硫的使用范围限制得越来越严，因为它容易引起食物造假，经过漂白把本来劣质的食物变成"好的"食物，而那些劣质食物当中原本存在的一些因素可能就暴露不出来了。此外，这种化合物会随着时间挥发到空气中，残留虽小，但如果含量过高，又没有充分挥发的话，则可能对人的呼吸道、口腔产生刺激作用。

我国国家标准规定：饼干、腌渍的蔬菜、巧克力、果酱等中残留二氧化硫含量不得超过 0.1 g/kg；生湿面制品、坚果与籽类罐头、果蔬汁等不得超过 0.05 g/kg。二氧化硫本身没有营养价值，不是食品不可缺少的成分，如果使用量过大，会对人体的健康带来一定影响。当浓度为 0.5%~1% 时，即产生毒性，一方面有腐蚀作用，另一方面能破坏血液凝结作用并生成血红素，最后导致神经系统出现麻痹。

漂白剂可单一使用，也可混合使用。随着进出口贸易的不断扩大，外国食品不断进入我国市场。日本近几年正使用一种混合漂白剂，其成分为次亚硝酸钠70%、亚硫酸氢钠

14%、无水焦磷酸3%、聚磷酸钠8%、偏磷酸钠3%、无水碳酸钠2%。这种混合漂白剂比上述任一种单独漂白剂的效果都稳定，同时可防止食品变色及褪色。

三、食品中漂白剂的检测方法

测定还原型漂白剂的方法有盐酸副玫瑰苯胺比色法、滴定法、碘量法、极谱法、高效液相色谱法；测定氧化型漂白剂的方法有滴定法、比色定量法、高效液相色谱法、极谱法等。

实训任务　白糖中二氧化硫含量的测定

一、实训目的

❖ 掌握二氧化硫的测定原理。
❖ 会配制标准溶液。
❖ 能规范操作紫外可见分光光度计。
❖ 会进行样品的预处理，并能正确测定样品。
❖ 会根据产品质量标准来判断其含量是否符合要求。
❖ 培养学生实事求是、科学严谨的工作态度，树立学生的社会责任感。

二、采用的标准方法

参照《食品安全国家标准　食品中二氧化硫的测定》（GB 5009.34—2022）中的第二法分光光度法。

三、原理

样品直接用甲醛缓冲吸收液浸泡或加酸充氮蒸馏，释放的二氧化硫被甲醛溶液吸收，生成稳定的羟甲基磺酸加成化合物，酸性条件下与盐酸副玫瑰苯胺生成蓝紫色络合物，该络合物的吸光度值与二氧化硫的浓度成正比。

四、试剂（表4-13）

表4-13　试剂

名称	浓度	配制方法
氢氧化钠溶液	1.5 mol/L	称取6.0 g NaOH，溶于水并稀释至100 mL
乙二胺四乙酸二钠溶液	0.05 mol/L	称取1.86 g 乙二胺四乙酸二钠（简称EDTA-2Na），溶于水中，并稀释至100 mL

名称	浓度	配制方法
甲醛缓冲吸收储备液	—	称取 2.04 g 邻苯二甲酸氢钾，溶于少量水中，加入 36%~38% 的甲醛溶液 5.5 mL，0.05 mol/L EDTA - 2Na 溶液 20.0 mL，混匀，加水稀释并定容至 100 mL，贮于冰箱中冷藏保存
甲醛缓冲吸收液	—	量取甲醛缓冲吸收储备液适量，用水稀释 100 倍。临用时现配
盐酸副玫瑰苯胺溶液	2%	—
盐酸副玫瑰苯胺溶液	0.5 g/L	量取 2% 盐酸副玫瑰苯胺溶液 25.0 mL，分别加入磷酸 30 mL 和盐酸 12 mL，用水稀释至 100 mL，摇匀，放置 24 h，备用（避光密封保存）
氨基磺酸铵溶液	3 g/L	称取 0.30 g 氨基磺酸铵溶于水，并稀释至 100 mL
盐酸溶液	6 mol/L	量取盐酸 50 mL，缓缓倾入 50 mL 水，边加边搅拌
二氧化硫标准溶液	100 μg/mL	直接购买具有国家认证并授予标准物质证书的溶液，无需配制
二氧化硫标准使用液	10 μg/mL	准确吸取二氧化硫标准溶液（100 μg/mL）5.0 mL，用甲醛缓冲吸收液定容至 50 mL。临用时现配

五、主要仪器（表 4 - 14）

表 4 - 14 主要仪器

名称	参考图片	使用方法
紫外可见分光光度计		打开电源开关预热，调节波长，用黑体和空白比色皿校正仪器，测量样品，清洗比色皿，关机
粉碎机		打开上盖，放入干燥的样品，将上盖关紧；插上电源，打开机器开关；粉碎 20 s 左右即可，不可连续性地长时间粉碎；粉碎完成后，先关机，关闭电源，再打开上盖到出样品

六、操作步骤

1. 试样制备

取混匀后的白糖样品放入粉碎机中粉碎，备用。

2. 试样提取

称取粉碎后的白糖试样约 10 g（精确至 0.01 g），加甲醛缓冲吸收液 100 mL，振荡浸泡 2 h，过滤，取续滤液待测。同时做空白试验。

3. 标准曲线的制作

分别准确量取 0.00 mL、0.20 mL、0.50 mL、1.00 mL、2.00 mL、3.00 mL 二氧化硫标准使用液（相当于 0.0 μg、2.0 μg、5.0 μg、10.0 μg、20.0 μg、30.0 μg 二氧化硫），置于 25 mL 具塞试管中，加入甲醛缓冲吸收液至 10.00 mL，再依次加入 3 g/L 氨基磺酸铵溶液 0.5 mL、1.5 mol/L 氢氧化钠溶液 0.5 mL、0.5 g/L 盐酸副玫瑰苯胺溶液 1.0 mL，摇匀，放置 20 min 后，用紫外可见分光光度计在波长 579 nm 处测定标准溶液吸光度，并以质量为横坐标、吸光度为纵坐标绘制标准曲线。

4. 试样溶液的测定

根据试样中二氧化硫含量，吸取试样溶液 0.50～10.00 mL，置于 25 mL 具塞试管中，加入甲醛缓冲吸收液至 10.00 mL，再依次加入 3 g/L 氨基磺酸铵溶液 0.5 mL、1.5 mol/L 氢氧化钠溶液 0.5 mL、0.5 g/L 盐酸副玫瑰苯胺溶液 1.0 mL，摇匀，放置 20 min 后，用紫外可见分光光度计在波长 579 nm 处测定试样溶液的吸光度，同时做空白试验。

5. 结果计算

试样中二氧化硫的含量按式（4-7）计算：

$$X = \frac{(m_1 - m_0) \times V_1 \times 1\,000}{m_2 \times V_2 \times 1\,000} \quad (4-7)$$

式中，X——试样中二氧化硫的含量（以 SO_2 计），mg/kg；

　　　m_1——由标准曲线中查得的测定用试液中二氧化硫的质量，μg；

　　　m_0——由标准曲线中查得的测定用空白溶液中二氧化硫的质量，μg；

　　　V_1——试样提取液体积，mL；

　　　m_2——试样的质量，g；

　　　V_2——测定用试样提取液体积，mL；

计算结果保留三位有效数字，在重复性条件下获得的两次独立测试结果的绝对差值不得超过算术平均值的 10%。

七、注意事项

（1）试样溶液测定时，试样溶液的取样量要以试样中二氧化硫的含量来确定，要保证测得的吸光度值在标准曲线的工作范围内。

（2）本试验绘制标准曲线时，是以标准溶液中二氧化硫的质量为横坐标，而非浓度。

请将实训过程中的原始数据填入表 4-15 的实训任务单。

表 4 – 15　实训任务单

_____中二氧化硫含量的测定	实训任务单	班级：
		姓名：
		学号：

1. 样品信息

样品名称		检测项目	
生产单位		检测依据	
生产日期及批号		检测日期	

2. 检测方法：_____

3. 实训过程

4. 检测过程中数据记录

比色管号	二氧化硫标准使用液用量/mL	二氧化硫的质量/μg	吸光度		
			1	2	平均值
0	0				
1	0.20				
2	0.50				
3	1.00				
4	2.00				
5	3.00				
试样溶液 1	—	—			
试样溶液 2	—	—			
空白溶液	—	—			

	试样 1	试样 2
试样质量/g		
由标准曲线中查得的测定用试液中二氧化硫的质量/μg		

由标准曲线中查得的测定用空白溶液中二氧化硫的质量/μg	
试样提取液体积/mL	
测定用试样提取液体积/mL	

5. 标准曲线的绘制

　方程＿＿＿＿＿＿＿　　　　　$R^2 =$

6. 计算

计算公式：	计算过程： 　试样 1 中二氧化硫的含量： 　试样 2 中二氧化硫的含量：

7. 结论

产品质量标准		要求	
试验结果			
合格	□是	□否	

8. 实训总结

　请根据表 4−16 评分标准进行实训任务评价，并将相关评分填入其中，根据得分情况进行实训总结

表 4 −16   评分标准

_____ 中二氧化硫含量的测定		实训日期：	
姓名：	班级：	学号：	导师签名：
自评：（ ）分	互评：（ ）分	师评：（ ）分	
日期：	日期：	日期：	

二氧化硫含量测定的评分细则（分光光度法）

序号	评分项	得分条件	分值/分	评分要求	自评（30%）	互评（30%）	师评（40%）
1	试剂配制	□ 1. 能正确称量 □ 2. 能正确进行溶解 □ 3. 能正确对溶解用的烧杯进行涮洗 □ 4. 能正确进行稀释或定容 □ 5. 能按要求对配制的试剂进行存放 □ 6. 能正确选择标准品	18	失误一项扣3分	得分：（ ） 扣分项：	得分：（ ） 扣分项：	得分：（ ） 扣分项：
2	系列标准溶液的配制	□ 1. 能正确使用移液管 □ 2. 在操作过程无试剂污染现象	10	失误一项扣5分	得分：（ ） 扣分项：	得分：（ ） 扣分项：	得分：（ ） 扣分项：
3	标准曲线的绘制	□ 1. 能正确对紫外可见分光光度计进行校正 □ 2. 能正确测量吸光度 □ 3. 能正确使用 Excel 进行标准曲线制作 □ 4. 标准曲线的 R^2 能达到试验要求	12	失误一项扣3分	得分：（ ） 扣分项：	得分：（ ） 扣分项：	得分：（ ） 扣分项：
4	样品的处理	□ 1. 能正确使用粉碎机 □ 2. 能准确称量 □ 3. 能正确进行过滤操作	12	失误一项扣4分	得分：（ ） 扣分项：	得分：（ ） 扣分项：	得分：（ ） 扣分项：
5	样品的检测	□ 1. 能正确选择样品溶液的吸取量 □ 2. 能正确进行显色操作 □ 3. 能正确对分光光度计进行校正 □ 4. 能正确测量吸光度	12	失误一项扣3分	得分：（ ） 扣分项：	得分：（ ） 扣分项：	得分：（ ） 扣分项：

序号	评分项	得分条件	分值/分	评分要求	自评 (30%)	互评 (30%)	师评 (40%)
6	数据记录与结果分析	□ 1. 能如实记录检测数据 □ 2. 能正确进行可疑数据的取舍 □ 3. 能正确进行结果计算 □ 4. 两次平行测定结果的精密度符合标准要求 □ 5. 能正确进行产品质量判断	15	失误一项扣3分	得分：（　　） 扣分项：	得分：（　　） 扣分项：	得分：（　　） 扣分项：
7	表单填写与撰写报告的能力	□ 1. 语句通顺、字迹清楚 □ 2. 前后关系正确 □ 3. 无涂改 □ 4. 无抄袭	12	失误一项扣3分	得分：（　　） 扣分项：	得分：（　　） 扣分项：	得分：（　　） 扣分项：
8	其他	□ 1. 清洁操作台面，器材清洁干净并摆放整齐 □ 2. 废液、废弃物处理合理 □ 3. 遵守实验室规定，操作文明、安全	9	失误一项扣3分	得分：（　　） 扣分项：	得分：（　　） 扣分项：	得分：（　　） 扣分项：
总分：							

🔘 知识拓展

一、常见食品中二氧化硫的最大使用量（表 4 – 17）

表 4 – 17　常见食品中二氧化硫的最大使用量

食品名称	最大使用量/(g·kg⁻¹)或(g·L⁻¹)	备注
水果干类	0.1	最大使用量以二氧化硫残留量计
蜜饯	0.35	最大使用量以二氧化硫残留量计
干制蔬菜	0.2	最大使用量以二氧化硫残留量计
其他杂粮制品（仅限脱水马铃薯制品）	0.4	最大使用量以二氧化硫残留量计
腌渍的蔬菜	0.1	最大使用量以二氧化硫残留量计
蔬菜罐头	0.05	最大使用量以二氧化硫残留量计
蔬菜罐头（仅限银条菜）	0.2	最大使用量以二氧化硫残留量计
干制的食用菌和藻类	0.05	最大使用量以二氧化硫残留量计
食用菌和藻类罐头（仅限蘑菇罐头）	0.05	最大使用量以二氧化硫残留量计
腐竹类（包括腐竹、油皮等）	0.2	最大使用量以二氧化硫残留量计

食品名称	最大使用量/$(g \cdot kg^{-1})$ 或$(g \cdot L^{-1})$	备注
坚果与籽类罐头	0.05	最大使用量以二氧化硫残留量计
可可制品、巧克力和巧克力制品（包括代可可脂巧克力及制品）以及糖果	0.1	最大使用量以二氧化硫残留量计
白砂糖及白砂糖制品、绵白糖、红糖、冰片糖	0.03	最大使用量以二氧化硫残留量计
赤砂糖、原糖、其他糖和糖浆	0.1	最大使用量以二氧化硫残留量计
淀粉糖（食用葡萄糖、低聚异麦芽糖、果葡糖浆、麦芽糖、麦芽糊精、葡萄糖浆等）	0.04	最大使用量以二氧化硫残留量计
果蔬汁（浆）	0.05	以即饮状态计，最大使用量以二氧化硫残留量计，浓缩果蔬汁（浆）按浓缩倍数折算，相应的固体饮料按稀释倍数增加使用量
果蔬汁（浆）类饮料	0.05	以即饮状态计，最大使用量以二氧化硫残留量计，浓缩果蔬汁（浆）按浓缩倍数折算，相应的固体饮料按稀释倍数增加使用量
葡萄酒	0.25	甜型葡萄酒最大使用量为0.4 g/L，最大使用量以二氧化硫残留量计
果酒	0.25	甜型果酒最大使用量为0.4 g/L，最大使用量以二氧化硫残留量计
啤酒和麦芽饮料	0.01	最大使用量以二氧化硫残留量计

◎ **任务描述**

任务五　食品中抗氧化剂含量的测定

食品中抗氧化剂
含量的测定

有企业送来一批油脂，这批油脂在加工过程中添加有抗氧化剂没食子酸丙酯（PG），需要检测 PG 在油脂中的残留量是否符合标准。

◎ **相关知识**

一、定义

日常生活中常会遇到这样的情形：含油脂的食品会酸败、褐变、变味儿，导致食品不能食用。其原因是食品在储存过程中发生了一系列化学、生物变化，尤其是氧化反应，即在酶或某些金属的催化作用下，食品中所含易于氧化的成分与空气中的氧反应，生成醛、酮、醛酸、酮酸等一系列酸败物质。因此，为防止或延缓食品成分的氧化变质，需在其加工过程中加入一定的抗氧化剂，以保持食品的质量。

食品抗氧化剂是指能防止或延缓食品氧化，提高食品的稳定性和延长贮存期的食品添加剂。

二、食品抗氧化剂应具备的条件

（1）具有优良的抗氧化效果。

（2）本身及分解产物都无毒无害。

（3）稳定性好，与食品可以共存，对食品的感官性质（包括色、香、味等）无影响。

（4）使用方便，价格便宜。

三、食品抗氧化剂分类

（1）抗氧化剂按来源可分为人工合成抗氧化剂和天然抗氧化剂（如茶多酚、植酸等）。

（2）抗氧化剂按溶解性可分为油溶性、水溶性和兼容性三类。油溶性抗氧化剂有 BHA、BHT 等；水溶性抗氧化剂有抗坏血酸、茶多酚等；兼容性抗氧化剂有抗坏血酸棕榈酸酯等。

（3）抗氧化剂按照作用方式可分为自由基吸收剂、金属离子螯合剂、氧清除剂、过氧化物分解剂、酶抗氧化剂、紫外线吸收剂或单线态氧淬灭剂等。

常用的抗氧化剂有茶多酚、生育酚、黄酮类、丁基羟基茴香醚、二丁基羟基甲苯、叔丁基对苯二酚等。

四、食品抗氧化剂使用的注意事项

充分了解抗氧化剂的性能；正确掌握抗氧化剂的添加时机；掌握抗氧化剂及增效剂、稳定剂的复配使用；选择合适的添加量；控制影响抗氧化剂作用效果的因素。

五、抗氧化剂的作用机理

（1）通过抗氧化剂的还原反应，降低食品内部及其周围的氧含量，有些抗氧化剂如抗坏血酸与异抗坏血酸本身极易被氧化，能使食品中的氧首先与其反应，从而避免了油脂的氧化。

（2）抗氧化剂释放出氢原子与油脂自动氧化反应产生的过氧化物结合，中断连锁反应，从而阻止氧化过程继续进行。

（3）通过破坏、减弱氧化酶的活性，使其不能催化氧化反应的进行。

（4）将能催化及引起氧化反应的物质封闭，如络合能催化氧化反应的金属离子等。

近年来，人们对化学合成品的疑虑使天然抗氧化剂受到越来越多的重视。例如，经生物发酵形成的异抗坏血酸的用量上升很快；茶多酚是我国近年开发的天然抗氧化剂，在国内外颇受欢迎，其抗氧活性约比维生素 E 高 20 倍，且具有一定的抑菌作用。无论是天然还是人工抗氧化剂都不是十全十美的，因食品的种类、性质、加工方法各不相同，一种抗氧化剂很难满足多种多样的产品要求，所以出现了多种抗氧化剂配合使用的现象。

六、抗氧化剂的测定方法

食品中的没食子酸丙酯（PG）、2,4,5 - 三羟基苯丁酮（THBP）、叔丁基对苯二酚（TBHQ）、去甲二氢愈创木酸（NDGA）、丁基羟基茴香醚（BHA）、2,6 - 二叔丁基 - 4 - 羟甲基苯酚（Ionox - 100）、没食子酸辛酯（OG）、2,6 - 二叔丁基对甲基苯酚（BHT）、没食子酸十二酯（DG）等 9 种抗氧化剂常用高效液相色谱法、液相色谱串联质谱法、气相色谱质谱法、气相色谱法以及比色法来进行测定。

实训任务 油脂中没食子酸丙酯（PG）含量的测定

一、实训目的

❖ 能根据样品来选择合适的分析方法。
❖ 掌握标准曲线的绘制方法。
❖ 掌握样品的预处理方法。
❖ 会对样品进行检测，并能根据产品质量标准来判断其含量是否符合要求。
❖ 培养学生实事求是、科学严谨的工作态度，树立学生的社会责任感。

二、采用的标准方法

参照《食品安全国家标准　食品中 9 种抗氧化剂的测定》（GB 5009.32—2016）第五法——比色法。

三、原理

试样经石油醚溶解，用乙酸铵水溶液提取后，没食子酸丙酯与亚铁酒石酸盐起颜色反应，在波长 540 nm 处测定吸光度，与标准比较定量。

四、试剂（表 4 – 18）

表 4 – 18　试剂

名称	浓度	配制方法
石油醚	—	—
乙酸铵溶液	100 g/L	称取 10 g 乙酸铵加适量水溶解，转移至 100 mL 容量瓶中，加水定容至刻度
乙酸铵溶液	16.7 g/L	称取 16.7 g 乙酸铵加适量水溶解，转移至 1 000 mL 容量瓶中，加水定容至刻度
显色剂	—	称取 0.1 g 硫酸亚铁和 0.5 g 酒石酸钾钠，加水溶解，稀释至 100 mL，临用前配制
PG 标准溶液	50.0 μg/mL	准确称取 0.010 0 g PG 溶于水中，移入 200 mL 容量瓶中，并用水稀释至刻度

五、主要仪器（表4-19）

表4-19 主要仪器

名称	参考图片	使用方法
电子分析天平		先调平，使仪器的水平泡位于中间位置；开机预热20 min，用校正砝码校准仪器；称量
可见光分光光度计		打开电源开关预热，调节波长，用黑体和空白比色皿校正仪器，测量样品，清洗比色皿，关机

六、操作步骤

1. 标准曲线的绘制

准确吸取0 mL、1.0 mL、2.0 mL、4.0 mL、6.0 mL、8.0 mL、10.0 mL PG标准溶液（相当于0 μg、50 μg、100 μg、200 μg、300 μg、400 μg、500 μg PG），分别置于25 mL带塞比色管中，加入2.5 mL乙酸铵溶液（100 g/L），加入水至约23 mL，加入1 mL显色剂，再准确加水定容至25 mL，摇匀。

用1 cm比色杯，以零管调节零点，在波长540 nm处测定吸光度，绘制标准曲线。

2. 试样制备与提取

称取10.00 g油脂样品，用100 mL石油醚溶解后，移入250 mL分液漏斗中，加20 mL乙酸铵溶液（16.7 g/L），振摇2 min，静置分层，将水层放入125 mL分液漏斗中（如乳化，连同乳化层一起放下），石油醚层再用20 mL乙酸铵溶液（16.7 g/L）重复提取2次，合并水层。石油醚层用水振摇洗涤2次，每次15 mL，水洗涤并入同一125 mL分液漏斗中，振摇静置。将水层通过干燥滤纸滤入100 mL容量瓶中，用少量水洗涤滤纸，加水至刻度，摇匀。将此溶液用滤纸过滤，弃去初滤液的20 mL。收集滤液供比色测定用。同时做空白试验。

3. 测定

移取20.0 mL上述处理后的试样提取液于25 mL具塞比色管中，加入1 mL显色剂，加4 mL水，摇匀。用1 cm比色杯，以零管调节零点，在波长540 nm处测定吸光度，根据标准曲线进行比较定量。

4. 结果计算

试样中抗氧化剂的含量按式（4-8）计算：

$$X = \frac{A}{m \times \frac{V_2}{V_1}} \tag{4-8}$$

式中，*X*——试样中没食子酸丙酯含量，mg/kg；

　　　A——样液中没食子酸丙酯的质量，μg；

　　　V_2——测定用吸取样液的体积，mL；

　　　V_1——提取后样液总体积，mL；

　　　m——试样质量，g；

　　计算结果保留三位有效数字（或保留到小数点后两位）。在重复性条件下获得的两次独立测定结果的绝对差值不得超过算术平均值的10%。

七、注意事项

（1）本方法的定量限为：25 mg/kg。

（2）试样提取过程中要注意合并水层。

请将实训过程中的原始数据填入表4－20的实训任务单。

表4－20　实训任务单

_____中没食子酸丙酯（PG）含量的测定			实训任务单	班级	
				姓名	
				学号	

1. 样品信息

样品名称		检测项目	
生产单位		检测依据	
生产日期及批号		检测日期	

2. 检测方法 _____

3. 实训过程

4. 检测过程中数据记录

样品1的质量/g			样品2的质量/g		
样品处理液的总体积/mL			比色时取样品处理液的体积/mL		
比色管号	PG 标准溶液用量/mL	PG 的含量/(mg·L^{-1})	吸光度		
			1	2	平均
0	0				
1	1.0				
2	2.0				

比色管号	PG 标准溶液 用量/mL	PG 的含量 /(mg·L^{-1})	吸光度		
			1	2	平均
3	4.0				
4	6.0				
5	8.0				
6	10.0				
样品 1	—	—			
样品 2	—	—			

5. 标准曲线的绘制

方程 _____ $R^2 =$ _____

6. 计算

计算公式：

计算过程：

7. 结论

产品质量标准		要求	
实训结果			
合格	□ 是	□ 否	

8. 实训总结

请根据表 4-21 的评分标准进行实训任务评价，并将相关评分填入其中，根据得分情况进行实训总结

表 4 - 21   评分细则

_____中没食子酸丙酯（PG）含量的测定		实训日期：	
姓名：	班级：	学号：	导师签名：
自评：（　　）分	互评：（　　）分	师评：（　　）分	
日期：	日期：	日期：	

没食子酸丙酯（PG）含量测定的评分细则（分光光度法）

序号	评分项	得分条件	分值/分	评分要求	自评（30%）	互评（30%）	师评（40%）
1	试剂配制	□ 1. 能正确称量 □ 2. 能正确进行溶解 □ 3. 能正确对溶解用的烧杯进行涮洗 □ 4. 能正确进行稀释或定容 □ 5. 能按要求对配制的试剂进行存放	10	失误一项扣2分	得分：（　） 扣分项：	得分：（　） 扣分项：	得分：（　） 扣分项：
2	系列标准溶液的配制	□ 1. 能正确使用移液管 □ 2. 在操作过程无试剂污染现象 □ 3. 能正确进行定容	12	失误一项扣4分	得分：（　） 扣分项：	得分：（　） 扣分项：	得分：（　） 扣分项：
3	标准曲线的绘制	□ 1. 能正确对分光光度计进行校正 □ 2. 能正确测量吸光度 □ 3. 能正确使用 Excel 进行标准曲线制作 □ 4. 标准曲线的 R^2 能达到试验要求	12	失误一项扣3分	得分：（　） 扣分项：	得分：（　） 扣分项：	得分：（　） 扣分项：
4	样品的处理	□ 1. 能准确称量 □ 2. 能正确转移溶液到容量瓶 □ 3. 能正确操作分液漏斗 □ 4. 能正确放出并合并水层 □ 5. 能正确进行定容 □ 6. 能正确进行过滤操作	18	失误一项扣3分	得分：（　） 扣分项：	得分：（　） 扣分项：	得分：（　） 扣分项：
5	样品的测定	□ 1. 能正确吸取样品溶液 □ 2. 能正确进行显色操作 □ 3. 能正确对分光光度计进行校正 □ 4. 能正确测量吸光度	12	失误一项扣3分	得分：（　） 扣分项：	得分：（　） 扣分项：	得分：（　） 扣分项：

序号	评分项	得分条件	分值/分	评分要求	自评 （30%）	互评 （30%）	师评（40%）
6	数据记录与结果分析	□ 1. 能如实记录检测数据 □ 2. 能正确进行可疑数据的取舍 □ 3. 能正确进行结果计算 □ 4. 两次平行测定结果的精密度符合标准要求 □ 5. 能正确进行产品质量判断	15	失误一项扣3分	得分：（ ） 扣分项：	得分：（ ） 扣分项：	得分：（ ） 扣分项：
7	表单填写与撰写报告的能力	□ 1. 语句通顺、字迹清楚 □ 2. 前后关系正确 □ 3. 无涂改 □ 4. 无抄袭	12	失误一项扣3分	得分：（ ） 扣分项：	得分：（ ） 扣分项：	得分：（ ） 扣分项：
8	其他	□ 1. 清洁操作台面，器材清洁干净并摆放整齐 □ 2. 废液、废弃物处理合理 □ 3. 遵守实验室规定，操作文明、安全	9	失误一项扣3分	得分：（ ） 扣分项：	得分：（ ） 扣分项：	得分：（ ） 扣分项：
总分：							

◎ 知识拓展

一、常见抗氧化剂在食品中的最大使用量（表4-22）

表4-22 常见抗氧化剂在食品中的最大使用量

名称	使用范围	最大使用量/（g·kg⁻¹）
没食子酸丙酯（PG）	食用油脂、油炸面制品、腌腊肉制品类（如咸肉、腊肉、板鸭、中式火腿、腊肠）、干制水产品、膨化食品、坚果、方便米面制品、饼干	0.1
丁基羟基茴香醚 （叔丁基-4-羟基茴香醚）（BHA）	食用油脂、油炸面制品、干制水产品、膨化食品、饼干、坚果、方便米面制品	0.2
二丁基羟基甲苯 （2,6-二叔丁基对甲基苯酚）（BHT）		
茶多酚	熟制坚果、油炸面制品、方便面制品膨化食品	0.2
	复合调味料、植物蛋白饮料	0.1

名称	使用范围	最大使用量/(g·kg⁻¹)
茶多酚	水产品类，西式火腿，发酵肉制品类，肉灌肠类，油炸肉类，酱卤肉制品类，熏、烧、烤肉类	0.3
	糕点、焙烤食品馅料及表面用挂浆（仅限含油脂馅料）、腌腊肉制品类（如咸肉、腊肉、板鸭、中式火腿、腊肠）	0.4
抗坏血酸（又名维生素C）	去皮或预切的鲜水果，去皮、切块或切丝的蔬菜	5.0
	小麦粉	0.2
	果蔬汁（浆）	1.5（以即饮状态计，相应的固体饮料按稀释倍数增加使用量）

 练习题

项目四　练习题

项目五　食品中矿物质的检测

知识目标

掌握食品中矿物质的测定原理及测定方法。

技能目标

掌握待测样品的处理方法；掌握系列标准溶液的配制技能；掌握标准曲线的绘制技能；掌握样品的消化方法和操作技能；掌握矿物质测定相关仪器的使用与操作技能。

素质目标

培养学生具有"食品人"这一社会角色的职业意识，使学生树立科学严谨的试验态度，明确自身所肩负的控制和管理生产、保证及监督食品质量以维护食品安全的社会责任，增强其社会责任感。

◎ 项目导入

2017 年 2 月，中央电视台《消费主张》栏目先后通过京东商城、天猫网站、淘宝、麦乐购进口母婴商城及蜜芽进口母婴限时特卖网站，购买了 7 个国家的 19 个品牌的 1 段婴儿配方乳粉，送至国家食品质量安全监督检验中心进行检测。在矿物质检测项目中发现，有 3 款产地为美国的乳粉铁含量最高值达 0.55 mg/100 kJ。

【分析】超出了我国国家标准规定的铁含量在 0.1~0.36 mg/100 kJ 的上限。如果长期饮用，可能造成用铁过量而中毒，会导致消化道出血、肠道出血等状况的发生，轻则恶心呕吐，重则引起肝、肺、肾功能失调。不同国家对婴儿配方乳粉的营养标准是存在差异的。我国应加强对进口婴儿配方乳粉检测力度，选出符合我国食品安全标准要求、最适合中国宝宝体质的乳粉。

◎ 相关知识

一、食品中矿物质及其功能

已知食品中所含的元素有 50 多种，除去 C、H、O、N 这 4 种构成水分和有机物质的元素以外，其他元素统称为矿物质。从元素的性质，可分为金属、非金属两类；从营养学的角度，可分为必需元素、非必需元素和有害元素三类；从人体需要量多少的角度，可分为常量元素、微量元素两类。

含量较多的矿物质有钙、磷、镁、钾、钠、硫、氯 7 种，其含量都在 0.01% 以上或膳食摄入量大于 100 mg/d，被称为常量元素，约占矿物质总量的 80%。微量元素是指其含量在 0.01% 以下或膳食摄入量小于 100 mg/d 的矿物质，有铁、钴、锌、锰、钼、铝、硅、硒、碘、锡、氟等。除了必需的和非必需的元素外，还有一些元素是环境污染物，它们的存在会对人类健康造成危害，称为有害元素。食品中的有害元素主要是铅、砷和汞等重金属。需要注意的是，必需元素和有害元素的划分只是相对而言，即使对人体有重要作用的微量元素如锌、铜、硒等，过量时同样对人体有害。国家食品卫生标准对食品中有害元素的含量都做了严格规定。

矿物质是人体所必需的，在维持体液的渗透压、维持机体的酸碱平衡、酶的活化、构成人体组织等方面，起着十分重要的作用。由于食物中矿物质含量较丰富，分布也较广泛，一般情况下都能满足人体需要，不易引起缺乏，但一些特殊人群或处于婴幼儿期、孕期、青少年期、哺乳期等特殊生理状况期的人，常会出现矿物质缺乏症。测定食品中某些矿物质的含量，对于评价食品的营养价值、开发和生产营养强化食品，具有十分重要的意义。

二、食品中矿物质的来源及测定意义

人体内的矿物质除少量从呼吸道或皮肤进入体内外，大多直接来源于食物。食物中的矿物质主要来自以下几个途径。

（1）来源于食品原料：动植物在生长、成熟过程中从自然界吸纳微量元素，体内富集导致食物中微量元素增加。这部分既包含人体必需的微量元素，也包括由于工业污染、农药和化肥的过量使用而造成的重金属及有毒元素的增加。植物原料在栽培过程中因土质不同，各种微量元素含量亦不同，如栽培环境中的大气、水、土壤污染严重或农药使用不当，就容易造成环境污染。污染到水体的重金属被鱼、虾、贝等水产品所富集，流到土壤中的重金属被农作物所富集，再由家禽、家畜进一步富集，这样重金属的浓度通过食物链逐渐提高，最后通过食品进入人体而造成危害。

（2）来源于食品的加工、保藏、运输和消费过程：若食品加工工艺不当或在保藏、运输和消费过程中采用了不合适的条件，则易使加工和包装器具中的金属元素污染食品，如罐头食品中镀锡马口铁有时被内容物侵蚀，产生溶锡现象；还有的因焊锡涂布不牢而溶锡。有机锡毒性很大，如锡化氢。

食品中矿物质含量的测定已经成为食品分析检验中不可或缺的一个方面，具有很重要的意义。

（1）测定食品中的矿物质含量，对于评价食品的营养价值，开发和生产强化食品具有指导意义。

（2）测定食品中各成分含量有利于食品加工工艺的改进和食品质量的提高。

（3）通过测定食品中重金属含量，可以了解食品污染情况，以便采取相应措施，查清和控制污染源，以保证食品的安全和消费者的健康。

三、食品中矿物质的测定方法

人体缺乏某些微量元素或积累某些有害微量元素对健康都是不利的，这些有益或有害微量元素大都与饮食有关，与食品的生产有关，因此有必要加强对饮食或食品生产全过程的质量监控。

目前，对这些微量元素的监控主要是通过现代分析技术进行检测。食品中矿物质测定的方法很多，常用的方法主要有滴定法、比色法、分光光度法、原子吸收分光光度法、极谱法、离子选择电极法和荧光分光光度法等。

滴定法、比色法作为传统的测定方法虽然仍在用，但由于存在着操作复杂、相对偏差较大的缺陷，正逐渐被国家标准方法淘汰。

分光光度法设备简单、投入较少，且能够达到食品检测标准的基本要求，在一定时期内仍将被广泛采用。

原子吸收分光光度法具有选择性好、灵敏度高、检出限低、准确度高、分析速度快、适用范围广、可同时对多种元素测定、操作简便等优点，得到了迅速发展和推广应用，现可分析 70 种以上元素，已成为矿物质元素测定中最常用的方法。

凡在滴汞电极上可起氧化还原反应的物质，包括金属离子、金属络合物、阴离子和有机化合物，都可用极谱法测定。某些不起氧化还原反应的物质，也可应用间接法测定，因而极谱法的应用范围很广。该法最适宜的测定浓度是 $10^{-4} \sim 10^{-2}$ mol/L，相对误差一般为 $\pm 2\%$，可同时测定 $4 \sim 5$ 种物质（如 Cu、Cd、Ni、Zn、Mn 等），分析所需样品量也很少。

离子选择性电极对微量元素进行测定的优点是简便快速。因为电极对待测离子有一定选择性，一般常可避免烦琐的分离步骤，对有颜色液体、浑浊液和黏稠液，也可直接进行测量，电极响应快，测定所需试样量少。与其他仪器分析比较起来，所需仪器设备较为简单。对于一些用其他方法难以测定的某些离子，如氟离子等，用此法可以得到满意的结果。

原子荧光光谱分析是在 20 世纪 60 年代被提出并发展起来的新型光谱分析技术，吸收了原子吸收和原子发射光谱两种技术优势，并克服了它们某些方面的缺点，具有分析灵敏度高、干扰少、线性范围宽、可多元素同时分析等特点，是一种优良的痕量分析技术。

任务一　食品中钙含量的测定

◎ 任务描述

有企业送来一批乳粉，因不清楚乳粉中的钙含量是否符合要求，故需要对其钙元素含量进行检测。

◎ 相关知识

食品中钙
含量的测定

一、概述

钙是生物必需的元素。对人体而言，无论肌肉、神经、体液和骨骼中，都有用 Ca^{2+} 结合的蛋白质。钙是人类骨骼、牙齿的主要无机成分，也是神经传递、肌肉收缩、血液凝结、激素释放和乳汁分泌等所必需的元素。钙约占人体质量的 1.4%，参与新陈代谢，因此每天必须要补充钙；长期缺钙会影响骨骼和牙齿的生长发育，严重时产生骨质疏松，引发软骨病。钙还参与凝血过程和维持毛细血管的正常渗透压，并影响神经肌肉的兴奋性，缺钙时可引起手足抽搐。

食品中含钙较多的是豆制品、蛋、排骨、酥鱼、虾皮等（表 5-1）。机体对食品中钙的吸收受多种因素的影响，蛋白质、氨基酸、乳糖、维生素有利于钙的吸收，脂肪太多或含镁量过多不利于钙的吸收，草酸、植酸或脂肪酸的阴离子能与钙生成不溶性沉淀，也会影响钙的吸收。菠菜、韭菜、苋菜等蔬菜中含草酸量较高，不但其本身所含钙不能被吸收，而且还影响其他食物中钙的吸收，使有效钙量为负值。为此，对含草酸多的蔬菜，有时不仅要测定钙的量，还要同时测定草酸的量。

表 5-1 部分食品中钙的含量　　　　　单位：mg·$(100\ g)^{-1}$

食品名称	钙含量	食品名称	钙含量	食品名称	钙含量	食品名称	钙含量
黄豆	191	猪肉	11	羊肉	15	鸭蛋	71
鸡肉	11	鸭肉	11	牛乳	120	鲤鱼	25
全脂乳粉	1 030	脱脂乳粉	1 300	鸡蛋	58	对虾	35
芝麻	620	黑豆	224	全蛋粉	186	干虾皮	1 760

中国营养学会制定了成年人钙每日摄入量为 800 mg 的标准，但目前全国人均不足 500 mg。目前钙制剂有如下三代产品：第一代，主要以无机盐为主，其来源为 A、B 两类，A 类主要是动物鲜骨、珍珠粉、贝壳，主要形式是多羟基磷酸钙和碳酸钙，B 类是碳酸钙矿石、化学合成碳酸钙、磷酸氢钙、氯化钙等；第二代，主要以有机盐为主，如乳酸钙、醋酸钙、葡萄糖酸钙、柠檬酸钙等有机钙盐；第三代是具有生物活性结构的有机酸钙，如 L-苏糖酸钙、甘氨酸钙及 L-天冬氨酸钙。这三代钙营养强化剂各有利弊。

二、食品中钙的测定方法

食品中钙含量的测定方法很多，如高锰酸钾滴定法，此法虽有较高的精确度，但需经沉淀、过滤、洗涤等步骤，费时费力，现在较为少用。目前有火焰原子吸收光谱法、滴定法（EDTA 法）、电感耦合等离子体发射光谱法和电感耦合等离子体质谱法。广泛应用的是 EDTA 络合滴定法和原子吸收分光光度法。

实训任务　乳粉中钙含量的测定

一、实训目的

❖ 学会试样的消解操作技能。

❖ 会采用 EDTA 法对样品中的钙含量进行测定，并能根据产品质量标准来判断其含量是否符合要求。

❖ 培养学生实事求是、科学严谨的工作态度，树立学生的社会责任感。

二、采用的标准方法

参照《食品安全国家标准　食品中钙的测定》（GB 5009.92—2016）第二法——滴定法，又称 EDTA 法。

三、原理

在适当的 pH 范围内，钙与 EDTA 形成金属络合物。以 EDTA 滴定，在达到当量点时，溶液呈现游离指示剂的颜色。根据 EDTA 用量，计算钙的含量。

四、试剂（表 5 – 2）

表 5 – 2　试剂

名称	浓度	配制方法
氢氧化钾溶液	1.25 mol/L	称取 70.13 g 氢氧化钾，用水稀释至 1 000 mL，混匀
硫化钠溶液	10 g/L	称取 1 g 硫化钠，用水稀释至 100 mL，混匀
柠檬酸钠溶液	0.05 mol/L	称取 14.7 g 柠檬酸钠，用水稀释至 1 000 mL，混匀
EDTA 溶液	—	称取 4.5 g EDTA，用水稀释至 1 000 mL，混匀，储存于聚乙烯瓶中，4 ℃ 保存。使用时稀释 10 倍即可
钙红指示剂	—	称取 0.1 g 钙红指示剂，用水稀释至 100 mL，混匀
盐酸溶液	1 + 1	量取 500 mL 盐酸（优级纯），与 500 mL 水混合均匀
硝酸溶液	1 + 1	量取 500 mL 硝酸（优级纯），与 500 mL 水混合均匀
镧溶液	20 g/L	称取 23.45 g 氧化镧，先用少量水湿润后再加入 75 mL 盐酸溶液（1 + 1）溶解，转入 1 000 mL 容量瓶中，加水定容至刻度，混匀
钙标准储备液	100.0 mg/L	准确称取 0.249 6 g（精确至 0.000 1 g）碳酸钙（纯度大于 99.99%），加盐酸溶液（1 + 1）溶解，移入 1 000 mL 容量瓶中，加水定容至刻度，混匀

五、主要仪器（表 5 – 3）

表 5 – 3　主要仪器

名称	参考图片	使用方法
高温炉		称取混合均匀的固体样品于坩埚中，在电炉上微火炭化至不再冒烟，再移入高温炉中，灰化成白色灰烬

名称	参考图片	使用方法
电子分析天平		先调平，使仪器的水平泡位于中间位置；开机预热 20 min，用校正砝码校准仪器；称量
可调电炉		开启电源，调节所需的发热量，放上加热容器，加热完毕取下，切断电源
微波消解仪		开机，称样，加溶剂，仪器安装，编辑程序并运行，关机

六、操作步骤

1. 试样制备

将试样混合均匀。在采样和试样制备过程中，应避免试样污染。

2. 试样消解

（1）干法灰化：准确称取固体试样 0.5～5 g（精确至 0.001 g）于坩埚中，小火加热，炭化至无烟，转移至高温炉中，于 550 ℃灰化 3～4 h。冷却，取出。对于灰化不彻底的试样，加数滴硝酸，小火加热，小心蒸干，再转入 550 ℃高温炉中，继续灰化 1～2 h，至试样呈白灰状，冷却，取出，用适量硝酸溶液（1＋1）溶解转移至容量瓶中，用水定容至 25 mL。根据实际测定需要进行稀释，并在稀释液中加入一定体积的镧溶液（20 g/L），使其在最终稀释液中的浓度为 1 g/L，混匀备用，此为试样待测液。同时做试剂空白试验。

（2）湿法消解：准确称取固体试样 0.2～3 g（精确至 0.001 g）于带刻度消化管中，加入 10 mL 硝酸、0.5 mL 高氯酸，在可调式电热炉上消解［参考条件：120 ℃/（0.5～1 h）、升至 180 ℃/（2～4 h）、升至 200～220 ℃］。若消化液呈棕褐色，再加硝酸，消解至冒白烟，消化液呈无色透明或略带黄色。取出消化管，冷却后将消化液转移至 25 mL 容量瓶中，用少量水洗涤消化管 2～3 次，合并洗涤液于容量瓶中并用水定容至刻度。再根据实际测定需要进行稀释，并在稀释液中加入一定体积的镧溶液（20 g/L），使其在最终稀释液中的浓度为 1 g/L，混匀备用，此为试样待测液。同时做试剂空白试验。亦可采用锥形瓶，于可调式电热板上，按上述操作方法进行湿法消解。

3. 滴定度（T）的测定

吸取 0.500 mL 钙标准储备液（100.0 mg/L）于试管中，加 1 滴硫化钠溶液（10 g/L）和 0.1 mL 柠檬酸钠溶液（0.05 mol/L），加 1.5 mL 氢氧化钾溶液（1.25 mol/L），加 3 滴钙红指示剂，立即以稀释 10 倍的 EDTA 溶液滴定，至指示剂由紫红色变蓝色为止，记录所消耗的稀释 10 倍的 EDTA 溶液的体积。根据滴定结果计算出每毫升稀释 10 倍的 EDTA 溶液相当于钙的毫克数，即滴定度（T）。同时做平行试验。

4. 试样及空白滴定

分别吸取 0.100～1.00 mL（根据试样中钙的含量而定）试样消解液及等量空白消解液分别于试管中，加 1 滴硫化钠溶液（10 g/L）和 0.1 mL 柠檬酸钠溶液（0.05 mol/L），加 1.5 mL 氢氧化钾溶液（1.25 mol/L），加 3 滴钙红指示剂，立即以稀释 10 倍的 EDTA 溶液滴定，至指示剂由紫红色变蓝色为止，记录所消耗的稀释 10 倍的 EDTA 溶液的体积。同时做平行试验。

5. 结果计算

试样中钙的含量按式（5-1）计算：

$$X = \frac{T \times (V_1 - V_0) \times V_2 \times 1\,000}{m \times V_3} \tag{5-1}$$

式中，X——试样中钙的含量，mg/kg 或 mg/L；

　　　T——EDTA 滴定度，mg/mL；

　　　V_1——滴定试样消解液时所消耗的稀释 10 倍的 EDTA 溶液的体积，mL；

　　　V_0——滴定空白消解液时所消耗的稀释 10 倍的 EDTA 溶液的体积，mL；

　　　V_2——试样消化液的定容体积，mL；

　　　V_3——滴定用试样待测液的体积，mL；

　　　m——试样质量或移取体积，g 或 mL；

　　　1 000——换算系数。

计算结果保留三位有效数字。在重复性条件下获得的两次独立测定结果的绝对差值不得超过算术平均值的 10%。

七、注意事项

（1）试验中使用重蒸水可以减少实验误差。

（2）所有玻璃器皿均需硝酸溶液（1 + 5）浸泡过夜，用自来水反复冲洗，最后用水冲洗干净、烘干。

（3）钙标准溶液和 EDTA 溶液配制后应储存于聚乙烯瓶内，4 ℃保存。

（4）加入柠檬酸钠的目的是除去其他离子的干扰。

（5）钙红指示剂须储存于冰箱中，可保持 1.5 个月以上。

（6）以称样量 4 g（或 4 mL），定容至 25 mL，吸取 1.00 mL 试样消化液测定时，方法的定量限为 100 mg/kg（或 100 mg/L）。

请将实训过程中的原始数据填入表 5-4 的实训任务单。

表 5 – 4 　实训任务单

_____ 中钙含量的测定	实训任务单	班级	
		姓名	
		学号	

1. 样品信息

样品名称		检测项目	
生产单位		检测依据	
生产日期及批号		检测日期	

2. 检测方法 _____

3. 实训过程

4. 检测过程中数据记录

测定次数	1	2	3
试样的质量/g			
EDTA 滴定度/$(mg \cdot mL^{-1})$			
试样消解液的总体积/mL			
滴定用试样消解液的体积/mL			
滴定试样消解液时所消耗的稀释 10 倍的 EDTA 溶液的体积/mL			
滴定空白消解液时所消耗的稀释 10 倍的 EDTA 溶液的体积/mL			

5. 计算

计算公式：	计算过程：

6. 结论			
产品质量标准		要求	
实训结果			
合格	□是	□否	

7. 实训总结

　　请根据表5-5的评分标准进行实训任务评价，并将相关评分填入其中，根据得分情况进行实训总结

表5-5　评分标准

＿＿＿＿＿＿中钙含量的测定				实训日期：			导师签名：
姓名：		班级：		学号：			
自评：（　　）分		互评：（　　）分		师评：（　　）分			
日期：		日期：		日期：			

钙含量测定的评分细则（EDTA法）

序号	评分项	得分条件	分值/分	评分要求	自评（30%）	互评（30%）	师评（40%）
1	试剂配制	□ 1. 能正确使用电子分析天平 □ 2. 能正确进行溶解操作 □ 3. 能正确转移溶液 □ 4. 能正确使用容量瓶 □ 5. 能按要求对配制的试剂进行存放	10	失误一项扣2分	得分：（　） 扣分项：	得分：（　） 扣分项：	得分：（　） 扣分项：
2	样品的消化	□ 1. 能准确使用天平 □ 2. 能正确进行消解操作 □ 3. 能正确转移消解液 □ 4. 能正确进行定容操作	12	失误一项扣3分	得分：（　） 扣分项：	得分：（　） 扣分项：	得分：（　） 扣分项：

序号	评分项	得分条件	分值/分	评分要求	自评（30%）	互评（30%）	师评（40%）
3	样品的测定	□ 1. 能正确使用吸量管吸取消解液溶液 □ 2. 能正确使用试管 □ 3. 能正确使用滴定管进行滴定操作 □ 4. 能正确判断滴定终点 □ 5. 能正确读取滴定管读数	40	失误一项扣 8 分	得分：（　） 扣分项：	得分：（　） 扣分项：	得分：（　） 扣分项：
4	数据记录与结果分析	□ 1. 能及时规范、整洁地填写原始记录 □ 2. 能正确进行可疑数据的取舍 □ 3. 能准确进行结果计算 □ 4. 两次平行测定结果的精密度符合要求 □ 5. 能正确进行产品质量判断	20	失误一项扣 4 分	得分：（　） 扣分项：	得分：（　） 扣分项：	得分：（　） 扣分项：
5	表单填写与撰写报告的能力	□ 1. 语句通顺、字迹清楚 □ 2. 前后逻辑关系正确 □ 3. 无涂改 □ 4. 无抄袭	10	失误一项扣 2.5 分	得分：（　） 扣分项：	得分：（　） 扣分项：	得分：（　） 扣分项：
6	其他	□ 1. 清洁操作台面，器材清洁干净并摆放整齐 □ 2. 废液、废弃物处置合理 □ 3. 遵守实验室规定，操作文明、安全 □ 4. 标识规范	8	失误一项扣 2 分	得分：（　） 扣分项：	得分：（　） 扣分项：	得分：（　） 扣分项：

总分：

知识拓展

食品中钙含量的测定——火焰原子吸收光谱法

1. 原理

试样经消解处理后，加入镧溶液作为释放剂，经原子吸收火焰原子化，在 422.7 nm 处测定的吸光度值在一定浓度范围内与钙含量成正比，与标准系列比较定量。

2. 试剂

（1）硝酸溶液（5+95）：量取 50 mL 硝酸，加入 950 mL 水，混匀。

（2）硝酸溶液（1+1）：量取 500 mL 硝酸，与 500 mL 水混合均匀。

（3）盐酸溶液（1+1）：量取 500 mL 盐酸，与 500 mL 水混合均匀。

（4）镧溶液（20 g/L）：称取 23.45 g 氧化镧，先用少量水湿润后再加入 75 mL 盐酸溶液（1+1）溶解，转入 1 000 mL 容量瓶中，加水定容至刻度，混匀。

（5）钙标准储备液（1 000 mg/L）：准确称取 2.496 3 g（精确至 0.000 1 g）碳酸钙（纯度 >99.99%），加盐酸溶液（1+1）溶解，移入 1 000 mL 容量瓶中，加水定容至刻度，混匀。

（6）钙标准中间液（100 mg/L）：准确吸取钙标准储备液（1 000 mg/L）10 mL 于 100 mL 容量瓶中，加硝酸溶液（5+95）至刻度，混匀。

3. 仪器

（1）原子吸收光谱仪：配火焰原子化器、钙空心阴极灯。

（2）电子分析天平：感量为 1 mg 和 0.1 mg。

（3）可调式电热板。

（4）可调式电炉。

（5）高温炉。

（6）微波消解仪。

4. 操作步骤

（1）试样制备：在采样和试样制备过程中，应避免试样污染。

①粮食、豆类样品：样品去除杂物后，粉碎，储于塑料瓶中。

②蔬菜、水果、鱼类、肉类等样品：样品用水洗净，晾干，取可食部分，制成匀浆，储于塑料瓶中。

③饮料、酒、醋、酱油、食用植物油、液态乳等液体样品：将样品摇匀。

（2）试样消解。

①干法灰化：准确称取固体试样 0.5~5 g（精确至 0.001 g）或准确移取液体试样 0.500~10.0 mL 于坩埚中，小火加热，炭化至无烟，转移至高温炉中，于 550 ℃ 灰化 3~4 h。冷却，取出。对于灰化不彻底的试样，加数滴硝酸，小火加热，小心蒸干，再转入 550 ℃ 高温炉中，继续灰化 1~2 h，至试样呈白灰状，冷却，取出，用适量硝酸溶液（1+1）溶解转移至 25 mL 容量瓶中，用水定容至刻度。根据实际测定需要进行稀释，并在稀释液中加入一定体积的镧溶液（20 g/L），使其在最终稀释液中的浓度为 1 g/L，混匀备用，此为试样待测液。同时做试剂空白试验。

②湿法消解：准确称取固体试样 0.2~3 g（精确至 0.001 g）或准确移取液体试样 0.500~5.00 mL 于带刻度消化管中，加入 10 mL 硝酸、0.5 mL 高氯酸，在可调式电热炉上消解 [参考条件：120 ℃/（0.5~1 h）、升至 180 ℃/（2~4 h）、升至 200~220 ℃]。若消化液呈棕褐色，再加硝酸，消解至冒白烟，消化液呈无色透明或略带黄色。取出消化管，冷却后将消化液转移至 25 mL 容量瓶中，用少量水洗涤消化管 2~3 次，合并洗涤液于容量瓶中并用水定容至刻度。再根据实际测定需要进行稀释，并在稀释液中加入一定体积的镧溶液（20 g/L），使其在最终稀释液中的浓度为 1 g/L，混匀备用，此为试样待测

液。同时做试剂空白试验。亦可采用锥形瓶，于可调式电热板上，按上述操作方法进行湿法消解。

③微波消解：准确称取固体试样 0.2 ~ 0.8 g（精确至 0.001 g）或准确移取液体试样 0.500 ~ 3.00 mL 于微波消解罐中，加入 5 mL 硝酸，按照微波消解的操作步骤消解试样，消解参考条件（120 ℃/升温 5 min 恒温 5 min、升至 160 ℃/升温 5 min 恒温 10 min、升至 180 ℃/升温 5 min 恒温 10 min）。冷却后取出消解罐，在电热板上于 140 ~ 160 ℃ 赶酸至 1 mL 左右。消解罐放冷后，将消化液转移至 25 mL 容量瓶中，用少量水洗涤消解罐 2 ~ 3 次，合并洗涤液于容量瓶中并用水定容至刻度。根据实际测定需要进行稀释，并在稀释液中加入一定体积镧溶液（20 g/L），使其在最终稀释液中的浓度为 1 g/L，混匀备用，此为试样待测液。同时做试剂空白试验。

（3）测定：

①仪器参考条件：波长 422.7 nm，狭缝 1.3 nm，灯电流 5 ~ 15 mA，燃烧头高度 3 mm，空气流量 9 L/min，乙炔流量 2 L/min。

②标准曲线的制作：钙标准系列溶液配制：分别吸取钙标准中间液（100 mg/L）0 mL、0.500 mL、1.00 mL、2.00 mL、4.00 mL、6.00 mL 于 100 mL 容量瓶中，分别在各容量瓶中加入 5 mL 镧溶液（20 g/L），最后加硝酸溶液（5 + 95）定容至刻度，混匀，待测。此钙标准系列溶液中钙的质量浓度分别为 0 mg/L、0.500 mg/L、1.00 mg/L、2.00 mg/L、4.00 mg/L 和 6.00 mg/L。

注：可根据仪器的灵敏度及样品中钙的实际含量确定标准溶液系列中元素的具体浓度。

将不同浓度的钙标准系列溶液按浓度由低到高的顺序分别导入火焰原子化器，测定吸光度值，记录其对应的吸光度，以标准系列溶液中钙的质量浓度为横坐标，对应的吸光度值为纵坐标，制作标准曲线。

③试样溶液的测定：在与测定标准溶液相同的试验条件下，将空白溶液和试样待测液分别导入原子化器进行测定，并记录其相应的吸光度值，与标准系列比较定量。

5. 结果计算

试样中钙的含量按式（5 - 2）计算：

$$X = \frac{(\rho - \rho_0) \times f \times V}{m} \qquad (5 - 2)$$

式中，X——试样中钙的含量，mg/kg 或 mg/L；

ρ——试样待测液中钙的质量浓度，mg/L；

ρ_0——空白溶液中钙的质量浓度，mg/L；

f——试样消化液的稀释倍数；

V——试样消化液的定容体积，mL；

m——试样质量或移取体积，g 或 mL。

当钙含量大于或等于 10.0 mg/kg 或 10.0 mg/L 时，计算结果保留三位有效数字；当钙含量小于 10.0 mg/kg 或 10.0 mg/L 时，计算结果保留两位有效数字。

在重复性条件下获得的两次独立测定结果的绝对差值不得超过算术平均值的 10%。

6. 注意事项

（1）所用试剂均为分析纯以上。

（2）所用水为 GB/T 6682—2008 规定的二级水。

（3）所有玻璃器皿及聚四氟乙烯消解内罐均需用硝酸溶液（1+5）浸泡过夜，用自来水反复冲洗，最后用蒸馏水冲洗干净。

任务二　食品中铁含量的测定

◎ 任务描述

有企业送来一批乳粉，因不清楚乳粉中的铁含量是否符合标准，故需要对其铁元素含量进行检测。

◎ 相关知识

食品中铁含量的测定

一、概述

铁是人体必需的微量元素，是最广泛存在于自然界的金属，也是人们生活中经常接触的。铁是人体内血红蛋白、肌球蛋白和细胞色素中的重要组分，它参与血液中氧的运输作用，又能促进脂肪氧化，所以铁是人体内不可缺少的重要元素之一。人体每日都必须摄入定量的铁。《中国居民膳食营养素参考摄入量（2023 年版）》规定，成年男性铁的每日适宜摄入量（RNI）是 12 mg，成年女性是 20 mg，青少年是 15 ~ 18 mg。成人的可耐受最高摄入量（UL）为 42 mg/d。缺乏铁会引起低色素性贫血和血浆水平低下等病症，铁过量时也会引起血红症等疾病。在肉类、蛋、动物内脏、干果中均有丰富的铁元素（见表 5 - 6）。二价铁很容易氧化成三价铁，食品在储存过程中也常常由于污染了大量的铁而产生金属味，导致色泽加深和食品中的维生素分解等，所以食品中铁的测定不但具有卫生意义，而且具有营养学意义，还可以用于鉴别食品的铁质污染。

表 5 - 6　部分食品中铁的含量　　　　单位：mg·（100 g）$^{-1}$

食品名称	铁含量	食品名称	铁含量	食品名称	铁含量	食品名称	铁含量
牛肉	3.2	猪肉	2.4	羊肉	3.0	鸭蛋	3.2
鸡肉	2.8	鸭肉	3.1	牛乳	0.1	鲤鱼	1.6
全脂乳粉	1.9	脱脂乳粉	0.6	鸡蛋	4.3	花生	1.19
牛肝	0.6	鸡蛋黄	14.0	猪肝	65.22	白菜	0.98

二、食品中铁含量的测定方法

测定食品中铁含量的方法有很多，有火焰原子吸收光谱法、电感耦合等离子体发射光谱法、电感耦合等离子体质谱法、邻菲罗啉比色法（邻二氮菲比色法）、硫氰酸盐比色法、磺基水杨酸比色法等。

实训任务　乳粉中铁含量的测定

一、实训目的

❖ 能对样品进行处理，并会配制标准溶液。

❖ 会采用火焰原子吸收光谱法对样品中的铁含量进行测定，并能根据产品质量标准来判断其含量是否符合要求。

❖ 培养学生实事求是、科学严谨的工作态度，树立学生的社会责任感。

二、采用的标准方法

参照《食品安全国家标准　食品中铁的测定》（GB 5009.90—2016）第一法——火焰原子吸收光谱法。

三、原理

试样消解后，经原子吸收火焰原子化，在 248.3 nm 处测定吸光度值。在一定浓度范围内，铁的吸光度值与铁含量成正比，与标准系列比较定量。

四、试剂（表 5 - 7）

表 5 - 7　试剂

名称	浓度	配制方法
硝酸溶液	5 + 95	量取 50 mL 硝酸，倒入 950 mL 水中，混匀
硝酸溶液	1 + 1	量取 250 mL 硝酸，倒入 250 mL 水中，混匀
硫酸溶液	1 + 3	量取 50 mL 硝酸，倒入 150 mL 水中，混匀
铁标准储备液	1 000 mg/L	准确称取 0.863 1 g（精确至 0.000 1 g）硫酸铁铵（$NH_4Fe(SO_4)_2 \cdot 12H_2O$，纯度 >99.99%），加水溶解，加 1.00 mL 硫酸溶液（1 + 3），移入 100 mL 容量瓶中，加水定容至刻度，混匀。此铁溶液质量浓度为 1 000 mg/L
铁标准中间液	100 mg/L	准确吸取铁标准储备液（1 000 mg/L）10 mL 于 100 mL 容量瓶中，加硝酸溶液（5 + 95）定容至刻度，混匀。此铁溶液质量浓度为 100 mg/L

五、主要仪器（表5-8）

表5-8 主要仪器

名称	参考图片	使用方法
高温炉		称取混合均匀的固体样品于坩埚中，在电炉上微火炭化至不再冒烟，再移入高温炉中，灰化成白色灰烬
电子分析天平		先调平，使仪器的水平泡位于中间位置；开机预热20 min，用校正砝码校准仪器；称量
原子吸收光谱仪		开机预热，仪器联机初始化，设置参数，点火准备，点火，测定，记录数据，关气，关机
恒温干燥箱		打开电源开关，进行温度设定，开始加热，到达设定温度后恒温
可调电炉		开启电源，调节所需的发热量，放上加热容器，加热完毕取下，切断电源
微波消解仪		开机，称样，加溶剂，仪器安装，编辑程序并运行，关机

六、操作步骤

1. 试样制备

将固体试样混合均匀。

2. 试样消化

（1）湿法消解：准确称取固体试样 0.5~3 g（精确至 0.001 g）于带刻度消化管中，加入 10 mL 硝酸、0.5 mL 高氯酸，在可调式电热炉上消解 [参考条件：120 ℃/（0.5~1 h）、升至 180 ℃/（2~4 h）、升至 200~220 ℃]。若消化液呈棕褐色，再加硝酸，消解至冒白烟，消化液呈无色透明或略带黄色。取出消化管，冷却后将消化液转移至 25 mL 容量瓶中，用少量水洗涤 2~3 次，合并洗涤液于容量瓶中并水定容至刻度，混匀备用。同时做试剂空白试验。亦可采用锥形瓶，于可调式电炉上，按上述操作方法进行湿法消解。

（2）微波消解：准确称取固体试样 0.2~0.8 g（精确至 0.001 g）于微波消解罐中，加入 5 mL 硝酸，按照微波消解的操作步骤消解试样，消解参考条件（120 ℃/升温 5 min 恒温 5 min、升至 160 ℃/升温 5 min 恒温 10 min、升至 180 ℃/升温 5 min 恒温 10 min）。冷却后取出消解罐，在可调电热板上于 140~160 ℃ 赶酸至 1.0 mL 左右。消解罐放冷后，将消化液转移至 25 mL 容量瓶中，用少量水洗涤内罐和内盖 2~3 次，合并洗涤液于容量瓶中并用水定容至刻度，混匀备用。同时做试剂空白试验。

（3）干法灰化：准确称取固体试样 0.5~3 g（精确至 0.001 g）于坩埚中，小火加热，炭化至无烟，转移至高温炉中，于 550 ℃ 灰化 3~4 h，冷却，取出。对于灰化不彻底的试样，加数滴硝酸，小火加热，小心蒸干，再转入 550 ℃ 高温炉中，继续灰化 1~2 h，至试样呈白灰状，冷却，取出，用适量硝酸溶液（1+1）溶解，转移至 25 mL 容量瓶中，用少量水洗涤 2~3 次，合并洗涤液于容量瓶中，并用水定容至刻度，混匀备用。同时做试剂空白试验。

3. 测定

（1）仪器测试条件：波长 248.3 nm，狭缝 0.2 nm，灯电流 5~15 mA，燃烧头高度 3 mm，空气流量 9 L/min，乙炔流量 2 L/min。

（2）标准曲线的制作：铁标准系列溶液配制：分别准确吸取 100 mg/L 铁标准中间液 0 mL、0.50 mL、1.00 mL、2.00 mL、4.00 mL、6.00 mL 于 100 mL 容量瓶中，加硝酸溶液（5+95）定容至刻度，混匀。此铁标准系列溶液中铁的质量浓度分别为 0 mg/L、0.500 mg/L、1.00 mg/L、2.00 mg/L、4.00 mg/L 和 6.00 mg/L。

注：可根据仪器的灵敏度及样品中铁的实际含量确定标准溶液系列中铁的具体浓度。

标准曲线的绘制：将不同浓度的铁标准系列溶液按质量浓度由低到高的顺序分别导入火焰原子化器，测定其吸光度值。以铁标准系列溶液中铁的质量浓度为横坐标，以对应的吸光度值为纵坐标，绘制标准曲线。

（3）试样溶液的测定：在与测定标准溶液相同的试验条件下，将空白溶液和试样待测液分别导入原子化器进行测定，并记录其相应的吸光度值，与标准系列比较定量。

4. 结果计算

试样中铁的含量按式（5-3）计算：

$$X = \frac{(\rho - \rho_0) \times V}{m} \tag{5-3}$$

式中，X——试样中铁的含量，mg/kg 或 mg/L；

ρ——试样待测液中铁的质量浓度，mg/L；

ρ_0——空白溶液中铁的质量浓度，mg/L；

V——试样消化液的定容体积，mL；

m——试样质量或移取体积，g 或 mL。

当铁含量大于或等于 10.0 mg/kg 或 10.0 mg/L 时，计算结果保留三位有效数字；当铁含量小于 10.0 mg/kg 或 10.0 mg/L 时，计算结果保留两位有效数字。

在重复性条件下获得的两次独立测定结果的绝对差值不得超过算术平均值的 10%。

七、注意事项

（1）所有玻璃器皿需用硝酸溶液（1 + 5）浸泡过夜，用自来水反复冲洗，最后用蒸馏水冲洗干净、烘干。

（2）样品消化时注意酸不要烧干，以免发生危险。

（3）当称样量为 0.5 g（或 0.5 mL），定容体积为 25 mL 时，方法检出限为 0.75 mg/kg（或 0.75 mg/L），定量限为 2.5 mg/kg（或 2.5 mg/L）。

请将实训过程中的原始数据填入表 5 - 9 的实训任务单。

表 5 - 9   实训任务单

_____中铁含量的测定		实训任务单	班级	
			姓名	
			学号	

1. 样品信息

样品名称		检测项目	
生产单位		检测依据	
生产日期及批号		检测日期	

2. 检测方法 _____

3. 实训过程

4. 检测过程中数据记录

样品的质量或体积/（g 或 mL）		样品消解液的定容体积/mL	

编号	铁标准使用液用量/mL	铁的质量浓度/(mg·L^{-1})	吸光度值		
			1	2	3
0	0	0			
1	0.50	0.5			
2	1.00	1			

编号	铁标准使用液用量/mL	铁的质量浓度/(mg·L^{-1})	吸光度值		
			1	2	3
3	2.00	2			
4	4.00	4			
5	6.00	6			
样品	—	—			
试样待测液中铁的质量浓度/(mg·L^{-1})					
空白溶液中铁的质量浓度/(mg·L^{-1})					

5. 标准曲线的绘制

回归方程_____ R^2 = _____

6. 计算

计算公式：	计算过程：

7. 结论

产品质量标准		要求	
实训结果			
合格	□ 是	□ 否	

8. 实训总结

请根据表 5-10 的评分标准进行实训任务评价，并将相关评分填入其中，根据得分情况进行实训总结

表 5 –10　评分标准

_____中铁含量的测定		实训日期：	
姓名：	班级：	学号：	导师签名：
自评：（　　）分	互评：（　　）分	师评：（　　）分	
日期：	日期：	日期：	

铁含量的测定评分细则（原子吸收光谱法）

序号	评分项	得分条件	分值/分	评分要求	自评（30%）	互评（30%）	师评（40%）
1	试剂配制	□ 1. 能正确进行称量 □ 2. 能正确进行溶解 □ 3. 能正确对溶解用的烧杯进行涮洗 □ 4. 能正确进行稀释或定容 □ 5. 能按要求对配制的试剂进行存放	10	失误一项扣2分	得分：（　　） 扣分项：	得分：（　　） 扣分项：	得分：（　　） 扣分项：
2	系列标准溶液的配制	□ 1. 能正确使用移液管 □ 2. 在操作过程无试剂污染现象 □ 3. 能正确进行定容	15	失误一项扣5分	得分：（　　） 扣分项：	得分：（　　） 扣分项：	得分：（　　） 扣分项：
3	标准曲线的绘制	□ 1. 能正确熟练操作仪器 □ 2. 能正确编制检测方法 □ 3. 能正确使用 Excel 进行标准曲线制作 □ 4. 标准曲线的 R^2 能达到试验要求	16	失误一项扣4分	得分：（　　） 扣分项：	得分：（　　） 扣分项：	得分：（　　） 扣分项：
4	样品的处理	□ 1. 能准确称量 □ 2. 能正确进行样品消解 □ 3. 能正确进行定容	9	失误一项扣3分	得分：（　　） 扣分项：	得分：（　　） 扣分项：	得分：（　　） 扣分项：
5	样品的测定	□ 1. 能正确操作原子吸收光谱仪 □ 2. 能正确进行试样待测液和空白待测液的测定 □ 3. 能正确打印与测定结果相关的信息	15	失误一项扣5分	得分：（　　） 扣分项：	得分：（　　） 扣分项：	得分：（　　） 扣分项：
6	数据记录与结果分析	□ 1. 能如实记录检测数据 □ 2. 能正确进行可疑数据的取舍 □ 3. 能正确进行结果计算 □ 4. 两次平行测定结果的精密度符合标准要求 □ 5. 能正确进行产品质量判断	15	失误一项扣3分	得分：（　　） 扣分项：	得分：（　　） 扣分项：	得分：（　　） 扣分项：

序号	评分项	得分条件	分值/分	评分要求	自评(30%)	互评(30%)	师评(40%)
7	表单填写与撰写报告的能力	□1. 语句通顺、字迹清楚 □2. 前后关系正确 □3. 无涂改 □4. 无抄袭	12	失误一项扣3分	得分:(　) 扣分项:	得分:(　) 扣分项:	得分:(　) 扣分项:
8	其他	□1. 清洁操作台面,器材清洁干净并摆放整齐 □2. 废液、废弃物处理合理 □3. 遵守实验室规定,操作文明、安全 □4. 标识规范	8	失误一项扣2分	得分:(　) 扣分项:	得分:(　) 扣分项:	得分:(　) 扣分项:

总分:

◎ 知识拓展

食品中铁含量的测定——邻二氮菲测定法

1. 原理

邻二氮菲(又称邻菲罗啉)是测定微量铁的较好试剂。在 pH 为 2~9 的溶液中,二价铁离子可与邻二氮菲生成橙红色络合物,该络合物在波长 510 nm 处有最大吸收,其吸光度与铁含量成正比,可用比色法测定。

2. 试剂

(1) 10% 盐酸羟胺溶液(使用前配制)。

(2) 0.13% 邻二氮菲溶液(新鲜配制)。

(3) 10% 醋酸钠溶液。

(4) 1 mol/L 盐酸溶液。

(5) 铁标准储备液(100 μg/mL):准确称取 0.497 9 g(精确至 0.000 1 g)硫酸亚铁 $[Fe(SO_4)_2 \cdot 6H_2O]$ 溶于 100 mL 水中,加入 5 mL 浓硫酸微热,溶解即滴加 2% 高锰酸钾溶液,至最后一滴红色不褪色为止,用水定容至 1 000 mL,摇匀。

(6) 铁标准使用液(10 μg/mL):准确吸取铁标准储备液(100 μg/mL) 10 mL 于 100 mL 容量瓶中,加水至刻度,混匀。

3. 仪器

分光光度计、电子分析天平、高温炉、可调式电炉。

4. 操作步骤

(1) 试样制备。

在采样和制备过程中,应避免试样污染。

①粮食、豆类样品：样品去除杂物后，粉碎，储于塑料瓶中。

②蔬菜、水果、鱼类、肉类等样品：样品用水洗净，晾干，取可食部分，制成匀浆，储于塑料瓶中。

③饮料、酒、醋、酱油、食用植物油、液态乳等液体样品：将样品摇匀。

（2）试样消化。

①湿法消解：准确称取固体试样 0.5 ~ 3 g（精确至 0.001 g），或准确移取液体试样 1.00 ~ 5.00 mL 于带刻度消化管中，加入 10 mL 硝酸、0.5 mL 高氯酸，在可调式电热炉上消解［参考条件：120 ℃/（0.5 ~ 1 h）、升至 180 ℃/（2 ~ 4 h）、升至 200 ~ 220 ℃］。若消化液呈棕褐色，再加硝酸，消解至冒白烟，消化液呈无色透明或略带黄色。取出消化管，冷却后将消化液转移至 25 mL 容量瓶中，用少量水洗涤 2 ~ 3 次，合并洗涤液于容量瓶中并用水定容至刻度，混匀备用。同时做试剂空白试验。亦可采用锥形瓶，于可调式电炉上，按上述操作方法进行湿法消解。

②微波消解：准确称取固体试样 0.2 ~ 0.8 g（精确至 0.001 g），或准确移取液体试样 1.00 ~ 3.00 mL 于微波消解罐中，加入 5 mL 硝酸，按照微波消解的操作步骤消解试样，消解参考条件（120 ℃/升温 5 min 恒温 5 min、升至 160 ℃/升温 5 min 恒温 10 min、升至 180 ℃/升温 5 min 恒温 10 min）。冷却后取出消解罐，在可调电热板上于 140 ~ 160 ℃赶酸至 1.0 mL 左右。消解罐放冷后，将消化液转移至 25 mL 容量瓶中，用少量水洗涤内罐和内盖 2 ~ 3 次，合并洗涤液于容量瓶中并用水定容至刻度，混匀备用。同时做试剂空白试验。

③干法灰化：准确称取固体试样 0.5 ~ 3 g（精确至 0.001 g），或准确移取液体试样 2.00 ~ 5.00 mL 于坩埚中，小火加热，炭化至无烟，转移至高温炉中，于 550 ℃灰化 3 ~ 4 h。冷却，取出。对于灰化不彻底的试样，加数滴硝酸，小火加热，小心蒸干，再转入 550 ℃高温炉中，继续灰化 1 ~ 2 h，至试样呈白灰状，冷却，取出。用适量硝酸溶液（1 + 1）溶解，转移至 25 mL 容量瓶中，用少量水洗涤 2 ~ 3 次，合并洗涤液于容量瓶中，并用水定容至刻度，混匀备用。同时做试剂空白试验。

（3）标准曲线绘制。

吸取 10 μg/mL 铁标准使用液（标准溶液吸取量可根据样品含铁量高低来确定）0 mL、1.00 mL、2.00 mL、3.00 mL、4.00 mL、5.00 mL 分别置于 50 mL 容量瓶中，另在各容量瓶中加入 1 mol/L 盐酸溶液 1 mL、10% 盐酸羟胺溶液 1 mL、0.13% 邻二氮菲溶液 1 mL、10% 的醋酸钠溶液 5 mL，每加入一种试剂都要摇匀，最后加水稀释定容至刻度，混匀。静置 10 min 后，用 1 cm 比色皿，以不加铁标准使用液的试剂空白液作参比液，在 510 nm 波长处，测定各溶液的吸光度，记录其对应的吸光度值。以标准系列溶液中含铁量为横坐标、吸光度值为纵坐标，绘制标准曲线。

（4）试样溶液的测定：准确吸取试样溶液 5 ~ 10 mL（视含铁量高低而定）于 50 mL 容量瓶中，按标准曲线的操作步骤，加入各种试剂，测定吸光度，记录其相应的吸光度值，与标准系列比较定量，在标准曲线上查出相对应的铁含量（μg）。

5. 结果计算

试样中铁的含量按式（5-4）计算：

$$X = \frac{m_0 \times V_2}{m \times V_1} \qquad\qquad (5-4)$$

式中，X——试样中铁的含量，$\mu g/100\ g$；

m_0——从标准曲线上查得测定用样液相当的铁含量，μg；

V_1——测定用样液的体积，mL；

V_2——样液的定容体积，mL；

m——试样质量，g。

6. 注意事项

（1）配制试剂及测定中用水均是以玻璃仪器重蒸的蒸馏水。

（2）加入试剂的顺序不能任意改变，否则会因为 Fe^{3+} 水解等原因造成较大误差。

（3）邻二氮菲与二价铁在微酸性条件下形成的红色络合物颜色相当稳定，比硫氰酸盐比色法稳定得多。

（4）Cu^{2+}、Ni^{2+}、CO^{2+}、Zn^{2+}、Hg^{2+}、Cd^{2+}、Mn^{2+} 等也能与邻二氮菲生成稳定的络合物，少量时不影响测定，量大时会造成干扰，可加柠檬酸盐或 EDTA 作掩蔽剂或预先分离。

（5）pH 小于 2 时反应进行较慢，而酸度过低又会引起二价铁离子水解，故反应通常在 pH 5 左右的微酸条件下进行。

（6）本法选择性大、干扰少、显色稳定，且灵敏度和精密度都较高。

任务三　食品中锌含量的测定

任务描述

有企业送来一批乳粉，因不清楚乳粉中的锌含量是否符合要求，故需要对其锌元素含量进行检测。

相关知识

食品中锌
含量的测定

一、概述

锌有助于生长发育、智力发育和提高免疫力。锌元素是免疫器官胸腺发育的营养素，只有锌量充足才能有效保证胸腺发育，正常分化 T 淋巴细胞，促进细胞免疫功能的发挥。锌能维持人体正常食欲，缺锌会导致味觉下降，出现厌食、偏食甚至异食。缺乏锌会对人体，特别是生长发育造成严重影响，所以，补充足够的锌是生长发育、智力发育所必需的。平时除了饮食要均衡外，还要适当补充营养。果蔬中含锌量较少，菌藻类食物含锌量多一些（表5-11）。

表 5-11　部分食品中锌的含量　　　　单位：mg·(100 g)⁻¹

食品名称	锌含量	食品名称	锌含量	食品名称	锌含量
猪肥肉	0.2	鸡肉	0.9	黄鱼	3.6
猪瘦肉	3.8	鸡肝	3.9	牛肉	5.0
猪肝	4.0	鸡蛋白	0.1	鸡蛋黄	3.4

二、食品中锌含量的测定方法

食品中锌含量的测定有火焰原子吸收光谱法、电感耦合等离子体发射光谱法、电感耦合等离子体质谱法和二硫腙比色法四种国家标准方法，这四种方法均适用于各种食品中锌的测定。

实训任务　乳粉中锌含量的测定

一、实训目的

❖ 能对样品进行处理，会配制标准溶液。

❖ 会采用二硫腙比色法对样品中的锌含量进行测定，并能根据产品质量标准来判断其含量是否符合要求。

❖ 培养学生实事求是、科学严谨的工作态度，树立学生的社会责任感。

二、采用的标准方法

参照《食品安全国家标准　食品中锌的测定》（GB 5009.14—2017）中第四法——二硫腙比色法。

三、原理

试样经消化后，在 pH 为 4.0～5.5 时，锌离子与二硫腙形成紫红色络合物，溶于四氯化碳，加入硫代硫酸钠，防止铜、汞、铅、铋、银和镉等离子干扰。于 530 nm 处测定吸光度，与标准系列比较定量。

四、试剂（表 5-12）

表 5-12　试剂

名称	浓度	配制方法
硝酸溶液	5+95	量取 50 mL 硝酸，倒入 950 mL 水中，混匀
硝酸溶液	1+9	量取 50 mL 硝酸，倒入 450 mL 水中，混匀
氨水溶液	1+1	吸取 100 mL 氨水，加入 100 mL 水，混匀

名称	浓度	配制方法
氨水溶液	1+99	量取 10 mL 氨水，加入 990 mL 水中，混匀
盐酸溶液	2 mol/L	量取 10 mL 盐酸，加水稀释至 60 mL，混匀
盐酸溶液	0.02 mol/L	吸取 1 mL 盐酸溶液（2 mol/L），加水稀释至 100 mL，混匀
盐酸溶液	1+1	量取 100 mL 盐酸，加入 100 mL 水中，混匀
乙酸钠溶液	2 mol/L	称取 68 g 三水合乙酸钠，加水溶解后稀释至 250 mL，混匀
乙酸溶液	2 mol/L	量取 10 mL 冰乙酸，加水稀释至 85 mL，混匀
二硫腙－四氯化碳溶液	0.1 g/L	称取 0.1 g 二硫腙，用四氯化碳溶解，定容至 1 000 mL，混匀，保存于 0~5 ℃下
乙酸－乙酸盐缓冲液	—	乙酸钠溶液（2 mol/L）与乙酸溶液（2 mol/L）等体积混合，此溶液 pH 为 4.7 左右。用二硫腙－四氯化碳溶液（0.1 g/L）提取数次，每次 10 mL，除去其中的锌，至四氯化碳层绿色不变为止，弃去四氯化碳层，再用四氯化碳提取乙酸－乙酸盐缓冲液中过剩的二硫腙，至四氯化碳无色，弃去四氯化碳层
盐酸羟胺溶液	200 g/L	称取 20 g 盐酸羟胺，加 60 mL 水，滴加氨水溶液（1+1），调节 pH 至 4.0~5.5，加水至 100 mL。用二硫腙－四氯化碳溶液（0.1 g/L）提取数次，每次 10 mL，除去其中的锌，至四氯化碳层绿色不变为止，弃去四氯化碳层，再用四氯化碳提取乙酸－乙酸盐缓冲液中过剩的二硫腙，至四氯化碳无色，弃去四氯化碳层
硫代硫酸钠溶液	250 g/L	称取 25 g 硫代硫酸钠，加 60 mL 水，用乙酸溶液（2 mol/L）调节 pH 至 4.0~5.5，加水至 100 mL。用二硫腙－四氯化碳溶液（0.1 g/L）提取数次，每次 10 mL，除去其中的锌，至四氯化碳层绿色不变为止，弃去四氯化碳层，再用四氯化碳提取乙酸－乙酸盐缓冲液中过剩的二硫腙，至四氯化碳无色，弃去四氯化碳层
二硫腙使用液	—	吸取 1.0 mL 二硫腙－四氯化碳溶液（0.1 g/L），加四氯化碳至 10.0 mL，混匀。用 1 cm 比色杯，以四氯化碳调节零点，于波长 530 nm 处测吸光度（A）。用下式计算出配制 100 mL 二硫腙使用液（57% 透光率）所需的二硫腙－四氯化碳溶液（0.1 g/L）毫升数（V）。量取计算所得体积的二硫腙－四氯化碳溶液（0.1 g/L），用四氯化碳稀释至 100 mL，$V = \dfrac{10 \times (2 - \lg 57)}{A} = \dfrac{2.44}{A}$
酚红指示液	1 g/L	称取 0.1 g 酚红，用乙醇溶解并定容至 100 mL，混匀
锌标准储备液	1 000 mg/L	准确称取 1.244 7 g（精确至 0.000 1 g）氧化锌，加少量硝酸溶液（1+1），加热溶解，冷却后移入 1 000 mL 容量瓶，加水定容至刻度，混匀
锌标准使用液	1.00 mg/L	准确吸取锌标准储备液（1 000 mg/L）1.00 mL 于 1 000 mL 容量瓶中，加硝酸溶液（5+95）定容至刻度，混匀

五、主要仪器（表5-13）

表5-13 主要仪器

名称	参考图片	使用方法
高温炉		称取混合均匀的固体样品于坩埚中，在电炉上微火炭化至不再冒烟，再移入高温炉中，灰化成白色灰烬
电子分析天平		先调平，使仪器的水平泡位于中间位置；开机预热20 min，用校正砝码校准仪器；称量
可见分光光度计		打开电源开关预热，调节波长，用黑体和空白比色皿校正仪器，测量样品，清洗比色皿，关机
可调电炉		开启电源，调节所需的发热量，放上加热容器，加热完毕取下，切断电源

六、操作步骤

1. 试样制备

将固体试样混合均匀。在采样和试样制备过程中，应避免试样污染。

2. 试样消化

（1）湿法消解：准确称取固体试样0.2~3 g（精确至0.001 g）于带刻度消化管中，加入10 mL硝酸、0.5 mL高氯酸，在可调式电热炉上消解［参考条件：120 ℃/（0.5~1 h）、升至180 ℃/（2~4 h）、升至200~220 ℃］。若消化液呈棕褐色，再加少量硝酸，消解至冒白烟，消化液呈无色透明或略带黄色，取出消化管，冷却后将消化液转移至25 mL或50 mL容量瓶中，用少量水洗涤2~3次，合并洗涤液于容量瓶中，并用水定容至刻度，混匀备用。同时做试剂空白试验。亦可采用锥形瓶于可调式电热板上，按上述操作方法进行湿法消解。

（2）干法灰化：准确称取固体试样0.5~5 g（精确至0.001 g）于坩埚中，小火加热，炭化至无烟，转移至高温炉中，于550 ℃灰化3~4 h。冷却，取出，对于灰化不彻底的试样，加数滴硝酸，小火加热，小心蒸干，再转入550 ℃高温炉中，继续灰化1~2 h，至试样呈白灰状，冷却，取出，用适量硝酸溶液（1+1）溶解并用水定容至25 mL或50 mL。同时做试剂空白试验。

3. 测定

（1）仪器参考条件：根据各仪器性能，将参数调至最佳状态。测定波长：530 nm。

（2）标准曲线的制作：准确吸取0 mL、1.00 mL、2.00 mL、3.00 mL、4.00 mL和5.00 mL锌标准使用液（1.00 mg/L）（相当于0 μg、1.00 μg、2.00 μg、3.00 μg、4.00 μg和5.00 μg锌），分别置于125 mL分液漏斗中，各加盐酸溶液（0.02 mol/L）至20 mL。于各分液漏斗中，各加10 mL乙酸-乙酸盐缓冲液、1 mL硫代硫酸钠溶液（250 g/L），摇匀，再各加入10 mL二硫腙使用液，剧烈振摇2 min。静置分层后，经脱脂棉将四氯化碳层滤入1 cm比色杯中，以四氯化碳调节零点，于波长530 nm处测吸光度，以质量为横坐标、吸光度值为纵坐标，制作标准曲线。

（3）试样溶液的测定：准确吸取5.00~10.0 mL试样消化液和相同体积的空白消化液，分别置于125 mL分液漏斗中，加5 mL水、0.5 mL盐酸羟胺溶液（200 g/L），摇匀，再加2滴酚红指示液（1 g/L），用氨水溶液（1+1）调节至红色，再多加2滴。再加5 mL二硫腙-四氯化碳溶液（0.1 g/L），剧烈振摇2 min，静置分层。将四氯化碳层移入另一分液漏斗中，水层再用少量二硫腙-四氯化碳溶液（0.1 g/L）振摇提取，每次2~3 mL，直至二硫腙-四氯化碳溶液（0.1 g/L）绿色不变为止。合并提取液，用5 mL水洗涤，四氯化碳层用盐酸溶液（0.02 mol/L）提取2次，每次10 mL，提取时剧烈振摇2 min，合并盐酸溶液（0.02 mol/L）提取液，并用少量四氯化碳洗去残留的二硫腙。

将上述试样提取液和空白提取液移入125 mL分液漏斗中，各加10 mL乙酸-乙酸盐缓冲液、1 mL硫代硫酸钠溶液（250 g/L），摇匀，再各加入10 mL二硫腙使用液，剧烈振摇2 min。静置分层后，经脱脂棉将四氯化碳层滤入1 cm比色杯中，以四氯化碳调节零点，于波长530 nm处测定吸光度，与标准系列比较定量。

4. 结果计算

试样中锌的含量按式（5-5）计算：

$$X = \frac{(m_1 - m_0) \times V_1}{m_2 \times V_2} \qquad (5-5)$$

式中，X——试样中锌的含量，mg/kg或mg/L；

m_1——测定用试样溶液中锌的质量，μg；

m_0——空白溶液中锌的质量，μg；

m_2——试样质量或移取体积，g或mL；

V_1——试样消化液的定容体积，mL；

V_2——测定用试样消化液的体积，mL。

计算结果保留三位有效数字。在重复性条件下获得的两次独立测定结果的绝对差值不得超过算术平均值的10%。

七、注意事项

（1）当称样量为 1 g（或 1 mL），定容体积为 25 mL 时，方法的检出限为 7 mg/kg（或 7 mg/L），定量限为 21 mg/kg（或 21 mg/L）。

（2）测定时加入硫代硫酸钠、盐酸羟胺和在控制 pH 的条件下，可防止铜、汞、铅、镉、铋等离子的干扰，并能防止二硫腙被氧化。

（3）所有玻璃器皿均需硝酸（1＋5）浸泡过夜，用自来水反复冲洗，最后用蒸馏水冲洗干净。

（4）硫代硫酸钠是较强的络合剂，它不仅络合干扰金属，同时也与锌络合，因此只有使锌从络合物中释放出来，才能被双硫腙提取，而锌的释放又比较缓慢，因此必须剧烈振摇 2 min。

请将实训过程中的原始数据填入表 5－14 的实训任务单。

表 5－14　实训任务单

＿＿＿＿中锌含量的测定		实训任务单	班级	
			姓名	
			学号	

1. 样品信息

样品名称		检测项目	
生产单位		检测依据	
生产日期及批号		检测日期	

2. 检测方法 ＿＿＿＿

3. 实训过程

4. 检测过程中数据记录

试样的质量或体积/（g 或 mL）	
测定用试样消化液的体积/mL	
试样消化液的定容体积/mL	

编号	锌标准使用液用量/mL	锌的质量/μg	吸光度		
			1	2	3
0	0	0			

编号	锌标准使用液用量/mL	锌的质量/μg	吸光度		
			1	2	3
1	1.00	1.00			
2	2.00	2.00			
3	3.00	3.00			
4	4.00	4.00			
5	5.00	5.00			
试样	—	—			
试样溶液中锌的质量/μg					
空白溶液中锌的质量/μg					

5. 标准曲线的绘制

方程 _____ $R^2 =$ _____

6. 计算

计算公式:	计算过程:

7. 结论

产品质量标准		要求	
实训结果			
合格	□ 是	□ 否	

8. 实训总结

请根据表 5-15 的评分标准进行实训任务评价,并将相关评分填入其中,根据得分情况进行实训总结

表 5-15 评分标准

_____中锌含量的测定			实训日期:	
姓名:		班级:	学号:	导师签名:
自评:（ ）分		互评:（ ）分	师评:（ ）分	
日期:		日期:	日期:	

锌含量的测定评分细则（二硫腙比色法）

序号	评分项	得分条件	分值/分	评分要求	自评（30%）	互评（30%）	师评（40%）
1	试剂配制	□1. 能正确称量 □2. 能正确进行溶解 □3. 能正确对溶解用的烧杯进行涮洗 □4. 能正确进行稀释或定容 □5. 能按要求对配制的试剂进行存放	10	失误一项扣2分	得分:（ ） 扣分项:	得分:（ ） 扣分项:	得分:（ ） 扣分项:
2	系列标准溶液的配制	□1. 能正确使用移液管 □2. 在操作过程无试剂污染现象 □3. 能正确进行定容	15	失误一项扣5分	得分:（ ） 扣分项:	得分:（ ） 扣分项:	得分:（ ） 扣分项:
3	标准曲线的绘制	□1. 能正确对分光光度计进行校正 □2. 能正确测量吸光度 □3. 能正确使用 Excel 进行标准曲线制作 □4. 标准曲线的 R^2 能达到试验要求	16	失误一项扣4分	得分:（ ） 扣分项:	得分:（ ） 扣分项:	得分:（ ） 扣分项:
4	样品的处理	□1. 能准确称量 □2. 能正确进行样品消解 □3. 能正确进行定容	12	失误一项扣4分	得分:（ ） 扣分项:	得分:（ ） 扣分项:	得分:（ ） 扣分项:
5	样品的测定	□1. 能正确操作分光光度计 □2. 能正确对分光光度计进行校正 □3. 能正确测量吸光度	12	失误一项扣4分	得分:（ ） 扣分项:	得分:（ ） 扣分项:	得分:（ ） 扣分项:
6	数据记录与结果分析	□1. 能如实记录检测数据 □2. 能正确进行可疑数据的取舍 □3. 能正确进行结果计算 □4. 两次平行测定结果的精密度符合标准要求 □5. 能正确进行产品质量判断	15	失误一项扣3分	得分:（ ） 扣分项:	得分:（ ） 扣分项:	得分:（ ） 扣分项:

序号	评分项	得分条件	分值/分	评分要求	自评（30%）	互评（30%）	师评（40%）
7	表单填写与撰写报告的能力	☐ 1. 语句通顺、字迹清楚 ☐ 2. 前后关系正确 ☐ 3. 无涂改 ☐ 4. 无抄袭	12	失误一项扣3分	得分：（ ） 扣分项：	得分：（ ） 扣分项：	得分：（ ） 扣分项：
8	其他	☐ 1. 清洁操作台面，器材清洁干净并摆放整齐 ☐ 2. 废液、废弃物处理合理 ☐ 3. 遵守实验室规定，操作文明、安全 ☐ 4. 标识规范	8	失误一项扣2分	得分：（ ） 扣分项：	得分：（ ） 扣分项：	得分：（ ） 扣分项：
总分：							

知识拓展

食品中锌含量的测定——火焰原子吸收光谱法

1. 原理

试样消解处理后，经火焰原子化，在 213.9 nm 处测定吸光度。在一定浓度范围内锌的吸光度值与锌含量成正比，与标准系列比较定量。

2. 试剂

（1）硝酸溶液（5 + 95）。

（2）硝酸溶液（1 + 1）。

（3）锌标准储备液（1 000 mg/L）：准确称取 1.244 7 g（精确至 0.000 1 g）氧化锌（ZnO，纯度大于 99.99%），加少量硝酸溶液（1 + 1），加热溶解，冷却后移入 1 000 mL 容量瓶，加水至刻度，混匀。

（4）锌标准中间液（10.0 mg/L）：准确吸取锌标准储备液（1 000 mg/L）1.00 mL 于 100 mL 容量瓶中，加硝酸溶液（5 + 95）至刻度，混匀。

3. 仪器

（1）原子吸收光谱仪：配火焰原子化器，附锌空心阴极灯。

（2）分析天平：感量 0.1 mg 或 1 mg。

（3）可调式电炉。

（4）可调式电热板。

（5）微波消解系统：配聚四氟乙烯消解内罐。

（6）高温炉。

（7）恒温干燥箱。

4. 操作步骤

（1）试样制备：在采样和试样制备过程中，应避免试样污染。

①粮食、豆类样品：样品去除杂物后，粉碎，储于塑料瓶中。

②蔬菜、水果、鱼类、肉类等样品：样品用水洗净，晾干，取可食部分，制成匀浆，储于塑料瓶中。

③饮料、酒、醋、酱油、食用植物油、液态乳等液体样品：将样品摇匀。

（2）试样消化。

①湿法消解：准确称取固体试样 $0.2 \sim 3$ g（精确至 0.001 g）或准确移取液体试样 $0.500 \sim 5.00$ mL 于带刻度消化管中，加入 10 mL 硝酸、0.5 mL 高氯酸，在可调式电热炉上消解［参考条件：120 ℃／（$0.5 \sim 1$ h）、升至 180 ℃（$2 \sim 4$ h）、升至 $200 \sim 220$ ℃］。若消化液呈棕褐色，再加少量硝酸，消解至冒白烟，消化液呈无色透明或略带黄色，取出消化管，冷却后将消化液转移至 $25 \sim 50$ mL 容量瓶中，用少量水洗涤 $2 \sim 3$ 次，合并洗涤液于容量瓶中，并用水定容至刻度，混匀备用。同时做试剂空白试验。亦可采用锥形瓶，于可调式电热板上，按上述操作方法进行湿法消解。

②干法灰化：准确称取固体试样 $0.5 \sim 5$ g（精确至 0.001 g）或准确移取液体试样 $0.500 \sim 10.00$ mL 于坩埚中，小火加热，炭化至无烟，转移至高温炉中，于 550 ℃灰化 $3 \sim 4$ h。冷却，取出，对于灰化不彻底的试样，加数滴硝酸，小火加热，小心蒸干，再转入 550 ℃高温炉中，继续灰化 $1 \sim 2$ h，至试样呈白灰状，冷却，取出，用适量硝酸溶液（$1 + 1$）溶解并用水定容至 25 mL 或 50 mL。同时做试剂空白试验。

③微波消解：准确称取固体试样 $0.2 \sim 0.8$ g（精确至 0.001 g）或准确移取液体试样 $0.500 \sim 3.00$ mL 于微波消解罐中，加入 5 mL 硝酸，按照微波消解的操作步骤消解试样，消解参考条件（120 ℃／升温 5 min 恒温 5 min、升至 160 ℃／升温 5 min 恒温 10 min、升至 180 ℃／升温 5 min 恒温 10 min）。冷却后取出消解罐，在电热板上于 $140 \sim 160$ ℃赶酸至 1 mL 左右。消解罐放冷后，将消化液转移至 25 mL 或 50 mL 容量瓶中，用少量水洗涤消解罐 $2 \sim 3$ 次，合并洗涤液于容量瓶中并用水定容至刻度，混匀备用。同时做试剂空白试验。

（3）测定。

①仪器参考条件：根据各自仪器性能调至最佳状态。参考测定条件：波长 213.9 nm，狭缝 0.2 nm，灯电流 $3 \sim 5$ mA，燃烧头高度 3 mm，空气流量 9 L/min，乙炔流量 2 L/min。

②标准曲线绘制：准确吸取锌标准中间液（10.0 mg/L）0 mL、1.00 mL、2.00 mL、4.00 mL、8.00 mL 和 10.0 mL 分别置于 100 mL 容量瓶中，加硝酸溶液（$5 + 95$）至刻度，混匀。此锌标准系列溶液的质量浓度分别为 0 mg/L、0.100 mg/L、0.200 mg/L、0.400 mg/L、0.800 mg/L 和 1.00 mg/L。可根据仪器的灵敏度及样品中锌的实际含量确定标准系列溶液中锌元素的质量浓度。

将锌标准系列溶液按质量浓度由低到高的顺序分别导入火焰原子化器，原子化后测其吸光度值，以质量浓度为横坐标、吸光度值为纵坐标，制作标准曲线。

③试样溶液的测定：在与测定标准溶液相同的试验条件下，将空白溶液和试样溶液分别导入火焰原子化器，原子化后测其吸光度值，与标准系列比较定量。

5. 结果计算

试样中锌的含量按式（5-6）计算：

$$X = \frac{(\rho - \rho_0) \times V}{m} \qquad (5-6)$$

式中，X——试样中锌的含量，mg/kg 或 mg/L；

ρ——试样溶液中锌的质量浓度，mg/L；

ρ_0——空白溶液中锌的质量浓度，mg/L；

V——试样消化液的定容体积，mL；

m——试样称样量或移取体积，g 或 mL。

当锌含量大于或等于 10.0 mg/kg（或 mg/L）时，计算结果保留三位有效数字；当锌含量小于 10.0 mg/kg（或 mg/L）时，计算结果保留两位有效数字。

在重复性条件下获得的两次独立测定结果的绝对差值不得超过算术平均值的 10%。

6. 注意事项

（1）适用范围：本法适用于各类食品中锌含量的测定。

（2）以称样量 0.5 g（或 0.5 mL）计算，定容体积为 25 mL 时，方法的检出限为 1 mg/kg（或 1 mg/L），定量限为 3 mg/kg（或 3 mg/L）。

（3）一般食品通过样品处理后的试样水溶液直接喷雾进行原子吸收测定即可得出准确的结果，但是当食盐、碱金属以及磷酸盐大量存在时，需用溶剂萃取法将它们提取出来，排除共存盐类的影响。对锌含量较低的样品如蔬菜、水果等，也可采用萃取法将锌浓缩，以提高测定灵敏度。

（4）所有玻璃器皿均需用硝酸（1+5）浸泡过夜，用自来水反复冲洗，最后用蒸馏水冲洗干净。

任务四　食品中碘含量的测定

任务描述

有企业送来一批乳粉，因不清楚乳粉中碘含量是多少，故需要对其碘元素含量进行检测。

相关知识

食品中碘
含量的测定

一、概述

碘是人体的必需微量元素之一，是人体内甲状腺球蛋白、甲状腺激素的重要组分。甲状腺激素对调节体内新陈代谢、促进人体的生长发育、维持机体正常的生理功能等方面起着十分重要的作用。健康成人体内的碘总量为 30 mg，其中 70%~80% 存在于甲状腺。人体对碘的日需要量为 100~150 μg。碘通过甲状腺素发挥生理作用，如促进生物氧化、调节蛋白质合成和分解、促进糖和脂肪代谢、增强酶的活力、调节水盐代谢、促进维生素的吸收利用、促进生长发育。人体中缺乏碘时会引起甲状腺肿和地方性克汀病，缺碘会造成胎儿先天畸形、甲状腺功能减退和智力发育障碍。碘缺乏症多是地区性的，可以通过食用富含碘的食物或加碘盐来治疗。但长期过量摄入碘也会导致甲状腺疾病，继而导致甲状腺功能减退。因此，食品中碘的测定在营养学上具有重要意义。

海带、紫菜、海白菜、海鱼、虾、蟹、贝类含碘很丰富（表5-16）。

表5-16　部分食品中的碘含量　　　　　单位：$\mu g \cdot kg^{-1}$

食品名称	碘含量	食品名称	碘含量	食品名称	碘含量
海带干	240 000	干紫菜	18 000	蛤（干）	2 400
鲜黄花鱼	120	鲜带鱼	80	发菜干	11 800
干贝	1 200	海参	6 000	鱼肚干	480

二、食品中碘含量的测定方法

食品中碘含量的测定方法很多，有氯仿萃取比色法、溴氧化碘滴定法、电感耦合等离子体质谱法（ICP-MS）、氧化还原滴定法、砷铈催化分光光度法和气相色谱法。电感耦合等离子体质谱法适用于食品中碘的测定。氧化还原滴定法适用于藻类及其制品中碘的测定。砷铈催化分光光度法适用于粮食、蔬菜、水果、豆类及其制品、乳及其制品、肉类、鱼类及蛋类食品中碘的测定。气相色谱法适用于婴幼儿配方食品和乳品中营养强化剂碘的测定（特殊医学用途婴儿配方食品及特殊医学用途配方食品除外）。

实训任务　乳粉中碘含量的测定

一、实训目的

❖ 学会试样的制备操作。

❖ 会采用砷铈催化分光光度法对样品中的碘含量进行测定，并能根据产品质量标准来判断其含量是否符合要求。

❖ 培养学生实事求是、科学严谨的工作态度，树立学生的社会责任感。

二、采用的标准方法

参照《食品安全国家标准　食品中碘的测定》（GB 5009.267—2020）第三法——砷铈催化分光光度法。

三、原理

采用碱灰化处理试样，使用碘催化砷铈反应，反应速度与碘含量成定量关系。

$$H_3AsO_3 + 2Ce^{4+} + H_2O \longrightarrow H_3AsO_4 + 2Ce^{3+} + 2H^+$$

反应体系中，Ce^{4+} 为黄色，Ce^{3+} 为无色，用分光光度计测定剩余 Ce^{4+} 的吸光度值，碘含量与吸光度值的对数呈线性关系，通过计算求得食品中总碘的含量。

四、试剂（表 5 – 17）

表 5 – 17　试剂

名称	浓度	配制方法
碳酸钾 – 氯化钠混合溶液	—	称取 30 g 无水碳酸钾和 5 g 氯化钠，溶于 100 mL 水中。常温下可保存 6 个月
硫酸锌 – 氯酸钾混合溶液	—	称取 5 g 氯酸钾于烧杯中，加入 100 mL 水，加热溶解，加入 10 g 硫酸锌，搅拌溶解。常温下可保存 6 个月
硫酸溶液	2.5 mol/L	量取 140 mL 硫酸缓缓注入盛有 700 mL 水的烧杯中，并不断搅拌，冷却至室温，用水稀释至 1 000 mL，混匀
亚砷酸溶液	0.054 mol/L	称取 5.3 g 三氧化二砷、12.5 g 氯化钠和 2.0 g 氢氧化钠置于 1 L 烧杯中，加水约 500 mL，加热至完全溶解后冷却至室温，再缓慢加入 400 mL 2.5 mol/L 硫酸溶液，冷却至室温后用水稀释至 1 L，储于棕色瓶中。常温下可保存 6 个月
硫酸铈铵溶液	0.015 mol/L	称取 9.5 g 硫酸铈铵［$Ce(NH_4)_4(SO_4)_4 \cdot 2H_2O$］或 10.0 g［$Ce(NH_4)_4(SO_4)_4 \cdot 4H_2O$］，溶于 500 mL 2.5 mol/L 硫酸溶液中，用水稀释至 1 L，储于棕色瓶中。常温下可保存 3 个月
氢氧化钠溶液	2 g/L	称取 4.0 g 氢氧化钠溶于 2 000 mL 水中
碘标准储备液	100.0 mg/L	准确称取 0.130 8 g 碘化钾（基准物质，经硅胶干燥器干燥 24 h），用氢氧化钠溶液溶解并定容至 1 000 mL；也可采用经国家认证并授予标准物质证书的碘标准溶液
碘标准中间溶液	10.0 mg/L	移取 10.00 mL 碘标准储备液置于 100 mL 容量瓶中，用氢氧化钠溶液定容
碘标准系列溶液	—	准确吸取中间溶液 0 mL、0.500 mL、1.00 mL、2.00 mL、3.00 mL、4.00 mL、5.00 mL，分别置于 100 mL 容量瓶中，用氢氧化钠溶液定容，碘含量分别为 0.00 μg/L、50.0 μg/L、100 μg/L、200 μg/L、300 μg/L、400 μg/L、500 μg/L

五、主要仪器（表 5 – 18）

表 5 – 18　主要仪器

名称	参考图片	使用方法
高温炉		称取混合均匀的固体样品于坩埚中，在电炉上微火炭化至不再冒烟，再移入高温炉中，灰化成白色灰烬

名称	参考图片	使用方法
电子分析天平		先调平，使仪器的水平泡位于中间位置；开机预热 20 min，用校正砝码校准仪器；称量
分光光度计		打开电源开关预热，调节波长，用黑体和空白比色皿校正仪器，测量样品，清洗比色皿，关机
恒温干燥箱		打开电源开关，进行温度设定，开始加热，到达设定温度后恒温

六、操作步骤

1. 试样制备

将固体试样混合均匀。在采样和试样制备过程中，应避免试样污染。

2. 试样灰化

分别准确移取 0.5 mL 碘标准系列溶液（含碘量分别为 0 ng、25 ng、50 ng、100 ng、150 ng、200 ng 和 250 ng）和精确称取 0.3~1.0 g（精确至 0.001 g）试样于瓷坩埚中，固体试样加 1~2 mL 水，各加入 1 mL 碳酸钾－氯化钠混合溶液，1 mL 硫酸锌－氯酸钾混合溶液，充分搅拌均匀。碘标准系列溶液和试样置于恒温干燥箱中 103 ℃ ±2 ℃干燥 3 h 后，在通风橱中将干燥后的试样在可调电炉上炭化约 30 min（碘标准系列不需炭化），炭化时瓷坩埚加盖留缝，直到试样不再冒烟为止，再将碘标准系列和炭化后的试样加盖置于高温炉中，600 ℃灰化 4 h，待炉温降至室温后取出。灰化好的试样应呈现均匀的白色或浅灰白色。

3. 标准曲线的制作及试样溶液的测定

向灰化后的坩埚中各加入 8 mL 水，静置 1 h，使烧结在坩埚上的灰分充分浸润，搅拌溶解盐类物质，再静置至少 1 h 使灰分沉淀完全（静置时间不应超过 4 h）。吸取上清液 2.0 mL 于试管中（注意：不要吸入沉淀物）。碘标准系列溶液按照从高浓度到低浓度的顺序排列，向各管加入 1.5 mL 亚砷酸溶液，用涡旋混合器充分混匀，使气体放出，然后置于 30 ℃ ±0.2 ℃恒温水浴箱中温浴 15 min。

使用秒表计时，每管间隔时间相同（一般为 30 s 或 20 s），依顺序向各管准确加入 0.5 mL 硫酸铈铵溶液，立即用涡旋混合器混匀，放回水浴中；自第一管加入硫酸铈铵溶液后准确反应 30 min 时，依顺序每管间隔相同时间（一般为 30 s 或 20 s）用 1 cm 比色杯于 405 nm 波长处，用水作参比，测定各管的吸光度值。以吸光度值的对数值为横坐标，以碘质量为纵坐标，绘制工作曲线。根据工作曲线计算试样中碘的质量。

4. 结果计算

试样中碘的含量按式（5-7）计算：

$$X = \frac{m_1}{m_2} \qquad (5-7)$$

式中，X——试样中碘的含量，$\mu g/kg$；

m_1——从标准曲线中查得试样中碘的质量，ng；

m_2——称取的试样质量，g。

计算结果保留三位有效数字。样品中碘元素含量大于 1 mg/kg 时，在重复性条件下获得的两次独立测定结果的绝对差值不得超过算术平均值的 10%；小于或等于 1 mg/kg 且大于 0.1 mg/kg 时，在重复性条件下获得的两次独立测定结果的绝对差值不得超过算术平均值的 15%；小于或等于 0.1 mg/kg 时，在重复性条件下获得的两次独立测定结果的绝对差值不得超过算术平均值的 20%。

七、注意事项

（1）以取样量 0.3 g 计算，方法定量限为 0.1 mg/kg。

（2）室温稳定并不大于 20 ℃，且测试样少于 60 份时，可不使用恒温水浴箱。由于不同室温下催化反应速度不同，可用含碘 250 ng 的标准管作为"监控管"，以监控加入硫酸铈铵后的反应时间，当监控管的吸光度值为 0.3 时，即可开始依顺序测定各管吸光度值，监控管的吸光度值不能用于标准曲线计算。

（3）实验室避免高碘污染。

（4）三氧化二砷以及配制的亚砷酸溶液均为剧毒品，需遵守有关剧毒品操作规程。

请将实训过程中的原始数据填入表 5-19 的实训任务单。

表 5-19 实训任务单

_____中碘含量的测定		实训任务单	班级	
			姓名	
			学号	
1. 样品信息				
样品名称		检测项目		
生产单位		检测依据		
生产日期及批号		检测日期		
2. 检测方法 _____				
3. 实训过程				

_____中碘含量的测定		实训任务单	班级	
			姓名	
			学号	

4. 检测过程中数据记录

试样的质量或体积/(g 或 mL)					
编号	碘标准中间液 用量/mL	碘的含量/ ($\mu g \cdot L^{-1}$)	吸光度		
			1	2	3
0	0	0			
1	0.25	25			
2	0.50	50			
3	1.00	100			
4	1.50	150			
5	2.00	200			
6	2.50	250			
试样	—	—			
从标准曲线中查得试样中碘的质量/ng					

5. 标准曲线的绘制

方程 _____ $R^2 =$ _____

6. 计算

计算公式：	计算过程：

7. 结论

产品质量标准		要求	
实训结果			
合格	□ 是	□ 否	

8. 实训总结

请根据表 5 - 20 的评分标准进行实训任务评价，并将相关评分填入其中，根据得分情况进行实训总结

表 5 – 20　评分标准

_____ 中碘含量的测定		实训日期：	
姓名：	班级：	学号：	导师签名：
自评：（　　　）分	互评：（　　　）分	师评：（　　　）分	
日期：	日期：	日期：	

碘含量的测定评分细则（砷铈催化分光光度法）							
序号	评分项	得分条件	分值/分	评分要求	自评（30%）	互评（30%）	师评（40%）
1	试剂配制	□ 1. 能正确称量 □ 2. 能正确进行溶解 □ 3. 能正确对溶解用的烧杯进行涮洗 □ 4. 能正确进行稀释或定容 □ 5. 能按要求对配制的试剂进行存放	10	失误一项扣 2 分	得分：（　　） 扣分项：	得分：（　　） 扣分项：	得分：（　　） 扣分项：
2	系列标准溶液的配制	□ 1. 能正确使用移液管 □ 2. 在操作过程无试剂污染现象 □ 3. 能正确进行定容	15	失误一项扣 5 分	得分：（　　） 扣分项：	得分：（　　） 扣分项：	得分：（　　） 扣分项：
3	标准曲线的绘制	□ 1. 能正确对分光光度计进行校正 □ 2. 能正确测量吸光度 □ 3. 能正确使用 Excel 进行标准曲线制作，且 R^2 能达到试验要求	15	失误一项扣 5 分	得分：（　　） 扣分项：	得分：（　　） 扣分项：	得分：（　　） 扣分项：
4	试样灰化	□ 1. 能准确使用天平称量 □ 2. 能正确进行炭化操作 □ 3. 能正确进行灰化操作 □ 4. 能正确判断炭化、灰化终点	10	失误一项扣 2.5 分	得分：（　　） 扣分项：	得分：（　　） 扣分项：	得分：（　　） 扣分项：
5	样品的测定	□ 1. 能正确操作分光光度计 □ 2. 能正确对分光光度计进行校正 □ 3. 能正确测量吸光度	15	失误一项扣 5 分	得分：（　　） 扣分项：	得分：（　　） 扣分项：	得分：（　　） 扣分项：
6	数据记录与结果分析	□ 1. 能如实记录检测数据 □ 2. 能正确进行可疑数据的取舍 □ 3. 能正确进行结果计算 □ 4. 两次平行测定结果的精密度符合标准要求 □ 5. 能正确进行产品质量判断	15	失误一项扣 3 分	得分：（　　） 扣分项：	得分：（　　） 扣分项：	得分：（　　） 扣分项：

序号	评分项	得分条件	分值/分	评分要求	自评(30%)	互评(30%)	师评(40%)
7	表单填写与撰写报告的能力	☐ 1. 语句通顺、字迹清楚 ☐ 2. 前后关系正确 ☐ 3. 无涂改 ☐ 4. 无抄袭	12	失误一项扣3分	得分：( ) 扣分项：	得分：( ) 扣分项：	得分：( ) 扣分项：
8	其他	☐ 1. 清洁操作台面，器材清洁干净并摆放整齐 ☐ 2. 废液、废弃物处理合理 ☐ 3. 遵守实验室规定，操作文明、安全 ☐ 4. 标识规范	8	失误一项扣2分	得分：( ) 扣分项：	得分：( ) 扣分项：	得分：( ) 扣分项：
总分：							

◉ 知识拓展

食品中碘含量的测定——氧化还原滴定法

1. 测定原理

样品经炭化、灰化处理后，在酸性介质中，用液溴将碘离子氧化成碘酸根离子，碘酸根在酸性溶液中氧化碘化钾而析出碘，以淀粉溶液作为指示剂，用硫代硫酸钠溶液滴定，计算样品中碘的含量。

$$I^- + 3Br_2 + 3H_2O \longrightarrow IO_3^- + 6H^+ + 6Br^-$$
$$IO_3^- + 5I^- + 6H^+ \longrightarrow 3I_2 + 3H_2O$$
$$I_2 + 2S_2O_3^{2-} \longrightarrow 2I^- + S_4O_6^{2-}$$

2. 试剂

（1）碳酸钠溶液（50 g/L）：称取5 g无水碳酸钠，用水溶解并定容至100 mL。

（2）饱和溴水：量取5 mL液溴置于配有涂凡士林塞子的棕色玻璃瓶中，加水100 mL，充分振荡，使其成为饱和溶液（溶液底部留有少量液溴，操作应在通风橱内进行）。

（3）硫酸溶液（3 mol/L）：量取180 mL硫酸缓缓注入盛有700 mL水的烧杯中并不断搅拌，冷却至室温，用水稀释至1 000 mL，混匀。

（4）硫酸溶液（1 mol/L）：量取57 mL硫酸缓缓注入盛有700 mL水的烧杯中并不断搅拌，冷却至室温，用水稀释至1 000 mL，混匀。

（5）碘化钾溶液（150 g/L）：称取15.0 g碘化钾，用水溶解并稀释至100 mL，储存于棕色瓶中，现用现配。

（6）甲酸钠溶液（200 g/L）：称取20.0 g甲酸钠，用水溶解并稀释至100 mL。

（7）甲基橙溶液（1 g/L）：称取0.1 g甲基橙，溶于100 mL水中。

（8）淀粉溶液（5 g/L）：称取 0.5 g 淀粉于 100 mL 烧杯中，加入 5 mL 水调成糊状，再倒入 100 mL 沸水，搅拌后再煮沸 0.5 min，冷却备用，现用现配。

（9）硫代硫酸钠标准储备液（0.1 mol/L）：称取 26 g 硫代硫酸钠（$Na_2S_2O_3 \cdot 5H_2O$），加 0.2 g 无水碳酸钠，溶于 1 000 mL 水中，缓缓煮沸 10 min，冷却。放置 2 周后过滤、标定。可采用经国家认证并授予标准物质证书的硫代硫酸钠标准溶液。

（10）硫代硫酸钠标准溶液（0.01 mol/L）：吸取 10.0 mL 硫代硫酸钠标准储备液，用新煮沸冷却的水稀释至 100 mL，临用前配制。

（11）硫代硫酸钠标准溶液（0.002 mol/L）：吸取 2.00 mL 硫代硫酸钠标准储备液，用新煮沸冷却的水稀释至 100 mL，临用前配制。

注：根据样品中碘的含量水平选择不同浓度水平的硫代硫酸钠标准溶液。

3. 仪器

（1）高温炉。

（2）分析天平：感量为 0.01 g。

（3）瓷坩埚。

（4）可调式电炉。

（5）恒温干燥箱。

（6）棕色酸式滴定管，25 mL，最小刻度为 0.1 mL。

（7）微量酸式滴定管：1 mL 或 5 mL，最小刻度为 0.01 mL。

（8）碘量瓶。

4. 操作步骤

（1）试样制备：在采样和试样制备过程中，应避免试样污染。

①干样：豆类、谷物、菌类、茶叶、干制水果、焙烤食品等样品，取可食部，经高速粉碎机粉碎，搅拌至均匀；对于固体乳制品、蛋白粉、面粉等呈均匀状的粉状样品，摇匀。

②鲜样：蔬菜、水果、水产品等样品必要时洗净、沥干，取可食部分匀浆至均质；对于肉类、蛋类等样品取可食部分匀浆至均质。

③速冻及罐头食品：经解冻的速冻食品及罐头样品，取可食部分匀浆至均质。

④液态样品：软饮料、调味品等样品摇匀。

（2）试样分析

①称取试样 2~5 g（精确至 0.01 g），置于 50 mL 瓷坩埚中，加入 5~10 mL 碳酸钠溶液，使充分浸润试样，静置 5 min，置于 101~105 ℃恒温干燥箱中将样品烘干，取出。

②将烘干试样加热炭化至无烟，置于 550 ℃ ±25 ℃高温炉中灼烧 40 min，冷却至室温后取出，加入少量水研磨，将溶液及残渣全部转移至 250 mL 烧杯中，并用水冲洗坩埚数次合并至烧杯中，烧杯中溶液总量为 150~250 mL，煮沸 5 min 后趁热用滤纸过滤至 250 mL 碘量瓶中，备用。

③在碘量瓶中加入 2~3 滴甲基橙溶液，用 1 mol/L 硫酸溶液调至红色，加入 5 mL 饱和溴水，加热煮沸至黄色消失。稍冷后加入 5 mL 甲酸钠溶液，加热煮沸 2 min，用水浴冷却至 30 ℃以下，再加入 5 mL 3 mol/L 硫酸溶液，5 mL 碘化钾溶液，盖上瓶盖避光放置 10 min，用硫代硫酸钠标准溶液滴定至溶液呈浅黄色，加入 1 mL 淀粉溶液，继续滴定

至蓝色恰好消失，同时做空白试验，分别记录消耗的硫代硫酸钠标准溶液体积。

5. 结果计算

试样中碘的含量按式（5-8）计算：

$$X = \frac{(V - V_0) \times c \times f \times 21.15}{m} \times 1\,000 \tag{5-8}$$

式中，X——试样中碘的含量，mg/kg；

V——滴定样液消耗硫代硫酸钠标准溶液的体积，mL；

V_0——滴定试剂空白消耗硫代硫酸钠标准溶液的体积，mL；

c——硫代硫酸钠标准溶液的浓度，mol/L；

21.15——与 1.00 mL 硫代硫酸钠标准滴定溶液$[c(Na_2S_2O_3) = 0.100\ mol/L]$相当的碘的质量，g/mol；

f——试样稀释倍数；

m——样品的质量，g；

1 000——单位换算系数。

计算结果保留三位有效数字。在重复性条件下获得的两次独立测定结果的绝对差值不得超过算术平均值的10%。

6. 注意事项

（1）适用范围：本法适用于藻类及其制品中碘的测定。

（2）以称样量 2 g 计算，方法定量限为 2 mg/kg。

 练习题

项目五　练习题

项目六　食品中有毒有害物质的检测

项目导入

2011 年 3 月 15 日，中央电视台新闻频道《每周质量报告》的"3·15"特别节目播出了《"健美猪"真相》，对于河南孟州等地部分养猪场饲喂有"瘦肉精"的生猪流入济源双汇食品有限公司进行了报道。济源双汇分公司瞬间成为众矢之的，双汇集团也一度被推到舆论的风口浪尖。节目播出后，双汇集团立即召开一系列会议进行积极应对，及时发布相关公告声明，并采取"瘦肉精"在线逐头检验的措施，强化源头控制，保证食品安全。

【分析】食品中有毒有害物质的检测是保证食品安全、人民健康的必要措施，其检测方法和操作技能是每一位食品检测人的必备能力。

相关知识

一、有害物质与有毒物质的定义

当某物质或含有该物质的物料被按其原来的用途正常使用时，如因该物质而导致人体生理机能、自然环境或生态平衡遭受破坏，则称该物质为有害物质。

有毒物质是指以小剂量进入机体，通过化学或物理化学作用能够导致健康受损的物质。

二、食品中有毒有害物质的种类与来源

食品中有毒有害物质按其性质可以分为三类：生物性有害物质（黄曲霉、大肠埃希菌、金黄色葡萄球菌等）、化学性有害物质（农药残留、兽药残留、重金属等）和物理性有害物质（金属、塑料等杂质）。它们主要的来源包括：不当地使用农药、兽药；加工、储藏或运输中的污染；包装材料中有害物质的迁移；环境污染物；食品原料中固有的天然有害物质在加工中未去除或未被破坏等。

三、食品中有毒有害物质的检测方法

食品中有毒有害物质的检测方法主要为仪器分析法，包括薄层色谱法、质谱法、气相色谱法、色–质联用法、高效液相色谱法、酶联免疫吸附剂测定法等。

任务一　食品中有机磷农药残留量的测定

◎ 任务描述

作为一名市场监督管理人员，需要到农贸市场采样，检测蔬菜中的有机磷农药残留量是否符合国家标准。

◎ 相关知识

食品中有机磷农药
残留的测定

一、有机磷农药的种类

食品中常见的有机磷农药的种类有敌敌畏、乐果、马拉硫磷、对硫磷、甲拌磷、稻瘟净、杀螟硫磷、倍硫磷、虫螨磷等。

二、有机磷农药残留的定义

有机磷农药残留是指有机磷农药施用后，残存在生物体、农副产品和环境中的微量农药原体、有毒代谢产物、降解物和杂质的总称。残留的数量叫残留量。

三、有机磷农药的测定方法

《食品安全国家标准　食品中有机磷农药残留量的测定　气相色谱–质谱法》（GB 23200.93—2016）中主要介绍了气相色谱–质谱法。

《蔬菜中有机磷和氨基甲酸酯类农药残留量的快速检测》（GB/T 5009.199—2003）主

要介绍了蔬菜中农药残留的快速检测法;《粮食、水果和蔬菜中有机磷农药测定的气相色谱法》(GB/T 14553—2003) 主要介绍了气相色谱法。

《食品中有机磷农药残留量的测定》(GB/T 5009.20—2003) 规定了水果、蔬菜、谷类中敌敌畏、速灭磷、久效磷、甲拌磷、巴胺磷、二嗪磷、乙嘧硫磷、甲基嘧啶磷、甲基对硫磷、稻瘟净、水胺硫磷、氧化喹硫磷、稻丰散、甲喹硫磷、克线磷、乙硫磷、乐果、喹硫磷、对硫磷、杀螟硫磷的残留量分析方法,适用于使用过敌敌畏等 20 种农药制剂的水果、蔬菜、谷类等作物的残留量分析。

《蔬菜和水果中有机磷、有机氯、拟除虫菊酯和氨基甲酸酯类农药多残留的测定》(NY/T 761—2008) 规定了蔬菜和水果中敌敌畏、甲拌磷、乐果、对氧磷、对硫磷、甲基对硫磷、杀螟硫磷、异柳磷、乙硫磷、喹硫磷、伏杀硫磷、敌百虫、氧乐果、磷胺、甲基嘧啶磷、马拉硫磷等 54 种有机磷类农药残留气相色谱的检测方法。该方法检出限为 0.01 ~ 0.3 mg/kg。

《进出口水果蔬菜中有机磷农药残留量检测方法——气相色谱和气相色谱–质谱法》(SN/T 0148—2011) 规定了水果蔬菜中敌敌畏、乙酰甲胺磷、硫线磷、百治磷、乙拌磷、乐果、甲基对硫磷等 70 种有机磷类农药残留量的气相色谱及气相色谱–质谱检测方法。

实训任务　黄瓜中有机磷农药残留量的测定

一、实训目的

❖ 会使用气相色谱法测定食品中的有机磷农药残留量。
❖ 能对有机磷农药残留量的测定结果进行正确计算。
❖ 掌握有机磷农药残留量检测样品处理的操作规范。
❖ 能根据产品质量标准来判断黄瓜中的有机磷农药残留量是否符合要求。
❖ 培养学生团结协作的精神及发现问题、分析问题、解决问题的能力。
❖ 培养学生实事求是、科学严谨的工作态度,树立学生的社会责任感。

二、采用的标准方法

参照《蔬菜和水果中有机磷、有机氯、拟除虫菊酯和氨基甲酸酯类农药多残留的测定》(NY/T 761—2008) 中的气相色谱法。

三、原理

试样中有机磷类农药用乙腈提取,提取溶液经过滤、浓缩后,用丙酮定容,用双自动进样器同时注入气相色谱仪的两个进样口,农药组分经不同极性的两根毛细管柱分离,火焰光度检测器(FPD 磷滤光片)检测。用双柱的保留时间定性,外标法定量。

四、试剂（表6-1）

表6-1 试剂

名称	浓度	配制方法
乙腈	色谱纯	无需配制
丙酮	色谱纯	无需配制
氯化钠	分析纯	无需配制
单一农药标准溶液	1 g/L	准确称取一定量（精确至0.1 mg）某农药标准品，用丙酮做溶剂，配制成1 g/L的单一农药标准储备液，储存在-18℃以下冰箱中，使用时根据各农药在对应检测器上的响应值，准确吸取适量的标准储备液，用丙酮释配制成所需的标准工作液

五、主要仪器（表6-2）

表6-2 主要仪器

名称	参考图片	使用方法
组织捣碎机		先将主机和容器进行分离，把食物切成大小合适的块状，放入容器中；将容器固定于主机上，需要将容器向下压并旋转一圈即可；接通电源，选择合适的转速进行粉碎；待食物变成均匀的浆液后，关闭机器，拔掉电源；分离主机和容器，将食物浆液倒入事先准备好的烧杯中，清洗容器
电子分析天平		先调平，使仪器的水平泡位于中间位置；然后用校正砝码校准仪器；称量
旋涡混合器		先把仪器置于水平台面上，打开开关，将离心管垂直放在海绵振动面上并略施加压力，在离心管内的溶液就会产生旋涡，达到混合的目的。调整合适的转速和时间，使用结束后，关闭电源

名称	参考图片	使用方法
氮吹仪		打开仪器，调整温度。将氮吹仪提升到最高位置，并锁紧；将样品试管放置到样品定位架上；安装不锈钢针头，直接套上即可；打开氮气瓶，调节流量计为氮吹仪送气；调节流量计至所需压力；降低针头，直到针头距离溶液表面1 cm左右；氮吹至近干后，关闭氮气，取出试管。取掉氮吹针，关闭仪器
气相色谱仪		—

六、操作步骤

1. 制样

黄瓜两根去皮，切小块，放入组织捣碎机中，打浆。

2. 样品提取

准确称取 10.00 g±0.1 g 黄瓜匀浆于 50 mL 离心管中，用移液枪加入 1 μg/mL 标液 100 μL，用 20 mL 胖肚移液管准确移入 20 mL 乙腈，于旋涡振荡器上混匀 2 min 后用滤纸过滤，滤液收集到装有 2~3 g 氯化钠的 50 mL 具塞量筒中，收集滤液 20 mL 左右，盖上塞子，剧烈振荡 1 min，在室温下静置 30 min，使乙腈相和水相完全分层。同时制备空白样品。

3. 净化

用 5 mL 移液管从具塞量筒中准确移取 4 mL 乙腈相溶液于 10 mL 刻度试管中，将其置于氮吹仪中，温度设为 75 ℃，缓缓通入氮气，蒸发近干，用 2 mL 移液管准确移入 2 mL 丙酮，在旋涡混合器上混匀，用 0.2 μm 滤膜过滤后，分别移入自动进样器进样瓶中，做好标记，供色谱测定。同时测定空白样品。

4. 测定

（1）色谱参考条件。

①色谱柱条件。

预柱：1.0 m，0.53 mm 内径，脱活石英毛细管柱。

两根色谱柱，分别为

A柱：50% 聚苯基甲基硅氧烷（DB – 17 或 HP – 50 + ），30 m×0.53 mm×1.0 μm，或相当者；

B柱：100% 聚甲基硅氧烷（DB – 1 或 HP – 1），3 m×0.53 mm×1.50 μm，或相当者。

②温度。

进样口温度：220 ℃；

检测器温度：250 ℃；

柱温：150 ℃保持 2 min，以 8 ℃/min 的速度升温至 250 ℃，保持 12 min。

③气体及流量。

载气：氮气，纯度大于或等于 99.999%，流速为 10 mL/min；

燃气：氢气，纯度大于或等于 99.999%，流速为 75 mL/min；

助燃气：空气，流速为 100 mL/min。

④进样方式。

不分流进样。样品溶液一式两份，由双自动进样器同时进样。

⑤检测环境。

室内温度 25 ℃；空气相对湿度 70%。

（2）色谱分析：由自动进样器分别吸取 1.0 μL 单一标准溶液和净化后的样品液注入色谱仪中，以双柱保留时间定性，以 A 柱获得的样品溶液峰面积与标准溶液峰面积比较定量。

5. 结果表述

双柱测得样品溶液中未知组分的保留时间（RT）分别与标准溶液在同一色谱上的保留时间（RT）相比较，如果样品溶液中某成分的两组保留时间与标准溶液中某一农药的两组保留时间相差都在 ±0.05 min 内的可认定为该农药。

6. 结果计算

（1）定量结果按式（6-1）进行计算：

$$X = \frac{A \times V_1 \times V_3}{A_s \times V_2 \times m} \times \rho \tag{6-1}$$

式中，X——样品中有机磷农药的残留量，mg/kg；

ρ——标准溶液农药的质量浓度，mg/L；

A——样品溶液中被测农药的峰面积；

A_s——农药标准溶液中被测农药的峰面积；

V_1——提取溶剂总体积，mL；

V_2——提取出用于检测的提取溶液的体积，mL；

V_3——样品溶液定容体积，mL；

m——供试样品的质量，g。

计算结果保留两位有效数字，当结果大于 1 g/kg 时保留三位有效数字。

（2）回收率按式（6-2）进行计算：

$$P = \frac{m - m_0}{m_S} \times 100\% \tag{6-2}$$

式中，P——加标回收率，%；

m——加标样品溶液中农药的质量，mg；

m_0——空白样中农药的质量，mg；

m_S——加入标准农药的质量，mg。

（3）加标样品相对标准偏差（RSD）按式（6-3）进行计算

$$RSD = \frac{\sqrt{\dfrac{\sum\limits_{i=1}^{n}(x_i - \bar{x})^2}{n}}}{\bar{x}} \times 100\% \qquad (6-3)$$

式中，$\bar{x}$——三个平行加标样品中农药质量分数平均值，mg/kg；

$\quad$ n——平行样品个数；

$\quad$ x_i——每个平行样品中的农药质量分数，mg/kg。

七、注意事项

（1）在检测过程中，微量移液器、移液管等要洗干净，特别是用完后需要立即清洗，并放在无污染的地方晾干（如滤纸上、移液管架上等）。

（2）不同试剂使用不同的器具，并贴上标签。

（3）在使用移液枪吸取溶液时，按压要适度，切忌一下按到底，并且吸头要润洗。

（4）将16种有机磷和4种氨基甲酸酯农药混合标准分别加入大米、番茄、白菜中进行方法的精密度和准确度试验，添加回收率为73.38%~108.22%，变异系数为2.17%~7.69%。

请将实训过程中的原始数据填入表6-3的实训任务单。

表6-3　实训任务单

_____中有机磷农药残留量的测定		实训任务单	班级	
			姓名	
			学号	
1. 样品信息				
样品名称			检测项目	
生产单位			检测依据	
生产日期及批号			检测日期	
2. 检测方法 _____				
3. 实训过程				
4. 检测过程中数据记录				
测定次数		1（空白样品）	2（加标样品）	3（加标样品）
取样量/g				
提取溶剂总体积/mL				

吸取出用于检测的提取溶液的体积/mL			
样品溶液定容体积/mL			
标准溶液中农药的质量浓度/$(\mu g \cdot mL^{-1})$			
标样峰保留时间/min			
样品峰保留时间/min			
标样峰面积			
空白样品峰面积			
样品峰面积			

5. 计算

计算公式:	计算过程:		
测定值/$(mg \cdot kg^{-1})$			
平均值/$(mg \cdot kg^{-1})$	—		
RSD			
回收率	—		
平均回收率	—		

6. 结论

产品质量标准		要求	
实训结果			
合格	□ 是	□ 否	

7. 实训总结：

请根据表 6-4 的评分标准进行实训任务评价，并将相关评分填入其中，根据得分情况进行实训总结

表6-4 评分标准

_____中有机磷农药残留量的测定		实训日期：	
姓名：	班级：	学号：	导师签名：
自评：（ ）分	互评：（ ）分	师评：（ ）分	
日期：	日期：	日期：	

<table>
<tr><td colspan="9" align="center">有机磷农药残留量的测定（气相色谱法）</td></tr>
<tr><th>序号</th><th>评分项</th><th>得分条件</th><th>分值/分</th><th>评分要求</th><th>自评（30%）</th><th>互评（30%）</th><th>师评（40%）</th></tr>
<tr>
<td>1</td>
<td>制样与提取</td>
<td>☐ 1. 能正确制样
☐ 2. 能正确使用食品加工器
☐ 3. 能正确使用移液枪
☐ 4. 能正确使用电子分析天平
☐ 5. 能正确使用移液管
☐ 6. 能正确使用旋涡振荡器
☐ 7. 能正确进行过滤操作</td>
<td>21</td>
<td>失误一项扣3分</td>
<td>得分：（ ）
扣分项：</td>
<td>得分：（ ）
扣分项：</td>
<td>得分：（ ）
扣分项：</td>
</tr>
<tr>
<td>2</td>
<td>净化</td>
<td>☐ 1. 能正确使用氮吹仪
☐ 2. 能正确使用旋涡振荡器
☐ 3. 能正确使用移液管
☐ 4. 能正确使用针筒滤膜过滤</td>
<td>16</td>
<td>失误一项扣4分</td>
<td>得分：（ ）
扣分项：</td>
<td>得分：（ ）
扣分项：</td>
<td>得分：（ ）
扣分项：</td>
</tr>
<tr>
<td>3</td>
<td>检测</td>
<td>☐ 1. 能正确设置气相色谱仪的参数
☐ 2. 能掌握气相色谱仪的开关机步骤
☐ 3. 能正确进样</td>
<td>15</td>
<td>失误一项扣5分</td>
<td>得分：（ ）
扣分项：</td>
<td>得分：（ ）
扣分项：</td>
<td>得分：（ ）
扣分项：</td>
</tr>
<tr>
<td>4</td>
<td>数据记录与结果分析</td>
<td>☐ 1. 能如实记录检测数据
☐ 2. 能正确进行数据的取舍
☐ 3. 能正确进行结果计算
☐ 4. 平行测定结果的精密度符合标准要求
☐ 5. 能正确判断产品质量
☐ 6. 能正确进行图谱分析</td>
<td>24</td>
<td>失误一项扣4分</td>
<td>得分：（ ）
扣分项：</td>
<td>得分：（ ）
扣分项：</td>
<td>得分：（ ）
扣分项：</td>
</tr>
<tr>
<td>5</td>
<td>表单填写与报告撰写</td>
<td>☐ 1. 语句通顺、字迹清楚
☐ 2. 前后关系正确
☐ 3. 无涂改
☐ 4. 无抄袭</td>
<td>16</td>
<td>失误一项扣4分</td>
<td>得分：（ ）
扣分项：</td>
<td>得分：（ ）
扣分项：</td>
<td>得分：（ ）
扣分项：</td>
</tr>
<tr>
<td>6</td>
<td>其他</td>
<td>☐ 1. 清洁操作台面，器材清洁干净并摆放整齐
☐ 2. 废液、废弃物处理合理
☐ 3. 遵守实验室规定，操作文明、安全
☐ 4. 标识规范</td>
<td>8</td>
<td>失误一项扣2分</td>
<td>得分：（ ）
扣分项：</td>
<td>得分：（ ）
扣分项：</td>
<td>得分：（ ）
扣分项：</td>
</tr>
<tr><td colspan="9">总分：</td></tr>
</table>

一、食品中有机磷农药检测的前处理方法

1. 试样的制备

取粮食试样以粉碎机粉碎，过 20 目筛制成粮食试样。蔬菜擦去表层泥水，取可食部分匀浆制成分析试样。

2. 提取

（1）蔬菜。

方法一：称取 10 g 试样于锥形瓶中，加入与试样含水量之和为 10 g 的水和 20 mL 丙酮。振荡 30 min，抽滤，取 20 mL 滤液于分液漏斗中。

方法二：称取 5 g 试样（视试样中农药残留量而定），置于 50 mL 离心管中，加入与试样含水量之和为 5 g 的水和 10 mL 丙酮。置于超声波清洗器中，超声提取 10 min。在 5 000 r/min 离心转速下离心使蔬菜沉降，用移液管吸出上清液 10 mL 至分液漏斗中。

（2）粮食。称取 20 g 试样于锥形瓶中，加入 5 g 无水硫酸钠和 100 mL 丙酮。振荡提取 30 min，过滤后取 50 mL 滤液于分液漏斗中。

3. 净化

向方法一的分液漏斗中加入 40 mL 凝结液和 1 g 助滤剂 celite545，或向方法二的分液漏斗中分别加入 20 mL 凝结液和 1 g 助滤剂 celite545，轻摇后放置 5 min，经两层滤纸的布氏漏斗抽滤，并用少量凝结液洗涤分液漏斗和布氏漏斗。将滤液转移至分液漏斗中，加入 3 g 氯化钠，依次用 50 mL、50 mL、30 mL 二氯甲烷提取，合并 3 次二氯甲烷提取液，经无水硫酸钠漏斗过滤至浓缩瓶中，在 35 ℃水浴的旋转蒸发仪上浓缩至少量，用氮气吹干。取下浓缩瓶，加入少量正己烷。以少许棉花塞住 5 mL 医用注射器出口，1 g 硅胶以正己烷湿法装柱，敲实，将浓缩瓶中液体倒入，再以少量正己烷 + 二氯甲烷（9 + 1）洗涤浓缩瓶，倒入柱中。依次以 4 mL 正己烷 + 丙酮（7 + 3）、4 mL 乙酸乙酯、8 mL 丙酮 + 乙酸乙酯（1 + 1）、4 mL 丙酮 + 甲醇（1 + 1）洗柱，汇集全部滤液经旋转蒸发仪 45 ℃水浴浓缩至近干，定容至 1 mL。

向上述（2）的分液漏斗中加入 50 mL 5% 氯化钠溶液，再以 50 mL、50 mL、30 mL 二氯甲烷提取 3 次，合并二氯甲烷层经无水硫酸钠过滤后，在旋转蒸发仪 40 ℃水浴上浓缩至近干，定容至 1 mL。

二、食品中有机磷农药快速检测方法（酶抑制剂法）的原理

1. 速测卡法（纸片法）

胆碱酯酶可催化靛酚乙酸酯（红色）水解为乙酸与靛酚（蓝色），有机磷或氨基甲酸酯类农药对胆碱酯酶有抑制作用，使催化、水解、变色的过程发生改变，由此可判断出样品中是否有高剂量有机磷或氨基甲酸酯类农药的存在。

2. 分光光度法

在一定条件下，有机磷和氨基甲酸酯类农药对胆碱酯酶正常功能有抑制作用，其抑制

率与农药的浓度呈正相关。正常情况下，酶催化神经传导代谢产物（乙酰胆碱）水解，其水解产物与显色剂反应产生黄色物质，用分光光度计在 412 nm 处测定吸光度随时间的变化值，计算出抑制率，通过抑制率可以判断出样品中是否有高剂量有机磷或氨基甲酸酯类农药的存在。

任务二　食品中兽药残留量的测定

◎ 任务描述

有企业送来一批鸡肉原料，因不清楚是否含有抗生素，故需要对其抗生素的含量进行检测。

◎ 相关知识

食品中兽药
残留的测定

一、兽药的种类及兽药残留的定义

1. 兽药的种类

在畜牧业生产中，为了预防和治疗畜禽疾病、促进食用动物的生长繁殖、提高饲料利用率等，往往在饲料中加入一定量的药物。这些药物在提高畜牧业产量的同时，也给食品带来了污染问题。药物使用后，一部分被分解或直接排出体外，另一部分则残留在畜禽体内，并随动物性食品进入人体，对健康产生有害的影响，这已成为全球范围内的共性问题和一些国际贸易纠纷的起因。这些药物包括抗生素、磺胺类、呋喃类、抗寄生虫类、各种激素等。其中抗生素成为近年来公众关注的热点和焦点。

抗生素依据化学结构的不同可以分为七类，分别是 β - 内酰胺类（青霉素类、头孢霉素类、克拉维酸等）、氨基糖苷类（链霉素、双庆链霉素、庆大霉素、卡那霉素、新霉素、阿米卡星等）、大环内酯类（红霉素、泰勒霉素、北里霉素等）、四环素类（金霉素、土霉素、四环素、多西环素等）、多肽类（多黏菌素、杆菌肽、维基尼霉素等）、离子载体类（莫能霉素、盐霉素、马杜霉素等）、其他类。

2. 兽药残留的定义

FAO/WHO 联合组织的食品中兽药残留立法委员会把兽药残留定义为：动物产品的任何可食部分所含兽药的母体化合物及/或其代谢物，以及与兽药有关的杂质的残留。

二、抗生素残留的危害

1. 毒性作用

人若长时间食用含残留药物的食品，会导致药物在人体内蓄积，当达到一定的浓度时，则对机体产生毒性作用。如链霉素应用过量可损害人的第八对脑神经，造成前庭功能和听觉的损害，出现行走不稳、平衡失调和耳聋等症状。

2. 过敏反应和变态反应

经常食用含低剂量抗生素的食品会使原来对抗生素不起过敏反应的个体也会致敏；原来已被抗生素致敏的人，食用的食品中即使含少量的抗生素也会导致过敏反应，严重者造成休克，短时间内出现血压下降、皮疹、喉头水肿、呼吸困难等严重症状。青霉素类药物引起的变态反应，轻者表现为接触性皮炎和皮肤反应，严重者表现为过敏性休克，短时间内出现血压下降、呼吸困难等严重症状。

3. 细菌耐药性

动物在经常反复接触某一种抗菌药物后，其体内的敏感菌株将受到选择性的抑制，从而使耐药菌株大量繁殖。当发生疾病时，使用此种药物不能起作用。已经发现长期摄入低水平的抗生素，能导致金黄色葡萄球菌抗药性菌株的出现，也能引起大肠埃希菌抗药性菌株的产生。

4. 菌群失调，造成二次感染（内源性感染）

在正常情况下，人体肠道内的菌群在长期的共同进化过程中与人体已相互适应，某些菌群能抑制其他菌群的过度繁殖；有一些菌群能合成 B 族维生素和维生素 K，供机体利用。但如果久用药物使上述平衡发生紊乱，可造成一些非致病菌的死亡和减少，使菌群的平衡失调，导致长期腹泻或引起维生素缺乏，造成对人体的危害。

5. 致畸、致癌、致突变作用

氯霉素可损伤人的肝脏和骨髓的造血功能，导致再生障碍性贫血和血小板减少。

三、抗生素残留的测定方法

抗生素残留的测定方法有仪器分析法、微生物检测法和酶联免疫法等。其中仪器分析法主要采用液相色谱法和液相色谱串联质谱法。

实训任务　鸡肉中氟喹诺酮类兽药残留量的测定

一、实训目的

❖ 会使用高效液相色谱法测定鸡肉中氟喹诺酮类兽药残留量。
❖ 掌握离心机的操作规范。
❖ 掌握固相萃取的操作规范。
❖ 能对氟喹诺酮类兽药残留量的测定结果进行正确计算。
❖ 能根据产品质量标准来判断鸡肉中氟喹诺酮类兽药残留量是否符合要求。
❖ 培养学生团结协作的精神及发现问题、分析问题、解决问题的能力。
❖ 培养学生实事求是、科学严谨的工作态度，树立学生的社会责任感。

二、采用的标准方法

参照《动物性食品中氟喹诺酮类药物残留检测　高效液相色谱法》（农业部 1025 号公告 - 14—2008）。

三、原理

用磷酸盐缓冲溶液提取试料中的药物，C$_{18}$柱净化，流动相洗脱。以磷酸 – 乙腈为流动相，用高效液相色谱 – 荧光检测法测定，外标法定量。

四、试剂（表 6 – 5）

表 6 – 5　试剂

名称	浓度	配制方法
乙腈	色谱纯	无需配制
甲醇	色谱纯	无需配制
氯化钠	分析纯	无需配制
氢氧化钠溶液	5.0 mol/L	取氢氧化钠饱和液 28 mL，加水稀释至 100 mL
氢氧化钠溶液	0.03 mol/L	取 5.0 mol/L 氢氧化钠溶液 0.6 mL，加水稀释至 100 mL
磷酸/三乙胺溶液	0.05 mol/L	取浓磷酸 3.4 mL，用水稀释至 1 000 mL，用三乙胺调 pH 至 2.4
磷酸盐缓冲溶液 （用于肌肉、 脂肪组织）	—	取磷酸二氢钾 6.8 g，加水使溶解并稀释至 500 mL，用 5.0 mol/L 氢氧化钠溶液调节 pH 至 7.0
达氟沙星、恩诺沙星、 环丙沙星和沙拉沙星	标准储备液	分别取达氟沙星对照品约 10 mg，恩诺沙星、环丙沙星和沙拉沙星对照品各约 50 mg，精密称取。用 0.03 mol/L 氢氧化钠溶液溶解并稀释成浓度为 0.2 mg/mL（达氟沙星）和 1 mg/mL（恩诺沙星、环丙沙星、沙拉沙星）的标准储备液。置于 2~8 ℃ 冰箱中保存，有效期为 3 个月
达氟沙星、恩诺沙星、 环丙沙星和沙拉沙星	标准工作液	准确吸取适量标准储备液用乙腈稀释成适宜浓度的达氟沙星、恩诺沙星、环丙沙星和沙拉沙星标准工作液。置于 2~8 ℃ 冰箱中保存，有效期为 1 周

五、主要仪器（表 6 – 6）

表 6 – 6　主要仪器

名称	参考图片	使用方法
高效液相色谱仪 （配荧光检测器）		—

名称	参考图片	使用方法
电子分析天平		先调平，使仪器的水平泡位于中间位置；然后用校正砝码校准仪器；称量
匀浆机		首先，确保匀浆机处于稳定状态，将需要混合的物料和水或其他溶剂按照比例装入匀浆机中。启动匀浆机，调整转速和时间，等待匀浆机将物料和水混合均匀。完成混合后，关闭匀浆机，将匀浆好的物料倒出即可使用
振荡器		放置于水平台面上，调平，接通电源打开开关，调至适当转速使用，使用完毕后调低转速至停止，关闭电源
离心机		接通电源开机，开盖，设定离心时间、速度和温度，称量离心管的质量，配平，盖盖，启动离心机
固相萃取仪		活化（除去柱子内的杂质），上样（将样品用一定的溶剂溶解，转移入柱并使组分保留在柱上），淋洗（最大程度除去干扰物），洗脱及收集被测物质

六、操作步骤

1. 试料的制备

试料的制备包括：

取绞碎后的供试样品，作为供试试料。

取绞碎后的空白样品，作为空白试料。

取绞碎后空白样品，添加适宜浓度的对照溶液，作为空白添加试料。

2. 提取

取 $2 \text{ g} \pm 0.05 \text{ g}$ 试料，置于 30 mL 匀浆杯中，加磷酸盐缓冲溶液 10.0 mL，10 000 r/min 匀浆 1 min。匀浆液转入离心管中，中速振荡 5 min，离心（肌肉、脂肪 10 000 r/min 离心 5 min；肝、肾 15 000 r/min 离心 10 min），取上清液，待用。用磷酸盐缓冲溶液 10.0 mL，洗

刀头及匀浆杯，转入离心管，洗残渣，混匀，中速振荡 5 min，离心（肌肉、脂肪 10 000 r/min 离心 5 min；肝、肾 15 000 r/min 离心 10 min）。合并两次上清液，混匀，备用。

3. 净化

安装固相萃取柱，先依次用甲醇、磷酸盐缓冲溶液各 2 mL 预洗。将活化好的固相萃取柱安装在固相萃取仪上。取离心上清液 5.0 mL 过柱，用水 1 mL，淋洗，挤干。用流动相 1.0 mL 洗脱，挤干，收集洗脱液。用一次性注射器吸取洗脱液，经 0.22 μm 有机滤膜过滤到样品瓶后作为试样溶液，供高效液相色谱法测定。

4. 标准曲线的制备

准确量取适量达氟沙星、恩诺沙星、环丙沙星和沙拉沙星标准工作液，用流动相稀释成浓度分别为 0.005 μg/mL、0.01 μg/mL、0.05 μg/mL、0.1 μg/mL、0.3 μg/mL、0.5 μg/mL 的对照溶液，供高效液相色谱分析。

5. 测定

（1）色谱条件。

色谱柱：C$_{18}$ 250 mm×4.6 mm（i.d），粒径 5 μm，或相当者；

流动相：0.05 mol/L 磷酸溶液/三乙胺 – 乙腈（82 + 18，体积分数），使用前经微孔滤膜过滤；

流速：0.8 mL/min；

检测波长：激发波长 280 nm；发射波长 450 nm；

柱温：室温；

进样量：20 μL。

（2）测定方法。取试样溶液和相应的对照溶液，作单点或多点校准，按外标法以峰面积计算。对照溶液及试样溶液中达氟沙星、恩诺沙星、环丙沙星和沙拉沙星响应值均应在仪器检测的线性范围之内。

6. 空白试验

除不加试料外，采用完全相同的测定步骤进行平行操作。

7. 结果计算

定量结果按式（6-4）进行计算：

$$X = \frac{A \times c_S \times V_1 \times V_3}{A_S \times V_2 \times m} \tag{6-4}$$

式中，X——试样中达氟沙星、恩诺沙星、环丙沙星或沙拉沙星的残留量，ng/g；

A——试样溶液中相应药物的峰面积；

A_S——对照溶液中相应药物的峰面积；

c_S——对照溶液中相应药物的浓度，ng/mL；

V_1——提取用磷酸盐缓冲液的总体积，mL；

V_2——过 C$_{18}$ 固相萃取柱所用备用液体积，mL；

V_3——洗脱用流动相体积，mL；

m——供试试料的质量，g。

注：计算结果需扣除空白值，测定结果用平行测定的算术平均值表示，保留三位有效数字。

七、注意事项

（1）兽药残留量检测是痕量分析，必须要按照标准方法进行检测，尽量降低任何原因引起的误差，如样品称量是否准确；样品的提取、转移是否完全；平行及空白样品的测定是否符合要求等。通过检测过程的规范性，分析已知样品回收率、精密度等质控措施的有效性，对结果的合理性进行综合分析、研判，最终得出满意的结果上报。

（2）若无特别说明，严禁用微波等加热方式对样品进行解冻，应在室温下自然解冻后再进行前处理。

（3）预判添加浓度范围，调整标准曲线跨度范围，使样品浓度在标准曲线的中间位置，以准确定量。

（4）样品浓度未知，尽量配有不同浓度的标准溶液，选取最接近的浓度进行定量，同时多做几组分析物添加试验，增加平行测定次数消除系统误差。

（5）原始记录中数值填写、修约和单位要准确，结果要按规定的有效数字及单位上报。

（6）灵敏度要求：达氟沙星、恩诺沙星、环丙沙星和沙拉沙星在鸡和猪的肌肉、脂肪、肝脏及肾脏组织中的检测限为 20 μg/kg。

（7）准确度要求：本方法在 20~500 μg/kg 添加浓度的回收率为 60%~100%。

（8）精密度要求：本方法的批内变异系数小于或等于 15%，批间变异系数小于或等于 20%。

请将实训过程中的原始数据填入表 6-7 的实训任务单。

表 6-7　实训任务单

＿＿＿＿＿＿氟喹诺酮类兽药残留的测定		实训任务单	班级	
			姓名	
			学号	
1. 样品信息				
样品名称		检测项目		
生产单位		检测依据		
生产日期及批号		检测日期		
2. 检测方法 ＿＿＿＿＿＿				
3. 实训过程				

4. 检测过程中数据记录

测定次数	供试试料			空白试料	空白添加试料
	1	2	3		
取样量/g					
提取用磷酸盐缓冲液的总体积/mL					
过 C_{18} 固相萃取柱所用备用液体积/mL					
洗脱用流动相体积/mL					
对照溶液中相应药物的浓度/$(\mu g \cdot mL^{-1})$					
对照溶液中相应药物的峰面积					
试样峰保留时间/min					
试样溶液中相应药物的峰面积					

5. 计算

计算公式:

计算过程:

测定值/$(mg \cdot kg^{-1})$					
平均值/$(mg \cdot kg^{-1})$				—	—
RSD				—	—
回收率		—			

6. 结论

产品质量标准		要求	
实训结果			
合格	□是	□否	

7. 实训总结:

请根据表6-8评分标准进行实训任务评价,并将相关评分填入其中,根据得分情况进行实训总结

表 6-8 评分标准

_____中氟喹诺酮类兽药残留的测定			实训日期:			
姓名:	班级:		学号:		导师签名:	
自评:( )分	互评:( )分		师评:( )分			
日期:	日期:		日期:			

氟喹诺酮类兽药残留测定的评分细则(高效液相色谱法)

序号	评分项	得分条件	分值/分	评分要求	自评(30%)	互评(30%)	师评(40%)
1	制样与提取	□ 1. 能正确制样 □ 2. 能正确使用匀浆机 □ 3. 能正确使用离心机 □ 4. 能正确使用电子分析天平 □ 5. 能正确使用移液管	20	失误一项扣4分	得分:( ) 扣分项:	得分:( ) 扣分项:	得分:( ) 扣分项:
2	净化	□ 1. 能正确安装固相萃取柱 □ 2. 能正确活化固相萃取柱 □ 3. 能正确使用固相萃取仪 □ 4. 能正确使用移液管 □ 5. 能正确进行针筒滤膜过滤	20	失误一项扣4分	得分:( ) 扣分项:	得分:( ) 扣分项:	得分:( ) 扣分项:
3	标准曲线的绘制	□ 1. 能正确设置不同浓度标准工作液的稀释倍数 □ 2. 能绘制标准曲线	10	失误一项扣5分	得分:( ) 扣分项:	得分:( ) 扣分项:	得分:( ) 扣分项:
4	检测	□ 1. 能正确设置液相色谱仪的参数 □ 2. 能掌握液相色谱仪的开关机步骤 □ 3. 能正确进样	12	失误一项扣4分	得分:( ) 扣分项:	得分:( ) 扣分项:	得分:( ) 扣分项:
5	数据记录与结果分析	□ 1. 能如实记录检测数据 □ 2. 能正确进行数据的取舍 □ 3. 能正确进行结果计算 □ 4. 平行测定结果的精密度符合标准要求 □ 5. 能正确判断产品质量 □ 6. 能正确进行图谱分析	18	失误一项扣3分	得分:( ) 扣分项:	得分:( ) 扣分项:	得分:( ) 扣分项:
6	表单填写与撰写报告的能力	□ 1. 语句通顺、字迹清楚 □ 2. 前后关系正确 □ 3. 无涂改 □ 4. 无抄袭	12	失误一项扣3分	得分:( ) 扣分项:	得分:( ) 扣分项:	得分:( ) 扣分项:

序号	评分项	得分条件	分值/分	评分要求	自评(30%)	互评(30%)	师评(40%)
7	其他	☐ 1. 清洁操作台面，器材清洁干净并摆放整齐 ☐ 2. 废液、废弃物处理合理 ☐ 3. 遵守实验室规定，操作文明、安全 ☐ 4. 标识规范	8	失误一项扣2分	得分：（　） 扣分项：	得分：（　） 扣分项：	得分：（　） 扣分项：
总分：							

◎ 知识拓展

一、抗生素检测的高效液相色谱图

来自《动物性食品中氟喹诺酮类药物残留检测　高效液相色谱法》（农业部1025号公告 –14—2008），如图6 –1 和图6 –2 所示。

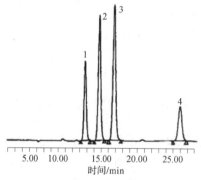

图 6 – 1　氟喹诺酮类药对照溶液色谱图

色谱峰 1—环丙沙星；2—达氟沙星；3—恩诺沙星；4—沙拉沙星

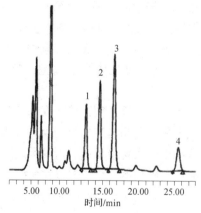

图 6 – 2　猪肝脏组织中氟喹诺酮类药对照溶液色谱图

色谱峰 1—环丙沙星；2—达氟沙星；3—恩诺沙星；4—沙拉沙星

二、抗生素残留的快速检测的原理

参照《畜禽组织及体液中多种抗生素残留快速检测》（DB13/T 5143—2019）中的微生物抑制法。

通过抑制微生物生长的检测方法来检测畜禽组织或体液中的抗生素。细菌在含有 pH 指示剂的琼脂中培养，使用拭子对畜禽组织或体液进行提取，如果样品中不含有抗生素，细菌生长不受抑制，产生的酸会使含有紫色指示剂的琼脂变成黄色；如果样品中含有抗生素，细菌生长会受到抑制，指示剂显示紫色。

任务三　食品中三聚氰胺含量的测定

◎ 任务描述

有企业送来一批牛乳，由于不清楚牛乳中三聚氰胺含量是否符合标准，故需要对其三聚氰胺含量进行检测。

◎ 相关知识

食品中三聚氰胺
含量的测定

一、三聚氰胺的理化性质

三聚氰胺简称三胺，俗称蜜胺、蛋白精，为白色单斜棱晶，几乎无味，微溶于水、热乙醇、甘油及吡啶，不溶于乙醚、苯、四氯化碳。加热易升华，急剧加热则分解，放出氰化物、氮氧化物和氨等有毒物质，是一种重要的氮杂环有机化工原料。三聚氰胺呈弱碱性（pH 为 8），能够与盐酸、硫酸、硝酸、乙酸、草酸等形成三聚氰胺盐。在中性或微碱性情况下，与甲醛缩合而成各种羟甲基三聚氰胺，但在微酸性情况下（pH 5.5~6.5）与羟甲基的衍生物进行缩聚反应而生成树脂。在强酸或强碱液中，三聚氰胺发生水解，胺基逐步被羟基取代，先生成三聚氰酸二酰胺，进一步水解生成三聚氰酸一酰胺，最后生成三聚氰酸。三聚氰胺高温易分解，而在生产工艺上，加工食品多高温，就会导致三聚氰胺及分解物的产生。

三聚氰胺不是食品原料，也不是食品添加剂，禁止人为添加到食品中。三聚氰胺作为化工原料，可用于塑料、涂料、黏合剂、食品包装材料的生产。资料表明，三聚氰胺可能从环境、食品包装材料等途径进入食品中，其含量很低。为确保人体健康和食品安全，2011 年卫生部制定了我国三聚氰胺在食品中的限量值，婴儿配方食品中三聚氰胺的限量值为 1 mg/kg，其他食品中三聚氰胺的限量值为 2.5 mg/kg，高于上述限量的食品一律不得销售。

二、作用机理

三聚氰胺中毒的主要机制是肾功能衰竭。三聚氰胺、三聚氰酸单独使用毒性较低，造成的泌尿管组织增生是导致肾脏结石的主要原因。这并非是由于三聚氰胺或者三聚氰酸直接和上皮细胞之间的分子相互作用，而是当三聚氰酸和三聚氰胺同时存在时，能够在分子结构上的氢氧基和氨基之间形成水合键聚合，形成三聚氰胺－三聚氰酸盐，其溶解度非常低，最终形成一个网络结构。当这种网络结构被摄入体内后，由于胃液的酸性作用，三聚氰胺和三聚氰酸相互解离，于是三聚氰胺和三聚氰酸分别被吸收入血液。由于人体无法转化这两种物质，最终三聚氰胺和三聚氰酸被血液运送到肾脏，并随尿液排出体外。在肾脏中这两种物质又一次以网络结构重新形成不溶于水的大分子复合物，在肾小管、尿道或膀胱中形成结晶，引起结石，肾结石导致肾小管进行性管道堵塞和变性，加速动物肾脏衰竭，尿液无法顺利排除，使肾脏积水，最终导致肾脏衰竭。结石的刺激可引发尿道或膀胱细胞的癌变。由于三聚氰酸和三聚氰胺结构类似，在化工生产三聚氰胺中就不可避免地含有三聚氰酸，所以在非法添加三聚氰胺的过程中就自然添加了三聚氰酸，使二者同时存在。在胃的酸性环境下，会有部分三聚氰胺水解成三聚氰酸，故而三聚氰胺的毒害作用实质上是三聚氰胺和三聚氰酸协同作用的结果。

三、三聚氰胺的毒性作用

关于三聚氰胺对人体的毒性作用研究较少。三聚氰胺经口给予的动物表现有急性毒性作用、亚慢性毒性作用、慢性毒性作用。三聚氰胺单独摄入毒性轻微，然而动物长期摄入则会造成生殖、泌尿系统的损伤、膀胱和肾脏结石，甚至可进一步诱发膀胱癌。实验中常见的临床症状包括饲料消耗量减少，体重减轻，膀胱结石，结晶尿，膀胱上皮细胞增生以及存活率降低；动物表现为食欲不振、呕吐、多尿、烦渴、无力气、氮血症以及高磷（酸盐）血症。

四、乳制品中三聚氰胺含量的测定方法

乳制品中三聚氰胺含量的测定方法有高效液相色谱法（HPLC法）、液相色谱－质谱/质谱法（LC－MS/MS法）、气相色谱－质谱联用（GC－MS法）等。

实训任务　牛乳中三聚氰胺含量的测定

一、实训目的

❖ 能对样品进行处理。

❖ 会对样品中的三聚氰胺含量进行测定，并能根据产品质量标准来判断其是否符合要求。

❖ 培养学生实事求是、科学严谨的工作态度，树立学生的社会责任感。

二、采用的标准方法

在参照《原料乳与乳制品中三聚氰胺检测方法》（GB/T 22388—2008）中的第一法——高效液相色谱法（HPLC 法）的基础上略有改动。

三、原理

试样用三氯乙酸溶液 – 乙腈提取，经阳离子交换固相萃取柱净化后，用高效液相色谱仪测定。

四、试剂（表 6 – 9）

表 6 – 9　试剂

名称	浓度	配制方法
甲醇水溶液	1 + 1	准确量取 50 mL 甲醇（色谱纯）和 50 mL 水（一级水），混匀后备用
三氯乙酸溶液	1%	准确称取 10 g 三氯乙酸于 1 000 mL 容量瓶中，用水溶解并定容刻度，混匀后备用
氨化甲醇溶液	5%	准确量取 5 mL 氨水和 95 mL 甲醇，混匀后备用
离子对试剂缓冲液	—	准确称取 2.10 g 柠檬酸和 2.16 g 辛烷磺酸钠，加入约 980 mL 水溶解，调节 pH 至 3.0 后，定容至 1 000 mL 备用
三聚氰胺标准储备液	1 mg/mL	准确称取 100 mg（精确到 0.1 mg）三聚氰胺标准品（纯度大于 99.0%）于 100 mL 容量瓶中，用甲醇水溶液（1 + 1）溶解并定容至刻度，于 4 ℃避光保存
三聚氰胺标准使用液	100 µg/mL	准确移取 1 mg/mL 三聚氰胺标准储备液 10 mL 于 100 mL 容量瓶中，用甲醇水溶液（1 + 1）溶解并定容至刻度，于 4 ℃避光保存

五、主要仪器（表 6 – 10）

表 6 – 10　主要仪器

名称	参考图片	使用方法
高效液相色谱仪（配紫外检测器或二极管阵列检测器）		开机，脱气，设定参数，启动流速，准备进样，数据处理，梯度洗脱，关机
电子分析天平		先调平，使仪器的水平泡位于中间位置；开机预热 20 min，用校正砝码校准仪器；称量

名称	参考图片	使用方法
离心机（大于或等于 4 000 r/min）		接通电源开机，开盖，设定离心时间、速度和温度，称量离心管的质量，配平，盖盖，启动离心机
超声波清洗器		加注清水，开启电源开关，设定温度，温控仪表的绿灯亮，加热器开始工作，温控仪表的红绿灯开始交替亮灭，进入比例加热阶段，直至恒温
氮吹仪		打开电源开关，设定温度，将样品试管放入加热板孔槽中，调节气室高度，打开氮气总阀门，从小到大缓慢开启，试验结束，关闭电源和氮气瓶
固相萃取装置		活化（除去柱子内的杂质），上样（将样品用一定的溶剂溶解，转移入柱并使组分保留在柱上），淋洗（最大程度除去干扰物），洗脱及收集被测物质
阳离子交换固相萃取柱	—	混合型阳离子交换固相萃取柱，基质为苯磺酸酸化的聚苯乙烯–二乙烯基苯高聚物，填料质量为 60 mg，体积为 3 mL 或相当者。使用前依次用 3 mL 甲醇、5 mL 水活化

六、操作步骤

1. 样品处理

（1）提取：称取 2 g（精确至 0.01 g）试样于 50 mL 具塞塑料离心管中，用移液枪加入 100 μg/mL 三聚氰胺标准使用液 100 μL，使用吸量管准确移入 15.00 mL 1% 三氯乙酸溶液和 5.00 mL 乙腈，涡旋混匀，超声提取 5 min，以大于或等于 4 000 r/min 的速度离心 10 min。移取 4.00 mL 上清液，并加入 2 mL 水充分混匀后作为待净化液。平行试验 3 次，同时制备空白样品。

（2）净化：依次用 3 mL 甲醇、5 mL 水活化固相萃取柱，将上述待净化液转移至固相萃取柱中。依次用 3 mL 水和 3 mL 甲醇淋洗，抽至近干后，用 6 mL 5% 氨化甲醇溶液洗脱，整个固相萃取过程流速不超过 1 mL/min。洗脱液于 50 ℃下用氮吹至近干。使用吸量管向残留物中准确加入 2.00 mL 流动相，涡旋混匀 1 min，用 0.22 μm 针式滤膜过滤后，分别移至液相进样瓶中，做好标记，供 HPLC 色谱测定。平行试验 3 次，同时测定空白样品。

2. 高效液相色谱测定

（1）HPLC 参考条件。

①色谱柱：C_{18} 柱，柱长 250 mm，内径 4.6 mm，粒径 5 μm，或等效色谱柱。

②流动相：C_{18} 柱，离子对试剂缓冲液 – 乙腈（90 + 10，体积分数），混匀。

流速：1.0 mL/min。

柱温：40 ℃。

检测波长：240 nm。

进样量：20 μL。

（2）定性分析。空白样品、标准样品及三个平行加标样预处理完成后，依次进行上机检测获取相应图谱。

将样品溶液中未知成分的保留时间与标准溶液在同一色谱柱上的保留时间相比较，如果样品溶液中某组分的保留时间与标准溶液中三聚氰胺的保留时间相差在 ±0.05 min 内的可认定为三聚氰胺。

3. 结果计算

试样中三聚氰胺的含量按式（6 – 5）计算：

$$X = \frac{A \times c \times V_3 \times V_1 \times 1\ 000}{V_2 \times A_S \times m \times 1\ 000} \tag{6 – 5}$$

式中，X——试样中三聚氰胺的含量，mg/kg；

A——样液中三聚氰胺的峰面积；

c——标准溶液中三聚氰胺的浓度，μg/mL；

V_1——提取液总体积，mL；

V_2——吸取出用于检测的提取液的体积，mL；

V_3——样液上机前定容体积，mL；

A_S——标准溶液中三聚氰胺的峰面积；

m——试样质量，g。

计算结果保留三位有效数字。

4. 回收率计算

根据 3 个加标试样的测定质量，分别计算出回收率，再算出回收率的平均值。回收率根据式（6 – 6）计算：

$$P = \frac{m - m_0}{m_S} \times 100\% \tag{6 – 6}$$

式中，P——加标回收率，%；

m——样品中三聚氰胺的质量，mg；

m_0——空白样液中三聚氰胺的质量，mg；

m_S——加入标准三聚氰胺的质量，mg。

5. 加标样 RSD 计算

RSD 根据式（6 – 7）计算：

$$RSD = \frac{\sqrt{\dfrac{\displaystyle\sum_{i=1}^{n}(x_i - \bar{x})^2}{n-1}}}{\bar{x}} \qquad\qquad (6-7)$$

式中，$\bar{x}$——三个平行加标试样中三聚氰胺质量分数平均值，mg/kg；

$\quad\quad n$——平行样品个数，为3；

$\quad\quad i$——每个平行样品。

七、注意事项

（1）超声提取时超声器的液面应高于试样液面。

（2）提取离心后若上部清液分层或浑浊，则需重新离心，适当加大离心转速，增加离心时间，然后取上清液过柱。

（3）在用氮吹仪前，建议用甲醇把所要用到的吹针擦拭一次，防止交叉污染。

（4）吹针要位于液面上 1～1.5 cm 处，要根据同时所要吹的样品数进行氮气瓶压力调节，保证样品液面有轻微晃动即可，不能吹得液滴飞溅，防止样品损失。

（5）氮吹结束后马上进行溶解定容。

（6）离心时要注意对称放置离心管。

（7）处理好的样品，要在 2～3 h 内上机完毕。

（8）如果色谱图出现基线漂移、出峰不规则或压力不稳等现象，马上停止做样，等仪器稳定后方可做样。

请将实训过程中的原始数据填入表 6-11 的实训任务单。

表 6-11　实训任务单

_____中三聚氰胺的测定	实训任务单	班级	
		姓名	
		学号	

1. 样品信息			
样品名称		检测项目	
生产单位		检测依据	
生产日期及批号		检测日期	

2. 检测方法 _____

3. 实训过程

4. 检测过程中数据记录

重复次数	1	2	3
试样质量/g			
提取液总体积 V_1/mL			
吸取出用于检测的提取液的体积 V_2/mL			
样品溶液上机前定容体积 V_3/mL			
标准溶液中三聚氰胺的浓度/$(\mu g \cdot mL^{-1})$			
标准溶液中三聚氰胺的峰面积 A_s			
样液中三聚氰胺的峰面积 A			
样品中三聚氰胺的质量/mg			
空白样液中三聚氰胺的质量/mg			
加入标准三聚氰胺的质量/mg			

5. 计算

计算公式:	计算过程:		
测定值/$(mg \cdot kg^{-1})$			
平均值/$(mg \cdot kg^{-1})$			
加标回收率/%			
回收率平均值/%			
RSD			

6. 结论

产品质量标准		要求	
实训结果			
合格	□是	□否	

7. 实训总结

请根据表6-12评分标准进行实训任务评价,并将相关评分填入其中,根据得分情况进行实训总结

表 6 - 12 评分标准

_____ 中三聚氰胺含量的测定		实训日期：	
姓名：	班级：	学号：	导师签名：
自评：（ ）分	互评：（ ）分	师评：（ ）分	
日期：	日期：	日期：	

三聚氰胺含量测定的评分细则（高效液相色谱法）

序号	评分项	得分条件	分值/分	评分要求	自评（30%）	互评（30%）	师评（40%）
1	称样	□ 1. 能正确对电子分析天平进行调平 □ 2. 能正确校准电子分析天平 □ 3. 能正确使用分析天平称样	12	失误一项扣4分	得分：（ ） 扣分项：	得分：（ ） 扣分项：	得分：（ ） 扣分项：
2	提取	□ 1. 能正确使用移液管 □ 2. 能正确使用超声波清洗器 □ 3. 能正确使用离心机 □ 4. 能正确使用移液枪	16	失误一项扣4分	得分：（ ） 扣分项：	得分：（ ） 扣分项：	得分：（ ） 扣分项：
3	净化	□ 1. 能正确使用固相萃取装置 □ 2. 能正确使用氮吹仪 □ 3. 能正确使用旋涡振荡器 □ 4. 能正确使用移液管 □ 5. 能正确使用针式过滤头	20	失误一项扣4分	得分：（ ） 扣分项：	得分：（ ） 扣分项：	得分：（ ） 扣分项：
4	样品的测定	□ 1. 会正确设置色谱条件 □ 2. 能正确进样 □ 3. 能正确使用高效液相色谱仪	18	失误一项扣6分	得分：（ ） 扣分项：	得分：（ ） 扣分项：	得分：（ ） 扣分项：
5	数据记录与结果分析	□ 1. 检测数据记录准确、完整、美观 □ 2. 能正确进行可疑数据的取舍，正确保留有效数字 □ 3. 公式正确，计算过程正确 □ 4. 能正确计算样品的回收率 □ 5. 能正确计算样品RSD □ 6. 能正确进行产品质量判断	18	失误一项扣3分	得分：（ ） 扣分项：	得分：（ ） 扣分项：	得分：（ ） 扣分项：
6	表单填写与撰写报告的能力	□ 1. 语句通顺、字迹清楚 □ 2. 前后关系正确 □ 3. 无涂改 □ 4. 无抄袭	8	失误一项扣2分	得分：（ ） 扣分项：	得分：（ ） 扣分项：	得分：（ ） 扣分项：

序号	评分项	得分条件	分值/分	评分要求	自评 (30%)	互评 (30%)	师评 (40%)
					得分：（ ）	得分：（ ）	得分：（ ）
7	其他	□1. 清洁操作台面，器材清洁干净并摆放整齐 □2. 废液、废弃物处理合理 □3. 遵守实验室规定，操作文明、安全 □4. 标识规范	8	失误一项扣2分	扣分项：	扣分项：	扣分项：
总分：							

知识拓展

一、牛乳中三聚氰胺含量的测定——高效液相色谱法

1. 测定原理

试样用三氯乙酸溶液－乙腈提取，经阳离子交换固相萃取柱净化后，用高效液相色谱测定，以外标法定量。

2. 试剂

甲醇水溶液（1＋1）、1% 三氯乙酸溶液、5% 氨化甲醇溶液、离子对试剂缓冲液、1 mg/mL 三聚氰胺标准储备液、乙腈等。

3. 仪器

高液相色谱仪、电子分析天平、离心机（转速不低于 4 000 r/min）、超声波清洗器、氮吹仪、固相萃取装置等。

4. 操作步骤

（1）样品处理。

①提取：液态奶、乳粉、酸奶、冰淇淋和奶糖等。称取 2 g（精确至 0.01 g）试样于 50 mL 具塞塑料离心管中，加入 15 mL 1% 三氯乙酸溶液和 5 mL 乙腈，超声提取 10 min，再振荡提取 10 min 后，以不低于 4 000 r/min 离心 10 min。上清液经三氯乙酸溶液润湿的滤纸过滤后，用三氯乙酸溶液定容至 25 mL，移取 5 mL 滤液，加入 5 mL 水混合后作待净化液。

奶酪、奶油和巧克力等。称取 2 g（精确至 0.01 g）试样于研钵中，加入适量海砂（试样质量的 4~6 倍）研磨成干粉状，转移至 50 mL 具塞塑料离心管中，用 15 mL 1% 三氯乙酸溶液分数次清洗研钵，清洗液转入离心管中，再往离心管中加入 5 mL 乙腈，超声提取 10 min，再振荡提取 10 min 后，以不低于 4 000 r/min 离心 10 min。上清液经三氯乙酸溶液润湿的滤纸过滤后，用三氯乙酸溶液定容至 25 mL，移取 5 mL 滤液，加入 5 mL 水混合后作待净化液。

②净化：将上述待净化液转移至固相萃取柱中。依次用 3 mL 水和 3 mL 甲醇洗涤，抽至近干后，用 6 mL 氨化甲醇溶液洗脱。整个固相萃取过程流速不超过 1 mL/min。洗脱液于 50 ℃ 下用氮气吹干，残留物（相当于 0.4 g 样品）用 1 mL 流动相定容，涡旋混合 1 min，过微孔滤膜后，供高效液相色谱测定。

（2）高效液相色谱测定。

①高效液相色谱参考条件。

色谱柱：C_8 柱，250 mm × 4.6 mm ［内径（i. d.）］，5 μm，或相当者。

C_{18} 柱，250 mm × 4.6 mm ［内径（i. d.）］，5 μm，或相当者。

流动相：C_8 柱，离子对试剂缓冲液 – 乙腈（85 + 15，体积分数），混匀。

C_{18} 柱，离子对试剂缓冲液 – 乙腈（90 + 10，体积分数），混匀。

流速：1.0 mL/min。

柱温：40 ℃。

波长：240 nm。

进样量：20 μL。

②标准曲线的绘制：用流动相将三聚氰胺标准储备液逐级稀释得到浓度为 0.8 μg/mL、2 μg/mL、20 μg/mL、40 μg/mL、80 μg/mL 的标准工作液，浓度由低到高进样检测，以峰面积 – 浓度作图，得到标准曲线回归方程。基质匹配加标三聚氰胺的样品 HPLC 色谱图参见附录 B。

③定量测定：待测样液中三聚氰胺的响应值应在标准曲线线性范围内，超过线性范围则应稀释后再进样分析。

5. 结果计算

试样中三聚氰胺的含量由色谱数据处理软件或按式（6 – 8）计算获得：

$$X = \frac{A \times c \times V \times 1\ 000}{A_S \times m \times 1\ 000} \times f \tag{6 – 8}$$

式中，X——试样中三聚氰胺的含量，mg/kg；

A——样液中三聚氰胺的峰面积；

c——标准溶液中三聚氰胺的浓度，μg/mL；

V——样液最终定容体积，mL；

A_S——标准溶液中三聚氰胺的峰面积；

m——试样的质量，g；

f——稀释倍数。

在重复性条件下获得的两次独立测定结果的绝对差值不得超过算术平均值的 10%。

二、注意事项

（1）检测过程中要设置空白试验。

（2）本方法的定量限为 2 mg/kg。

（3）添加浓度 2～10 mg/kg，回收率在 80%～110%，相对标准偏差小于 10%。

任务四　食品中瘦肉精含量的测定

任务描述

有企业送来一批生猪肉，想要检测一下这批猪肉中是否含有瘦肉精。

相关知识

食品中瘦肉精
含量的测定

一、概述

瘦肉精是一类药物，而不是某一种特定的药物，任何能够促进瘦肉生长、抑制肥肉生长的物质都可以叫作"瘦肉精"。在中国，通常所说的瘦肉精是指克伦特罗（Clenbuterol），而普通消费者则把此类药物统称为瘦肉精。当它们以超过治疗剂量 5～10 倍的用量用于家畜饲养时，即有显著的营养"再分配效应"——促进动物体蛋白质沉积、促进脂肪分解、抑制脂肪沉积，猪、羊、牛等牲畜摄入后能加速生长，能显著提高胴体的瘦肉率、增重和提高饲料转化率，因此曾被用作牛、羊、禽、猪等畜禽的促生长剂、饲料添加剂。但"瘦肉精"会在动物体内残留，消费者使用后会对健康形成危害。为了切实保障人民群众的食品安全和生命安全，早在 2002 年，我国就已严禁瘦肉精作为兽药和饲料添加剂。

"瘦肉精"让猪的单位经济价值提升不少，但它能给人很强的副作用，常见的有恶心、头晕、四肢无力等中毒症状，对原有心律失常、高血压、青光眼、糖尿病、甲亢、前列腺肥大等患者危害更大，甚至危及生命，孕妇中毒可导致癌变及胎儿致畸的严重后果。长期食用也可能导致染色体突变，诱发恶性肿瘤。

二、"瘦肉精"的测定方法

对怀疑含有瘦肉精的禽、畜类产品，可通过色谱技术、免疫分析技术、生物传感技术等方法，检测出"瘦肉精"的残留量。

实训任务　猪肉中瘦肉精（克伦特罗）含量的测定

一、实训目的

❖ 能正确配制克伦特罗标准溶液。
❖ 掌握样品的预处理方法。
❖ 会用高效液相色谱进行检测。
❖ 培养学生实事求是、科学严谨的工作态度，树立学生的社会责任感。

二、采用的标准方法

参照《动物性食品中克伦特罗残留量的测定》（GB/T 5009.192—2003）中的第二法——高效液相色谱法。

三、原理

猪肉剪碎后，用高氯酸溶液匀浆，进行超声加热提取后，用异丙醇＋乙酸乙酯（40＋60）萃取，有机相浓缩，经弱阳离子交换柱进行分离，用乙醇＋氨水（98＋2）溶液洗脱，洗脱液经浓缩，流动相定容后在高效液相色谱仪上进行测定，以外标法进行定量。

四、试剂与材料（表6－13）

表6－13　试剂与材料

名称	浓度	配制方法
克伦特罗标准溶液	—	准确称取克伦特罗标准品（纯度大于99.5%）用甲醇配成浓度为250 mg/L的标准储备液，储于冰箱中；使用时用甲醇稀释成0.5 mg/L的克伦特罗标准使用液，进一步用甲醇＋水（45＋55）适当稀释
高氯酸溶液	0.1 mol/L	取无水冰醋酸（按含水量计算，每1 g水加醋酐522 mL）750 mL，加入高氯酸（70%～72%）8.5 mL，摇匀，在室温下缓缓滴加醋酐24 mL，边加边摇，加完后再振摇均匀，放冷，加无水冰醋酸至1 000 mL，摇匀，放置24 h
氢氧化钠溶液	1 mol/L	称取4.0 g的氢氧化钠固体，溶解定容至100 mL
氯化钠	—	—
异丙醇＋乙酸乙酯（40＋60）	—	取异丙醇40 mL和乙酸乙酯60 mL混匀即可
0.1 mol/L，pH 6.0的磷酸二氢钠缓冲液	—	—
乙醇＋浓氨水（98＋2）	—	取乙醇98 mL和浓氨水2 mL混匀即可
流动相：甲醇＋水（45＋55）	—	取甲醇（色谱级）45 mL和水55 mL混匀即可
LC－WCX弱阳离子交换柱3 mL	—	—
针筒式微孔过滤膜	—	—

五、主要仪器（表6-14）

表6-14 主要仪器

名称	参考图片	使用方法
电子分析天平		先调平，使仪器的水平泡位于中间位置；开机预热20 min，用校正砝码校准仪器；称量
超声波清洗器		检查洗涤槽的状态，加入需要超声的物料，确保浸入洗涤槽中，接通电源，根据需要调节参数，操作完毕后，取出物料，关机
酸度计		开机预热，用缓冲溶液校正仪器，直至仪器显示数值和缓冲溶液的 pH 一致，测量样品，清洗，关机
离心机		检查离心机是否处于水平位置，打开样品仓，将载有样品的试管对称放置在试管孔里，关闭样品仓，设置离心参数，启动机器，离心结束后，打开样品仓盖子取出样品
振荡器		将振荡器主体放置在试验平台上，接上电源，打开电源开关。调节振荡器主体上的旋钮，调整振荡频率。频率可根据试验需要进行调整
旋涡蒸发器		将溶液装入旋涡蒸发器的烧瓶中，调节转速和温度，打开电源开关，打开真空泵，蒸发结束，关闭电源和真空泵

名称	参考图片	使用方法
旋涡式混合器		打开电源开关，调好转速，用手拿住离心管放在海绵振动面上并略施加压力，在管内的溶液就会产生旋涡，实现混合
N₂ 蒸发器		
匀浆器		把物料装入匀浆杯中，拧紧，打开电源即可，匀浆结束后，关闭电源，倒出物料，清洗匀浆杯并晾干
高效液相色谱仪		先准备好流动相，然后开机进入工作站设置参数，进样，编辑数据分析方法，清洗仪器，退出工作站，关机

六、操作步骤

1. 提取

称取剪碎或者绞碎的猪肉 10 g（精确到 0.01 g），用 20 mL 1 mol/L 高氯酸溶液匀浆，置于磨口玻璃的离心管中；于超声波清洗器中超声 20 min，取出置于 80 ℃ 水浴中加热 30 min。取出冷却后离心（4 500 r/min）15 min。倾出上清液，沉淀用 5 mL 1 mol/L 高氯酸溶液洗涤，再离心，将两次的上清液合并。用 1 mol/L 氢氧化钠溶液调 pH 至 9.5±0.1，若有沉淀产生，再离心（4 500 r/min）10 min，将上清液转移至磨口玻璃离心管中，加入 8 g 氯化钠，混匀，加入 25 mL 异丙醇＋乙酸乙酯（40＋60），置于振荡器上振荡 20 min。提取完毕，放置 5 min（若有乳化层则需稍离心一下）。用吸管小心将上层有机相移至旋涡蒸发烧瓶中，用 20 mL 异丙醇＋乙酸乙酯（40＋60）再重复萃取一次，合并有机相，于 60 ℃ 在旋涡蒸发器上浓缩至近干。用 1 mL 0.1 mol/L 磷酸二氢钠缓冲液（pH6.0）充分溶解残留物，经针筒式微孔过滤膜过滤，洗涤三次后完全转移至 5 mL 玻璃离心管中，并用 0.1 mol/L 磷酸二氢钠缓冲液（pH6.0）定容至刻度。

2. 净化

依次用 10 mL 乙醇、3 mL 水、3 mL 1 mol/L 磷酸二氢钠缓冲液（pH6.0）、3 mL 水

冲洗弱阳离子交换柱，取适量提取液至弱阳离子交换柱上，弃去流出液，分别用 4 mL 水和 4 mL 乙醇冲洗柱子，弃去流出液，用 6 mL 乙醇 + 浓氨水（98 + 2）冲洗柱子，收集流出液。将流出液在 N_2 蒸发器上浓缩至干。

3. 测定试样前的准备

向净化、吹干的试样残渣中加入 100 ~ 500 μL 流动相，在涡旋式混合器上充分振摇，使残渣溶解，液体浑浊时用 0.45 μm 的针筒式微孔过滤膜过滤，以上清液进行液相色谱测定。

4. 测定

（1）液相色谱测定参考条件。

色谱柱：BDS 或 ODS 柱，250 mm × 4.6 mm，5 μm。

流动相：甲醇 + 水（45 + 55）。

流速：1 mL/min。

进样量：20 ~ 50 μL。

柱箱温度：25 ℃。

紫外检测器：244 nm。

（2）测定。吸取 20 ~ 50 μL 标准校正溶液及试样液注入液相色谱仪，以保留时间定性，用外标法单点或多点校准法进行定量分析。克伦特罗标准的液相色谱图如图 6 - 3 所示。

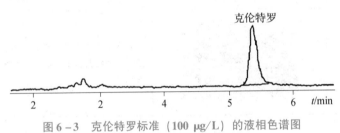

图 6 - 3　克伦特罗标准（100 μg/L）的液相色谱图

5. 结果计算

试样中克伦特罗的含量按式（6 - 9）计算：

$$X = \frac{A \times f}{m} \tag{6-9}$$

式中，X——试样中克伦特罗的含量，μg/kg 或 μg/L；

A——试样色谱峰与标准色谱峰的峰面积比值对应的克伦特罗的质量，ng；

f——试样稀释倍数；

m——试样的取样量，g 或 mL。

计算结果表示到小数点后两位小数，在重复性条件下获得的两次独立测定结果的绝对差值不得超过算术平均值的 20%。

七、注意事项

（1）样液吹干时注意吹干的状态，吹得过干或者残留量过多，都会影响最终的结果。

（2）进行色谱分析时注意控制好流动相的流速。

请将实训过程中的原始数据填入表6-15的实训任务单。

表6-15 实训任务单

_____中瘦肉精含量的测定	实训任务单	班级	
		姓名	
		学号	

1. 样品信息

样品名称		检测项目	
生产单位		检测依据	
生产日期及批号		检测日期	

2. 检测方法 _____

3. 实训过程

4. 检测过程中得数据记录

样品1的质量/g		样品2的质量/g	
稀释倍数 f			
样品1色谱峰与标准色谱峰对应的克伦特罗的含量/ng			
样品2色谱峰与标准色谱峰对应的克伦特罗的含量/ng			

5. 计算

计算公式：	计算过程：样品1： 样品2：
平均值	

6. 结论			
产品质量标准		要求	
实验结果			
合格	□ 是	□ 否	

7. 实训总结

　　请根据表6-16的评分标准进行实训任务评价，并将相关评分填入其中，根据得分情况进行实训总结

表 6-16　评分标准

_____瘦肉精含量的测定			实训日期：	
姓名：	班级：	学号：		导师签名：
自评：（　　）分	互评：（　　）分	师评：（　　）分		
日期：	日期：	日期：		

瘦肉精含量测定的评分细则							
序号	评分项	得分条件	分值/分	评分要求	自评（30%）	互评（30%）	师评（40%）
1	试剂配制	□ 1. 能正确称量 □ 2. 能正确进行溶解 □ 3. 能正确对溶解用的烧杯进行涮洗 □ 4. 能正确进行稀释或定容	8	失误一项扣2分	得分：（　　） 扣分项：	得分：（　　） 扣分项：	得分：（　　） 扣分项：
2	标准使用液的稀释	□ 1. 能正确使用移液管 □ 2. 在操作过程无试剂污染现象 □ 3. 能正确进行定容	6	失误一项扣2分	得分：（　　） 扣分项：	得分：（　　） 扣分项：	得分：（　　） 扣分项：
3	样品称量	□ 1. 能对天平进行调平 □ 2. 会对天平进行归零 □ 3. 称量样品无外洒情况 □ 4. 称量完毕后天平归零 □ 5. 称取样品精确到 ±0.05 g	10	失误一项扣2分	得分：（　　） 扣分项：	得分：（　　） 扣分项：	得分：（　　） 扣分项：

序号	评分项	得分条件	分值/分	评分要求	自评（30%）	互评（30%）	师评（40%）
4	离心	☐ 1. 能进行离心管重量的配平 ☐ 2. 能对称放置离心管 ☐ 3. 能正确把握离心机转速及离心时间	9	失误一项扣3分	得分：（　） 扣分项：	得分：（　） 扣分项：	得分：（　） 扣分项：
5	超声	☐ 1. 能准确设置超声的时间和温度 ☐ 2. 能规范操作超声波清洗器	2	失误一项扣1分	得分：（　）	得分：（　）	得分：（　）
6	水浴	☐ 1. 能准确设置水浴的温度 ☐ 2. 能正确控制水浴锅加水量 ☐ 3. 能正确放置样品	6	失误一项扣2分	得分：（　）	得分：（　）	得分：（　）
7	滤膜过滤	☐ 1. 能正确使用一次性针管 ☐ 2. 能正确安装滤膜 ☐ 3. 能正确进行过滤操作	9	失误一项扣3分	得分：（　）	得分：（　）	得分：（　）
8	净化	☐ 1. 能正确活化萃取柱 ☐ 2. 流速控制合适 ☐ 3. 加液顺序正确	9	失误一项扣3分	得分：（　）	得分：（　）	得分：（　）
9	浓缩	☐ 1. 能正确使用旋涡蒸发器 ☐ 2. 能正确使用 N_2 蒸发器 ☐ 3. 能准确控制蒸发浓缩后液体的体积	9	失误一项扣3分	得分：（　）	得分：（　）	得分：（　）
10	测定	☐ 1. 能正确设置仪器条件 ☐ 2. 能正确操作高效液相色谱仪	8	失误一项扣4分	扣分项：	扣分项：	扣分项：
11	数据记录与结果分析	☐ 1. 能如实记录检测数据 ☐ 2. 能正确进行可疑数据的取舍 ☐ 3. 能正确进行结果计算 ☐ 4. 两次平行测定结果的精密度符合标准要求 ☐ 5. 能正确进行产品质量判断	10	失误一项扣2分	得分：（　） 扣分项：	得分：（　） 扣分项：	得分：（　） 扣分项：
12	表单填写与撰写报告的能力	☐ 1. 语句通顺、字迹清楚 ☐ 2. 前后关系正确 ☐ 3. 无涂改 ☐ 4. 无抄袭	8	失误一项扣2分	得分：（　） 扣分项：	得分：（　） 扣分项：	得分：（　） 扣分项：

序号	评分项	得分条件	分值/分	评分要求	自评（30%）		互评（30%）		师评（40%）	
13	其他	☐ 1. 清洁操作台面，器材清洁干净并摆放整齐 ☐ 2. 废液、废弃物处理合理 ☐ 3. 遵守实验室规定，操作文明、安全	6	失误一项扣2分	得分：（　　）		得分：（　　）		得分：（　　）	
					扣分项：		扣分项：		扣分项：	
总分：										

知识拓展

一、瘦肉精与食品安全

俗话说，民以食为天，食以安为先。食品安全关系到人民群众身体健康和生命安全，关系到中华民族的未来。瘦肉精是 β 肾上腺受体激动剂类化合物的统称，包括盐酸克伦特罗、沙丁胺醇、莱克多巴胺等 10 余种物质，这种药物能加速畜禽体内的瘦肉生长，同时也能对畜禽体内的肥肉生长进行抑制。最初在动物喂养过程中，以超出 10 倍规定剂量将瘦肉精应用到畜禽饲料，因为瘦肉精的用量很大，且畜禽代谢慢，所以会在畜产品中造成大量的药物残留。如果人们食用含有瘦肉精残留的畜产品，会出现中毒情况。目前，各级政府均大力监管，已从养殖、贩运、屠宰、加工等各个环节加以控制，加大监督抽检和快速筛查检测力度，严厉打击非法制造、经营和添加行为，以保证生猪及猪肉质量安全，保障人们的食品安全和身体健康。

二、瘦肉精的快速检测技术

为了保证食品安全，除了常规检测外，国家越来越重视快速检测。现在市面上最常用的现场瘦肉精快速检测技术通过现场采样，利用快速检测胶体金试纸条进行样品检测，得出阴阳性判定结果。现场检测可以有效提高检测效率，因为只对初筛不合格的样品或可疑样品进行二次检测，所以二次检测的样品量明显大大降低，这样既可以提高监督效率，扩大检测覆盖面，也可以降低实验室的检测费用，减少实验室工作压力。除此之外，目前已有人研究出表面增强拉曼光谱技术，以沙丁胺醇为检测目标物，建立了一种快速检测肌肉组织和肝脏中瘦肉精含量的方法，对肌肉组织和肝脏中沙丁胺醇含量进行检测，实现肌肉组织和肝脏中沙丁胺醇含量的定量检测；还有人采用基于背景荧光猝灭的免疫层析法制作出快速检测猪肉中盐酸克伦特罗、沙丁胺醇和莱克多巴胺的定量检测卡。

现在市面上最常用的瘦肉精快速检测技术是利用胶体金试纸条。对于科研工作者来说，他们将继续不断深入研发新型快速检测技术，确保消费者舌尖上的肉制品的安全性，推动肉类食品加工行业的可持续发展。

项目六　练习题

附　录

附录 A

表 A.1　相当于氧化亚铜质量的葡萄糖、果糖、乳糖（含水）、转化糖质量表

单位：mg

氧化亚铜	葡萄糖	果糖	乳糖（含水）	转化糖	氧化亚铜	葡萄糖	果糖	乳糖（含水）	转化糖
11.3	4.6	5.1	7.7	5.2	40.5	17.2	19.0	27.6	18.3
12.4	5.1	5.6	8.5	5.7	41.7	17.7	19.5	28.4	18.9
13.5	5.6	6.1	9.3	6.2	42.8	18.2	20.1	29.1	19.4
14.6	6.0	6.7	10.0	6.7	43.9	18.7	20.6	29.9	19.9
15.8	6.5	7.2	10.8	7.2	45.0	19.2	21.1	30.6	20.4
16.9	7.0	7.7	11.5	7.7	46.2	19.7	21.7	31.4	20.9
18.0	7.5	8.3	12.3	8.2	47.3	20.1	22.2	32.2	21.4
19.1	8.0	8.8	13.1	8.7	48.4	20.6	22.8	32.9	21.9
20.3	8.5	9.3	13.8	9.2	49.5	21.1	23.3	33.7	22.4
21.4	8.9	9.9	14.6	9.7	50.7	21.6	23.8	34.5	22.9
22.5	9.4	10.4	15.4	10.2	51.8	22.1	24.4	35.2	23.5
23.6	9.9	10.9	16.1	10.7	52.9	22.6	24.9	36.0	24.0
24.8	10.4	11.5	16.9	11.2	54.0	23.1	25.4	36.8	24.5
25.9	10.9	12.0	17.7	11.7	55.2	23.6	26.0	37.5	25.0
27.0	11.4	12.5	18.4	12.3	56.3	24.1	26.5	38.3	25.5
28.1	11.9	13.1	19.2	12.8	57.4	24.6	27.1	39.1	26.0
29.3	12.3	13.6	19.9	13.3	58.5	25.1	27.6	39.8	26.5
30.4	12.8	14.2	20.7	13.8	59.7	25.6	28.2	40.6	27.0
31.5	13.3	14.7	21.5	14.3	60.8	26.1	28.7	41.4	27.6
32.6	13.8	15.2	22.2	14.8	61.9	26.5	29.2	42.1	28.1

氧化亚铜	葡萄糖	果糖	乳糖（含水）	转化糖	氧化亚铜	葡萄糖	果糖	乳糖（含水）	转化糖
33.8	14.3	15.8	23.0	15.3	63.0	27.0	29.8	42.9	28.6
34.9	14.8	16.3	23.8	15.8	64.2	27.5	30.3	43.7	29.1
36.0	15.3	16.8	24.5	16.3	65.3	28.0	30.9	44.4	29.6
37.2	15.7	17.4	25.3	16.8	66.4	28.5	31.4	45.2	30.1
38.3	16.2	17.9	26.1	17.3	67.6	29.0	31.9	46.0	30.6
39.4	16.7	18.4	26.8	17.8	68.7	29.5	32.5	46.7	31.2
69.8	30.0	33.0	47.5	31.7	107.0	46.5	51.1	72.8	48.8
70.9	30.5	33.6	48.3	32.2	108.1	47.0	51.6	73.6	49.4
72.1	31.0	34.1	49.0	32.7	109.2	47.5	52.2	74.4	49.9
73.2	31.5	34.7	49.8	33.2	110.3	48.0	52.7	75.1	50.4
74.3	32.0	35.2	50.6	33.7	111.5	48.5	53.3	75.9	50.9
75.4	32.5	35.8	51.3	34.3	112.6	49.0	53.8	76.7	51.5
76.6	33.0	36.3	52.1	34.8	113.7	49.5	54.4	77.4	52.0
77.7	33.5	36.8	52.9	35.3	114.8	50.0	54.9	78.2	52.5
78.8	34.0	37.4	53.6	35.8	116.0	50.6	55.5	79.0	53.0
79.9	34.5	37.9	54.4	36.3	117.1	51.1	56.0	79.7	53.6
81.1	35.0	38.5	55.2	36.8	118.2	51.6	56.6	80.5	54.1
82.2	35.5	39.0	55.9	37.4	119.3	52.1	57.1	81.3	54.6
83.3	36.0	39.6	56.7	37.9	120.5	52.6	57.7	82.1	55.2
84.4	36.5	40.1	57.5	38.4	121.6	53.1	58.2	82.8	55.7
85.6	37.0	40.7	58.2	38.9	122.7	53.6	58.8	83.6	56.2
86.7	37.5	41.2	59.0	39.4	123.8	54.1	59.3	84.4	56.7
87.8	38.0	41.7	59.8	40.0	125.0	54.6	59.9	85.1	57.3
88.9	38.5	42.3	60.5	40.5	126.1	55.1	60.4	85.9	57.8
90.1	39.0	42.8	61.3	41.0	127.2	55.6	61.0	86.7	58.3
91.2	39.5	43.4	62.1	41.5	128.3	56.1	61.6	87.4	58.9
92.3	40.0	43.9	62.8	42.0	129.5	56.7	62.1	88.2	59.4

氧化亚铜	葡萄糖	果糖	乳糖 （含水）	转化糖	氧化亚铜	葡萄糖	果糖	乳糖 （含水）	转化糖
93.4	40.5	44.5	63.6	42.6	130.6	57.2	62.7	89.0	59.9
94.6	41.0	45.0	64.4	43.1	131.7	57.7	63.2	89.8	60.4
95.7	41.5	45.6	65.1	43.6	132.8	58.2	63.8	90.5	61.0
96.8	42.0	46.1	65.9	44.1	134.0	58.7	64.3	91.3	61.5
97.9	42.5	46.7	66.7	44.7	135.1	59.2	64.9	92.1	62.0
99.1	43.0	47.2	67.4	45.2	136.2	59.7	65.4	92.8	62.6
100.2	43.5	47.8	68.2	45.7	137.4	60.2	66.0	93.6	63.1
101.3	44.0	48.3	69.0	46.2	138.5	60.7	66.5	94.4	63.6
102.5	44.5	48.9	69.7	46.7	139.6	61.3	67.1	95.2	64.2
103.6	45.0	49.4	70.5	47.3	140.7	61.8	67.7	95.9	64.7
104.7	45.5	50.0	71.3	47.8	141.9	62.3	68.2	96.7	65.2
105.8	46.0	50.5	72.1	48.3	143.0	62.8	68.8	97.5	65.8
144.1	63.3	69.3	98.2	66.3	181.3	80.4	87.8	123.7	84.0
145.2	63.8	69.9	99.0	66.8	182.4	81.0	88.4	124.5	84.6
146.4	64.3	70.4	99.8	67.4	183.5	81.5	89.0	125.3	85.1
147.5	64.9	71.0	100.6	67.9	184.5	82.0	89.5	126.0	85.7
148.6	65.4	71.6	101.3	68.4	185.8	82.5	90.1	126.8	86.2
149.7	65.9	72.1	102.1	69.0	186.9	83.1	90.6	127.6	86.8
150.9	66.4	72.7	102.9	69.5	188.0	83.6	91.2	128.4	87.3
152.0	66.9	73.2	103.6	70.0	189.1	84.1	91.8	129.1	87.8
153.1	67.4	73.8	104.4	70.6	190.3	84.6	92.3	129.9	88.4
154.2	68.0	74.3	105.2	71.1	191.4	85.2	92.9	130.7	88.9
155.4	68.5	74.9	106.0	71.6	192.5	85.7	93.5	131.5	89.5
156.5	69.0	75.5	106.7	72.2	193.6	86.2	94.0	132.2	90.0
157.6	69.5	76.0	107.5	72.7	194.8	86.7	94.6	133.0	90.6
158.7	70.0	76.6	108.3	73.2	195.9	87.3	95.2	133.8	91.1
159.9	70.5	77.1	109.0	73.8	197.0	87.8	95.7	134.6	91.7
161.0	71.1	77.7	109.8	74.3	198.1	88.3	96.3	135.3	92.2

氧化亚铜	葡萄糖	果糖	乳糖（含水）	转化糖	氧化亚铜	葡萄糖	果糖	乳糖（含水）	转化糖
162.1	71.6	78.3	110.6	74.9	199.3	88.9	96.9	136.1	92.8
163.2	72.1	78.8	111.4	75.4	200.4	89.4	97.4	136.9	93.3
164.4	72.6	79.4	112.1	75.9	201.5	89.9	98.0	137.7	93.8
165.5	73.1	80.0	112.9	76.5	202.7	90.4	98.6	138.4	94.4
166.6	73.7	80.5	113.7	77.0	203.8	91.0	99.2	139.2	94.9
167.8	74.2	81.1	114.4	77.6	204.9	91.5	99.7	140.0	95.5
168.9	74.7	81.6	115.2	78.1	206.0	92.0	100.3	140.8	96.0
170.0	75.2	82.2	116.0	78.6	207.2	92.6	100.9	141.5	96.6
171.1	75.7	82.8	116.8	79.2	208.3	93.1	101.4	142.3	97.1
172.3	76.3	83.3	117.5	79.7	209.4	93.6	102.0	143.1	97.7
173.4	76.8	83.9	118.3	80.3	210.5	94.2	102.6	143.9	98.2
174.5	77.3	84.4	119.1	80.8	211.7	94.7	103.1	144.6	98.8
175.6	77.8	85.0	119.9	81.3	212.8	95.2	103.7	145.4	99.3
176.8	78.3	85.6	120.6	81.9	213.9	95.7	104.3	146.2	99.9
177.9	78.9	86.1	121.4	82.4	215.0	96.3	104.8	147.0	100.4
179.0	79.4	86.7	122.2	83.0	216.2	96.8	105.4	147.7	101.0
180.1	79.9	87.3	122.9	83.5	217.3	97.3	106.0	148.5	101.5
218.4	97.9	106.6	149.3	102.1	255.6	115.7	125.5	174.9	120.4
219.5	98.4	107.1	150.1	102.6	256.7	116.2	126.1	175.7	121.0
220.7	98.9	107.7	150.8	103.2	257.8	116.7	126.7	176.5	121.6
221.8	99.5	108.3	151.6	103.7	258.9	117.3	127.3	177.3	122.1
222.9	100.0	108.8	152.4	104.3	260.1	117.8	127.9	178.1	122.7
224.0	100.5	109.4	153.2	104.8	261.2	118.4	128.4	178.8	123.3
225.2	101.1	110.0	153.9	105.4	262.3	118.9	129.0	179.6	123.8
226.3	101.6	110.6	154.7	106.0	263.4	119.5	129.6	180.4	124.4
227.4	102.2	111.1	155.5	106.5	264.6	120.0	130.2	181.2	124.9
228.5	102.7	111.7	156.3	107.1	265.7	120.6	130.8	181.9	125.5
229.7	103.2	112.3	157.0	107.6	266.8	121.1	131.3	182.7	126.1

氧化亚铜	葡萄糖	果糖	乳糖 （含水）	转化糖	氧化亚铜	葡萄糖	果糖	乳糖 （含水）	转化糖
230.8	103.8	112.9	157.8	108.2	268.0	121.7	131.9	183.5	126.6
231.9	104.3	113.4	158.6	108.7	269.1	122.2	132.5	184.3	127.2
233.1	104.8	114.0	159.4	109.3	270.2	122.7	133.1	185.1	127.8
234.2	105.4	114.6	160.2	109.8	271.3	123.3	133.7	185.8	128.3
235.3	105.9	115.2	160.9	110.4	272.5	123.8	134.2	186.6	128.9
236.4	106.5	115.7	161.7	110.9	273.6	124.4	134.8	187.4	129.5
237.6	107.0	116.3	162.5	111.5	274.7	124.9	135.4	188.2	130.0
238.7	107.5	116.9	163.3	112.1	275.8	125.5	136.0	189.0	130.6
239.8	108.1	117.5	164.0	112.6	277.0	126.0	136.6	189.7	131.2
240.9	108.6	118.0	164.8	113.2	278.1	126.6	137.2	190.5	131.7
242.1	109.2	118.6	165.6	113.7	279.2	127.1	137.7	191.3	132.3
243.1	109.7	119.2	166.4	114.3	280.3	127.7	138.3	192.1	132.9
244.3	110.2	119.8	167.1	114.9	281.5	128.2	138.9	192.9	133.4
245.4	110.8	120.3	167.9	115.4	282.6	128.8	139.5	193.6	134.0
246.6	111.3	120.9	168.7	116.0	283.7	129.3	140.1	194.4	134.6
247.7	111.9	121.5	169.5	116.5	284.8	129.9	140.7	195.2	135.1
248.8	112.4	122.1	170.3	117.1	286.0	130.4	141.3	196.0	135.7
249.9	112.9	122.6	171.0	117.6	287.1	131.0	141.8	196.8	136.3
251.1	113.5	123.2	171.8	118.2	288.2	131.6	142.4	197.5	136.8
252.2	114.0	123.8	172.6	118.8	289.3	132.1	143.0	198.3	137.4
253.3	114.6	124.4	173.4	119.3	290.5	132.7	143.6	199.1	138.0
254.4	115.1	125.0	174.2	119.9	291.6	133.2	144.2	199.9	138.6
292.7	133.8	144.8	200.7	139.1	329.9	152.2	164.3	226.5	158.1
293.8	134.3	145.4	201.4	139.7	331.0	152.8	164.9	227.3	158.7
295.0	134.9	145.9	202.2	140.3	332.1	153.4	165.4	228.0	159.3
296.1	135.4	146.5	203.0	140.8	333.3	153.9	166.0	228.8	159.9
297.2	136.0	147.1	203.8	141.4	334.4	154.5	166.6	229.6	160.5
298.3	136.5	147.7	204.6	142.0	335.5	155.1	167.2	230.4	161.0

氧化亚铜	葡萄糖	果糖	乳糖 （含水）	转化糖	氧化亚铜	葡萄糖	果糖	乳糖 （含水）	转化糖
299.5	137.1	148.3	205.3	142.6	336.6	155.6	167.8	231.2	161.6
300.6	137.7	148.9	206.1	143.1	337.8	156.2	168.4	232.0	162.2
301.7	138.2	149.5	206.9	143.7	338.9	156.8	169.0	232.7	162.8
302.9	138.8	150.1	207.7	144.3	340.0	157.3	169.6	233.5	163.4
304.0	139.3	150.6	208.5	144.8	341.1	157.9	170.2	234.3	164.0
305.1	139.9	151.2	209.2	145.4	342.3	158.5	170.8	235.1	164.5
306.2	140.4	151.8	210.0	146.0	343.4	159.0	171.4	235.9	165.1
307.4	141.0	152.4	210.8	146.6	344.5	159.6	172.0	236.7	165.7
308.5	141.6	153.0	211.6	147.1	345.6	160.2	172.6	237.4	166.3
309.6	142.1	153.6	212.4	147.7	346.8	160.7	173.2	238.2	166.9
310.7	142.7	154.2	213.2	148.3	347.9	161.3	173.8	239.0	167.5
311.9	143.2	154.8	214.0	148.9	349.0	161.9	174.4	239.8	168.0
313.0	143.8	155.4	214.7	149.4	350.1	162.5	175.0	240.6	168.6
314.1	144.4	156.0	215.5	150.0	351.3	163.0	175.6	241.4	169.2
315.2	144.9	156.5	216.3	150.6	352.4	163.6	176.2	242.2	169.8
316.4	145.5	157.1	217.1	151.2	353.5	164.2	176.8	243.0	170.4
317.5	146.0	157.7	217.9	151.8	354.6	164.7	177.4	243.7	171.0
318.6	146.6	158.3	218.7	152.3	355.8	165.3	178.0	244.5	171.6
319.7	147.2	158.9	219.4	152.9	356.9	165.9	178.6	245.3	172.2
320.9	147.7	159.5	220.2	153.5	358.0	166.5	179.2	246.1	172.8
322.0	148.3	160.1	221.0	154.1	359.1	167.0	179.8	246.9	173.3
323.1	148.8	160.7	221.8	154.6	360.3	167.6	180.4	247.7	173.9
324.2	149.4	161.3	222.6	155.2	361.4	168.2	181.0	248.5	174.5
325.4	150.0	161.9	223.3	155.8	362.5	168.8	181.6	249.2	175.1
326.5	150.5	162.5	224.1	156.4	363.6	169.3	182.2	250.0	175.7
327.6	151.1	163.1	224.9	157.0	364.8	169.9	182.8	250.8	176.3
328.7	151.7	163.7	225.7	157.5	365.9	170.5	183.4	251.6	176.9
367.0	171.1	184.0	252.4	177.5	398.5	187.3	201.0	274.4	194.2

氧化亚铜	葡萄糖	果糖	乳糖（含水）	转化糖	氧化亚铜	葡萄糖	果糖	乳糖（含水）	转化糖
368.2	171.6	184.6	253.2	178.1	399.7	187.9	201.6	275.2	194.8
369.3	172.2	185.2	253.9	178.7	400.8	188.5	202.2	276.0	195.4
370.4	172.8	185.8	254.7	179.2	401.9	189.1	202.8	276.8	196.0
371.5	173.4	186.4	255.5	179.8	403.1	189.7	203.4	277.6	196.6
372.7	173.9	187.0	256.3	180.4	404.2	190.3	204.0	278.4	197.2
373.8	174.5	187.6	257.1	181.0	405.3	190.9	204.7	279.2	197.8
374.9	175.1	188.2	257.9	181.6	406.4	191.5	205.3	280.0	198.4
376.0	175.7	188.8	258.7	182.2	407.6	192.0	205.9	280.8	199.0
377.2	176.3	189.4	259.4	182.8	408.7	192.6	206.5	281.6	199.6
378.3	176.8	190.1	260.2	183.4	409.8	193.2	207.1	282.4	200.2
379.4	177.4	190.7	261.0	184.0	410.9	193.8	207.7	283.2	200.8
380.5	178.0	191.3	261.8	184.6	412.1	194.4	208.3	284.0	201.4
381.7	178.6	191.9	262.6	185.2	413.2	195.0	209.0	284.8	202.0
382.8	179.2	192.5	263.4	185.8	414.3	195.6	209.6	285.6	202.6
383.9	179.7	193.1	264.2	186.4	415.4	196.2	210.2	286.3	203.2
385.0	180.3	193.7	265.0	187.0	416.6	196.8	210.8	287.1	203.8
386.2	180.9	194.3	265.8	187.6	417.7	197.4	211.4	287.9	204.4
387.3	181.5	194.9	266.6	188.2	418.8	198.0	212.0	288.7	205.0
388.4	182.1	195.5	267.4	188.8	419.9	198.5	212.6	289.5	205.7
389.5	182.7	196.1	268.1	189.4	421.1	199.1	213.3	290.3	206.3
390.7	183.2	196.7	268.9	190.0	422.2	199.7	213.9	291.1	206.9
391.8	183.8	197.3	269.7	190.6	423.3	200.3	214.5	291.9	207.5
392.9	184.4	197.9	270.5	191.2	424.4	200.9	215.1	292.7	208.1
394.0	185.0	198.5	271.3	191.8	425.6	201.5	215.7	293.5	208.7
395.2	185.6	199.2	272.1	192.4	426.7	202.1	216.3	294.3	209.3
396.3	186.2	199.8	272.9	193.0	427.8	202.7	217.0	295.0	209.9
397.4	186.8	200.4	273.7	193.6	428.9	203.3	217.6	295.8	210.5
430.1	203.9	218.2	296.6	211.1	460.5	220.2	235.1	318.3	227.9

氧化亚铜	葡萄糖	果糖	乳糖（含水）	转化糖	氧化亚铜	葡萄糖	果糖	乳糖（含水）	转化糖
431.2	204.5	218.8	297.4	211.8	461.6	220.8	235.8	319.1	228.5
432.3	205.1	219.5	298.2	212.4	462.7	221.4	236.4	319.9	229.1
433.5	205.1	220.1	299.0	213.0	463.8	222.0	237.1	320.7	229.7
434.6	206.3	220.7	299.8	213.6	465.0	222.6	237.7	321.6	230.4
435.7	206.9	221.3	300.6	214.2	466.1	223.3	238.4	322.4	231.0
436.8	207.5	221.9	301.4	214.8	467.2	223.9	239.0	323.2	231.7
438.0	208.1	222.6	302.2	215.4	468.4	224.5	239.7	324.0	232.3
439.1	208.7	223.2	303.0	216.0	469.5	225.1	240.3	324.9	232.9
440.2	209.3	223.8	303.8	216.7	470.6	225.7	241.0	325.7	233.6
441.3	209.9	224.4	304.6	217.3	471.7	226.3	241.6	326.5	234.2
442.5	210.5	225.1	305.4	217.9	472.9	227.0	242.2	327.4	234.8
443.6	211.1	225.7	306.2	218.5	474.0	227.6	242.9	328.2	235.5
444.7	211.7	226.3	307.0	219.1	475.1	228.2	243.6	329.1	236.1
445.8	212.3	226.9	307.8	219.8	476.2	228.8	244.3	329.9	236.8
447.0	212.9	227.6	308.6	220.4	477.4	229.5	244.9	330.8	237.5
448.1	213.5	228.2	309.4	221.0	478.5	230.1	245.6	331.7	238.1
449.2	214.1	228.8	310.2	221.6	479.6	230.7	246.3	332.6	238.8
450.3	214.7	229.4	311.0	222.2	480.7	231.4	247.0	333.5	239.5
451.5	215.3	230.1	311.8	222.9	481.9	232.0	247.8	334.4	240.2
452.6	215.9	230.7	312.6	223.5	483.0	232.7	248.5	335.3	240.8
453.7	216.5	231.3	313.4	224.1	484.1	233.3	249.2	336.3	241.5
454.8	217.1	232.0	314.2	224.7	485.2	234.0	250.0	337.3	242.3
456.0	217.8	232.6	315.0	225.4	486.4	234.7	250.8	338.3	243.0
457.1	218.4	233.2	315.9	226.0	487.5	235.3	251.6	339.4	243.8
458.2	219.0	233.9	316.7	226.6	488.6	236.1	252.7	340.7	244.7
459.3	219.6	234.5	317.5	227.2	489.7	236.9	253.7	342.0	245.8

表 A.2 蛋白质折算系数表

食品类别		折算系数	食品类别		折算系数
小麦	全小麦粉	5.83	大米及米粉		5.95
	麦糠麸皮	6.31	鸡蛋	鸡蛋（全）	6.25
	麦胚芽	5.80		蛋黄	6.12
	麦胚粉、黑麦、普通小麦、面粉	5.70		蛋白	6.32
燕麦、大麦、黑麦粉		5.83	肉与肉制品		6.25
小米、裸麦		5.83	动物明胶		5.55
玉米、黑小麦、饲料小麦、高粱		6.25	纯乳与纯乳制品		6.38
油料	芝麻、棉籽、葵花籽、蓖麻、红花籽	5.30	复合配方食品		6.25
	其他油料	6.25	酪蛋白		6.40
	菜籽	5.53			
坚果、种子类	巴西果	5.46	胶原蛋白		5.79
	花生	5.46	豆类	大豆及其粗加工制品	5.71
	杏仁	5.18		大豆蛋白制品	6.25
	核桃、榛子、椰果等	5.30	其他食品		6.25

附录 B

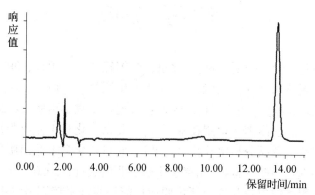

图 B. 1 基质匹配加标三聚氰胺的样品 HPLC 色谱图

（检测波长 240 nm，保留时间 13.6 min，C$_8$ 色谱柱）

参 考 文 献

［1］王永华，戚穗坚. 食品分析 ［M］. 北京：中国轻工业出版社，2023.

［2］张妍. 食品检测技术 ［M］. 北京：化学工业出版社，2015.

［3］刘丹赤. 食品理化检验技术 ［M］. 大连：大连理工大学出版社，2023.

［4］李五聚，崔惠玲. 食品理化检测技术 ［M］. 北京：化学工业出版社，2012.

［5］高海燕，李文浩. 食品分析实验技术 ［M］. 北京：化学工业出版社，2020.

［6］李道敏. 食品理化检验 ［M］. 北京：化学工业出版社，2020.

［7］罗红霞，邓毛程. 粮农食品安全评价职业技能等级证书培训考评手册（高级）［M］. 北京：中国轻工业出版社，2021.

［8］周光理. 食品分析与检验技术 ［M］. 4 版. 北京：化学工业出版社，2020.

［9］王启军. 食品分析实验 ［M］. 2 版. 北京：化学工业出版社，2022.

［10］王立晖，刘鹏. 食品分析与检验技术 ［M］. 北京：中国轻工业出版社，2019.

［11］孟晓. 食品分析 ［M］. 北京：中国轻工业出版社，2021.

［12］钱建亚. 食品分析 ［M］. 北京：中国纺织出版社，2019.

［13］程云燕，李双石. 食品分析与检验 ［M］. 北京：化学工业出版社，2007.

［14］吴晓彤. 食品检测技术 ［M］. 北京：化学工业出版社，2012.

［15］尹凯丹，万俊. 食品理化分析技术 ［M］. 北京：化学工业出版社，2022.

［16］王燕. 食品检测技术（理化部分）［M］. 北京：中国轻工业出版社，2012.